高等职业教育土建类专业系列教材

# 建筑结构与识图
# （混凝土结构与砌体结构）

主　编　陈　鹏　姜荣斌
副主编　张　军　郑　娟　陈　蓓　宋　健
参　编　束必清　李　晨　姜　晔　叶财华
　　　　孙雅琼
主　审　陈年和

U0255514

机械工业出版社

本书以高职高专建筑工程技术等土建类专业教学改革要求为依据，结合最新实施的规范和标准编写，突出对学生识图能力的训练，让学生理解各类建筑结构体系，了解其受力特点，掌握各组成构件构造措施，与实际职业工作岗位接轨，体现职业能力特别是识图能力的培养。

本书共 8 个单元，主要内容包括：建筑结构概念、建筑结构材料、结构形式与结构布置、建筑结构设计方法、混凝土结构基本构件、结构抗震基本知识、结构构件受力特点及标准构造、平法制图规则及施工图识读。

本书可作为高职高专建筑工程技术、工程造价、工程监理等专业及与土建类相关专业的教学用书，也可作为在职职工岗前培训教材和成人高校函授、自学教材，还可作为工程技术人员的参考用书。

## 图书在版编目（CIP）数据

建筑结构与识图：混凝土结构与砌体结构/陈鹏，姜荣斌主编 . —北京：机械工业出版社，2018.10（2023.8重印）

高等职业教育土建类专业系列教材

ISBN 978-7-111-60985-8

Ⅰ.①建…　Ⅱ.①陈…②姜…　Ⅲ.①建筑结构-建筑制图-识图-高等职业教育-教材　Ⅳ.①TU204

中国版本图书馆 CIP 数据核字（2018）第 216042 号

机械工业出版社（北京市百万庄大街 22 号　邮政编码 100037）
策划编辑：王靖辉　饶雯婧　责任编辑：王靖辉　饶雯婧
责任校对：张晓蓉　　　　　　封面设计：鞠　杨
责任印制：单爱军
北京虎彩文化传播有限公司印刷
2023 年 8 月第 1 版第 6 次印刷
184mm×260mm · 19.5 印张 · 479 千字
标准书号：ISBN 978-7-111-60985-8
定价：55.00 元

电话服务　　　　　　　　　网络服务
客服电话：010-88361066　机 工 官 网：www.cmpbook.com
　　　　　010-88379833　机 工 官 博：weibo.com/cmp1952
　　　　　010-68326294　金 书 网：www.golden-book.com
**封底无防伪标均为盗版**　机工教育服务网：www.cmpedu.com

# 前　言

"建筑结构与识图"是高职建筑工程技术、工程造价等专业重要的基础课程，其主要任务是让学生理解各类建筑结构体系，了解其受力特点，掌握各组成构件构造措施，培养学生施工图阅读能力，为后续课程及今后工作打好基础。

该课程所要解决的综合能力为施工图的识读与理解能力，即对建筑结构的理解能力和对施工图的识读能力，主要包括：①建筑结构概念的初步建立；②建筑结构材料性能的理解；③建筑结构的类型的认识与结构布置；④结构设计基本理论的了解；⑤结构构件受力机理概念的建立；⑥结构抗震基础知识的学习；⑦各构件在结构中的受力分析及构造措施；⑧施工图表达方法及施工图识读。

本书根据建筑工程技术、工程造价等专业的教学实践和人才培养方案对该课程的教学要求，结合高职学生自身的特点，对该课程的教学内容进行整合，按照项目化教学的要求，重新组织教材内容。首先依托学生初步建立的建筑空间概念，形成建筑支撑体系的概念，通过多案例介绍典型建筑形式与结构体系间的相互关系，让学生熟悉各种结构体系，并具备进行结构平面布置的能力。其次，通过建筑材料性能和结构构件受力的学习，特别是结构中的构件的受力分析，加深学生对基本构件受力机理的理解，了解结构构造原理，熟悉其构造措施。最后通过项目化教学，结合平法图集，逐构件学习构造措施与制图规则，并进行钢筋工程量的计算。本书主要特色与创新如下：

1. 打破传统的"构件—结构—抗震"的教学模式，重构教学内容体系。

2. 弱化基本构件的配筋计算，着重说明钢筋的作用和构造措施。

3. 通过大量的图形，讲解钢筋构造。

4. 增加混凝土结构构件钢筋算量的教学内容，采用任务驱动教学法，强化学生对结构构件构造的理解。

5. 提供典型结构施工图，引入案例教学法。通过实际施工图的典型构件的钢筋翻样，完成对施工图的深入理解。

6. 教材编排体系的创新，全书共八个单元，每个单元由若干子单元组成，每个子单元包括学习目标、项目内容、知识解读、延伸阅读、任务实施、项目拓展、知识要点等。

本书由泰州职业技术学院陈鹏、姜荣斌任主编；由扬州工业职业技术学院张军、扬州职业大学郑娟、泰州职业技术学院陈蓓、南通职业大学宋健任副主编；扬州工业职业技术学院束必清、李晨、泰州职业技术学院姜晔、叶财华，苏州高博软件技术职业学院孙雅琼参编；全书由陈鹏统稿，由江苏建筑职业技术学院陈年和任主审。

本书在编写过程中，参阅和引用了一些院校优秀教材的内容，吸收了国内外众多同行专家的最新研究成果，均在推荐阅读和参考文献中列出，在此表示感谢。由于编者水平有限，加上时间仓促，本书不妥之处在所难免，衷心地希望广大读者批评指正。

**编者**

# 目 录

# 单元一　建筑结构概念

　　建筑结构是建筑中由若干构件连接而成的，传递并承受建筑荷载的受力骨架，简称结构。

　　通过本单元的学习，理解建筑结构的概念和建筑与建筑结构之间的关系，认识建筑结构主要受力构件，熟悉建筑结构的分类及特点，了解建筑结构的发展。图1-1为建筑结构的主要类型。

图1-1　建筑结构的主要类型

a）混凝土结构　b）钢结构　c）砌体结构　d）木结构

## 学习目标

1. 理解建筑结构的概念和建筑与建筑结构之间的关系

2. 认识建筑结构主要受力构件
3. 熟悉建筑结构的分类及特点
4. 理解钢筋混凝土梁的受力机理
5. 了解建筑结构的发展概况

 **任务内容**

1. 知识点
（1）建筑结构的概念
（2）建筑结构的组成
（3）建筑结构的分类
（4）建筑结构的特点
（5）建筑结构的发展
2. 技能点
（1）识别建筑结构的基本构件
（2）识别建筑结构的形式

 **知识解读**

## 一、建筑与结构

建筑是建筑物和构筑物的通称。供人们在其中生产、生活或进行其他活动的房屋或场所，即直接供人们使用的建筑称为建筑物，例如住宅、办公楼、体育馆、工业厂房等；间接供人们使用的建筑称为构筑物，如水塔、蓄水池、烟囱、贮油罐等。

建筑结构是建筑物的基本受力骨架，是建筑物赖以存在的物质基础。无论是建筑物，还是构筑物，都会受到自重、外部作用（活荷载、风荷载、雪荷载、地震作用等）、变形作用（温度引起的变形、地基沉降、材料收缩等）以及环境作用（阳光、大气污染、雷电等），只有合理地设置建筑结构，才能抵抗这些作用。建筑师和结构工程师在建筑设计过程中均应充分考虑如何更好地满足结构功能要求。

古罗马的维特鲁威（Vitruvius）曾给出建筑最基本要求：坚固、适用和美观，这至今仍是指导建筑设计的最基本原则。这些原则中，又以坚固最为重要，它由结构形式和构造决定。建筑材料和建筑技术的发展决定着结构形式的发展，而结构形式对建筑的影响最直接最明显。

## 二、建筑结构的组成

建筑结构是由若干个单元，按照一定的规则，通过合理的连接方式组成的能够承受并传递荷载和其他间接作用的骨架，这些单元称为建筑结构的构件，简称结构构件。

图 1-2a 为一常用结构形式——钢筋混凝土框架结构，它的结构构件包括板、梁、柱、基础。板承受屋面的荷载，并传递给梁，主要内力是弯矩和剪力，属于受弯构件；梁是板的

支撑构件，承受板传来的荷载并将其传递到柱或主梁上，它的主要内力是弯矩和剪力，有时会受到扭矩的作用，也属于受弯构件；柱的作用是支撑楼面体系（梁、板），其主要内力是轴力、弯矩和剪力，属于受压构件；基础是将柱或墙传来的上部荷载传递给地基的下部结构。框架结构在基础梁或楼层梁上砌筑填充墙、安装门窗，即可围合成建筑空间。

图1-2b为另一种常用的结构形式——砌体结构，它的竖向结构构件为砌体结构墙体，楼屋盖一般采用钢筋混凝土梁板体系，为了提高抗震性能，一般会在房屋的四角等部位设置构造柱，在楼层平面处设置圈梁。与框架结构不同的是，砌体结构中的墙体是承重构件，而框架结构中的墙体，只承受自重。

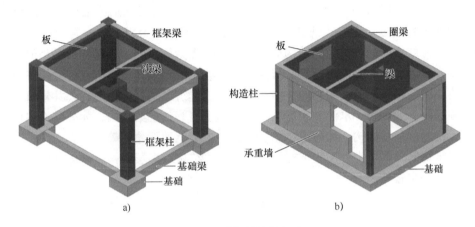

图1-2　建筑结构的组成
a）框架结构　b）砌体结构

多高层建筑中结构构件还包括楼梯和钢筋混凝土墙体。楼梯主要由梯板、休息平台和楼梯梁组成，均属于受弯构件；钢筋混凝土墙体根据它的受力特点，一般叫作剪力墙（抗震墙）。

## 三、建筑结构的分类

结构有多种分类方法，可以按照所使用的材料，受力体系、使用功能、外形特点以及施工方法等进行分类。各种类型的结构有一定的适用范围，应根据建筑功能、材料性能、结构形式的特点和使用要求以及施工和环境条件等合理选用。

按照所采用的材料，建筑结构的类型主要有混凝土结构、钢结构、砌体结构和木结构等。这些结构材料可以在同一结构体系中混合使用，形成混合结构，如屋盖和楼盖采用混凝土结构、墙体采用砌体结构，形成砖混结构；钢筋混凝土中配置型钢形成钢与混凝土组合结构。

按照结构的受力体系，建筑结构的类型主要有框架结构、剪力墙结构、筒体结构、塔式结构、桅式结构、悬索结构、壳体结构、网架结构、板柱结构、墙板结构、折板结构、充气结构、膜结构等。框架结构的主要竖向受力体系由梁和柱组成，剪力墙结构的主要竖向受力体系由钢筋混凝土墙组成，筒体结构是在高层建筑中，利用电梯井、楼梯间或管道井等四周封闭的墙形成内筒，也可以利用外墙或密排的柱作为外筒，或两者共同形成筒中筒结构，框架、剪力墙和筒体也可以组合形成框架—剪力墙结构、框架—筒体结构等结构体系。塔式结构是下端固定、上端自由的高耸构筑物。桅式结构是由一根下端为铰接或刚接的竖立细长杆身桅杆和若干纤绳组成的构筑物，纤绳拉住杆身使其保持直立和稳定。悬索结构的承重结构由柔性受拉索及其边缘构件组成，索的材料可以采用钢丝束、钢丝绳、钢绞线、圆钢、纤维复合材料以及其他受拉性能良好的线材。壳体结构可做成各种形状，以适应工程造型的需要，因而广泛应用于工程结构中。网架结构是由多根杆件按照一定的网格形式通过节点连结而成的空间结构。板柱结构是由楼板和柱组成承重体系的房屋结构。墙板结构是由墙板和楼板组成承重体系的结构。折板结构是由若干狭长的薄板以一定角度相交连成折线形的空间薄壁体系。充气结构又名"充气膜结构"，是指在以高分子材料制成的薄膜制品中充入空气后而形成房屋的结构。膜结构又叫"张拉膜结构"，是由多种高强薄膜材料及加强构件（钢架、钢柱或钢索）通过一定方式使其内部产生一定的预张应力以形成某种空间形状，并能承受一定的外荷载作用的一种空间结构形式。对不同受力体系的工程结构，采用何种结构材料十分重要，关键在于充分发挥材料的特性，既要有好的功能，又要有较好的经济效益。

　　按照建筑物、构筑物的使用功能，结构可以分成建筑结构，如住宅、公共建筑、工业建筑等；特种结构，如烟囱、水池、水塔、筒仓、挡土墙等；桥梁结构，如公路铁路桥、立交桥、人造天桥等；地下结构，如隧道、涵洞、人防工事、地下建筑等。

　　按照建筑物的外形特点，建筑结构可以分为单层结构、多层结构、高层结构、大跨结构和高耸结构（如电视塔）等。

　　按照结构的施工方法，建筑结构可分为现浇结构、预制装配结构和预制与现浇相结合的装配整体式结构。

## 四、建筑结构的特点

### 1. 混凝土结构

　　以混凝土材料为主形成的结构称为混凝土结构。混凝土结构包括素混凝土结构、钢筋混凝土结构和预应力混凝土结构三种。素混凝土结构是指不配置钢筋的混凝土结构，在建筑工程中应用较少。钢筋混凝土结构是指配置普通钢筋的混凝土结构，在建筑工程中应用最为广泛。预应力混凝土结构则是用张拉高强度钢筋或钢丝的方法使混凝土在荷载作用前预先受压的一种结构，常用于大跨结构。

　　混凝土是一种人造石材，其抗压强度很高，而抗拉强度很低（约为抗压强度的 $1/16 \sim 1/8$）。如图 1-3a 所示，当素混凝土梁承受荷载时，在梁的正截面（垂直于梁轴线的截面）上受到弯矩作用，中和轴以上受压，以下受拉。随着荷载的逐渐增大，混凝土梁中的压应力和拉应力将增大，其增大的幅度大致相同。当荷载较小时，梁的受拉区边缘混凝土的拉应力未达到其抗拉强度，混凝土能承受拉力。当荷载达到某一数值 $P_c$ 时，梁的受拉区边缘混凝土的拉应力达到其抗拉强度，出现裂缝，裂缝处的混凝土脱离工作，该截面处的高度减小，即使荷载不增加，拉应力也将增大，更重要的是，由于应力集中的作用，裂缝迅速向上发展，梁很快断裂，如图 1-3b 所示。这种破坏是很突然的，也就是说，梁荷载达到 $P_c$ 的瞬间，梁立即发生破坏，属于脆性破坏。$P_c$ 为混凝土受拉区出现裂缝的荷载，一般称为混凝土的抗裂荷载，也就是素混凝土梁的破坏荷载。同此可见，素混凝土梁的承载力是由混凝土梁的抗拉能力控制的，破坏时受压混凝土的抗压能力远未被充分利用。如果要使梁承受更大的荷载，则必须将其截面加大很多，这是不经济的，有时甚至是不可能的。

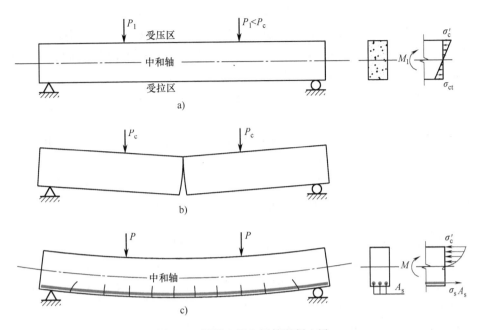

图1-3　混凝土梁和钢筋混凝土梁

为了解决上述矛盾，可采用抗拉强度高的钢筋来加强混凝土梁的受拉区，也就是在混凝土梁的受拉边配置纵向钢筋，形成钢筋混凝土梁。与素混凝土梁有相同截面尺寸的钢筋混凝土梁承受荷载时，由于在混凝土开裂前，钢筋也会承受一定的拉力，裂缝的出现要比素混凝土梁稍晚些，但抗裂荷载的增幅是不大的，因此当荷载略大于 $P_c$，达到某一数值 $P_{cr}$ 时，梁仍出现裂缝。如图1-3c所示，在出现裂缝的截面处，本来由混凝土承受的拉力转移给钢筋，梁不会像混凝土梁那样立即断裂，而能继续承担荷载，随着拉力的不断增大，裂缝向上延伸，直到受拉钢筋应力达到屈服强度，受压区混凝土达到其抗压强度而被压碎，梁才破坏。因此，钢筋混凝土梁的承载力比混凝土梁的承载力提高很多，其提高的幅度与配置的纵向钢筋的数量和强度有关。

由上述可知，钢筋混凝土梁充分发挥了混凝土和钢筋的强度，用抗压强度高的混凝土承担压力，用抗拉强度高的钢筋来承担拉力，合理做到了物尽其用。必须指出，与混凝土梁相比，钢筋混凝土梁的承载力提高很多，但抵抗裂缝的能力提高并不多，在使用荷载下，钢筋混凝土梁一般是带裂缝工作的，当然，其裂缝宽度应控制在允许限值内。

钢筋混凝土是由两种力学性能不同的材料——钢筋和混凝土结合成整体，共同发挥作用的一种建筑材料。钢筋和混凝土两种不同的材料之所以能有效地结合在一起共同工作，主要是由于混凝土和钢筋之间有着良好的黏结力，使两者能可靠地结合成一个整体，在荷载作用下能共同变形，完成其结构功能。其次，钢筋和混凝土的温度线胀系数也较为接近［钢筋为 $1.2 \times 10^{-5}/℃$，混凝土为 $(1.0 \sim 1.5) \times 10^{-5}/℃$］，因此，当温度变化时，不致产生较大的温度应力而破坏两者之间的黏结。此外，混凝土对钢筋起到保护作用，防止钢筋的锈蚀。

钢筋混凝土除了能合理地利用钢筋和混凝土两种材料的特性外，还有下述一些优点。

1）在钢筋混凝土结构中，钢筋被混凝土包裹而不致锈蚀，所以，钢筋混凝土结构的耐久性是很好的。混凝土结构不像钢结构那样，需要经常性的保养和维护。

2）在钢筋混凝土结构中，混凝土包裹着钢筋，由于混凝土的传热性能差，在火灾中将对钢筋起保护作用，使其不致很快达到软化温度而造成结构整体破坏。所以，与钢结构相比，钢筋混凝土结构的耐火性能是较好的。

3）钢筋混凝土结构，尤其是现浇钢筋混凝土结构的整体性较好，其抵抗地震、振动以及强烈爆炸时冲击作用的性能较好。

4）钢筋混凝土结构的刚性较大，在使用荷载下变形较小，故可有效地应用于对变形要求较严格的建筑物中。

5）新拌和的混凝土是可塑的，因此，可以根据需要，浇制成各种形状和尺寸的结构。

6）在钢筋混凝土结构所用的原材料中，砂、石所占的分量较大，而砂、石易于就地取材。

由于钢筋混凝土具有上述一系列优点，所以，在工程建筑中得到了广泛的应用。但是，钢筋混凝土结构也存在一些缺点：

1）钢筋混凝土结构的截面尺寸一般较大，因而自重较大，这对于大跨度结构和高层建筑结构都是不利的。

2）抗裂性能较差，在正常使用时往往是带裂缝工作的。

3）建造时耗工较多。

4）施工受气候条件的限制。

5）现浇混凝土需耗用大量木材用作模板。

6）隔热、隔声性能较差；修补或拆除较困难等。

这些缺点在一定条件下限制了钢筋混凝土结构的应用范围。随着混凝土结构的不断发展，这些缺点已经或正在得到克服。例如，采用轻质高强混凝土以减轻结构自重；采用预应力混凝土以提高结构的抗裂性，同时也减轻自重；采用预制装配结构或工业化的现浇施工方法以节约模板和加快施工进度。

**2. 钢结构**

钢结构是用钢板、角钢、工字钢、槽钢、钢管和圆钢等钢材，通过焊接、螺栓连接等有效连接方式形成的结构。

钢结构是建筑结构的主要形式之一，它与其他材料相比，有以下一些优点：

1）强度和强度质量比高。与混凝土、砖、石和木材等相比，虽然其密度较大，但其密度与屈服强度的比值相对较低，因而在同样受力条件下钢结构的构件截面小、自重轻、便于运输和安装，适于跨度大、高度高、承载重的结构。

2）材料均质、性能好，结构可靠度高。钢材内部结构均匀，比较符合理想的各向同性弹塑性材料，按照一般的力学计算理论可以较好地反映钢结构的实际工作性能。另外，钢材由工厂生产，便于严格的质量控制，因此，钢结构的可靠性高。

3）施工简便，工期短。钢结构材料均为专业化工厂成批生产的成品材料，精确度较高，材料加工性能好，便于现场裁料和拼接，构件质量轻，便于现场吊装，因此，钢结构具有较高的工业化生产程度，采用钢结构可以有效缩短工期。

4）延性好，抗震性能强。由于钢结构材料强度高，塑性和韧性好，结构自重轻，结构体系柔软，在地震时，地震作用小，结构耗能能力强，损坏小，因此，钢结构具有较强的抗震能力。

5）易于改造加固。钢结构具有较好的可加工性能，连接措施简单，因此，与其他建筑材料相比，对已有钢筋进行改造和加固相对比较容易。

钢结构的主要缺点是：

1）耐腐蚀性差。钢材容易腐蚀，材料耐腐蚀能力较差，因此，对钢结构应注意结构防护。

2）耐火性差。虽然当温度在250℃以下时，钢材性质变化很小，具有较好的耐热性能，但当温度达到300℃以上时，钢材强度明显下降，当温度达到600℃以上时，钢材强度几乎降低为零。在火灾中，没有防护措施的钢结构耐火时间只有20min左右，因此，对钢结构必须采取可靠的防火措施。

3）钢结构价格相对较高。

**3. 砌体结构**

砌体结构是由砖、石或砌块用砂浆等胶结材料砌筑而成的结构。砌体结构在土木工程领域应用广泛，20世纪，我国建造的多层住宅建筑中，用砌体承重墙和钢筋混凝土楼板组成的混合结构房屋占主导地位，这是因为它具有以下优点：

1）耐久性好。砖石等材料具有较好的化学稳定性和大气稳定性，抵抗风化，冻融和其他外部侵蚀因素影响的能力优于其他建筑材料。

2）耐火性好。砖是经烧结而成，本身具有较好的抗高温能力。砖墙等的热传导性能较差，在火灾中，除本身具有较好结构稳定性外，还能够起到防火墙的作用，阻止或延缓火灾的曼延。

3）就地取材。天然砂石料，制砖的黏土或工业废料等砌体结构的主要材料几乎到处都有，来源广泛。

4）施工技术要求低。

5）造价低廉。由于主要材料可以就地取材，水泥用量少，施工技术要求低，难度小，不需要模板等辅助材料，因此，与其他结构形式相比，砌体结构造价最低。

砌体结构的主要缺点是：

1）强度低。砂浆与砖石之间的黏结力较弱，砌体强度不高，尤其是抗拉强度和抗剪强度很低。因此，结构抵抗地震等水平作用的能力较差，在温度变化、地基产生不均匀沉降等情况下，容易产生裂缝。

2）自重大。

3）砌筑工作量大，劳动强度高。

4）黏土用量大，烧制黏土砖大量占用耕地，不利于持续发展。

**4. 木结构**

全部或大部分用木材制作的结构称为木结构。木结构以梁、柱组成的构架承重，墙体则主要起填充、防护作用。

木材受拉和受剪皆是脆性破坏，其强度受木节、斜纹及裂缝等天然缺陷的影响很大；但在受压和受弯时具有一定的塑性。木材处于潮湿状态时，将受木腐菌侵蚀而腐朽；在空气温度、湿度较高的地区，白蚁、蛀虫、家天牛等对木材危害颇大。木材能着火燃烧，但有一定的耐火性能。因此木结构应采取防腐、防虫、防火措施，保证其耐久性。

中国是最早应用木结构的国家之一。建于辽朝（1056 年）的山西省应县木塔，充分体现了结构自重轻、能建造高耸结构的特点。在木结构的细部制作方面，采用干燥的木材制作结构，并使结构的关键部位外露于空气之中，可防潮而免遭腐朽；在木柱下面设置础石，既避免木柱与地面接触受潮，又防止白蚁顺木柱上爬为害结构；在木材表面用较厚的油灰打底，然后油漆，除美化环境外，兼有防腐、防虫和防火的功能。中国的木结构建筑在唐朝已形成一套严整的制作方法，北宋李诚主编的《营造法式》是中国也是世界上第一部木结构房屋建筑的设计、施工、材料以及工料定额的法规。

## 五、结构的发展概况

### （一）建筑结构的发展历史

我国应用最早的建筑结构是木结构和砖石结构。山西五台山佛光寺大殿（857 年）、66m 高的应县木塔（1056 年）均为木结构梁柱承重体系；河北省赵县的安济桥（581～617 年）是世界上最早的单孔空腹石拱桥；举世闻名的万里长城、现存最完整的城墙——南京城墙等，均采用砖石结构。现在，木结构已很少采用，新开工建筑中砌体结构占比也大大降低，但砌体结构存量建筑仍然很大。

我国也是采用钢结构较早的国家。1958～1975 年，在我国西南地区建造了世界最早的铁链桥——兰津桥。19 世纪，随着钢材生产技术的发展，钢结构的应用在国外也迅速发展。建国初期，我国钢结构得到一定程度的发展，但受限于钢产量，钢结构仅用在重型厂房、大跨度建筑、桥梁以及塔桅结构中。1996 年，我国钢产量跃居世界第一，钢材的质量、规格及数量等能够满足建筑市场的需求，钢结构得到了迅猛发展。

1824 年波特兰水泥（我国通称硅酸盐水泥）问世后不久，出现了钢筋混凝土结构。1850 年法国人朗波制造了第一艘钢筋混凝土小船。1854 年英国人威尔金获得了一种钢筋混凝土楼板的专利。7 年后，法国工程师科瓦列著文阐述了这种新建筑的原理。1861 年法国花匠蒙列用加钢筋网的水泥砂浆制作花盆，1867 年蒙氏得到了这种花盆的专利，随后又获得了用这种方法制造其他钢筋混凝土构件——梁、板、管等的专利权。1888 年，德国工程师道伦首次提出了对钢筋混凝土施加预应力的概念，因当时钢材强度不高，未获得实际结果。1928 年法国工程师弗列西涅利用高强度钢丝和高强度混凝土并施加高的预应力制造预应力构件，获得了成功。随后，混凝土结构的计算理论和应用迅速发展。"二战"以后，由于高强度钢筋和混凝土的出现及广泛应用和商品混凝土、装配式混凝土结构等工业化生产技术的推广，钢筋混凝土结构得到迅猛发展，许多大型的结构工程，如高层、超高层建筑、大跨度桥梁、隧道、高耸结构等广泛使用了钢筋混凝土结构。新中国成立后，钢筋混凝土结构在工业与民用建筑、桥梁及隧道、道路、水利工程等领域的应用迅猛发展，设计理论和施工技术等方面均取得了巨大成就。

### （二）建筑结构的发展趋势

#### 1. 理论方面

建筑结构在理论方面的发展方向是以全概率论为基础的极限状态计算法。

#### 2. 材料方面

在材料方面，砌体结构逐渐退出，混凝土结构向轻质、高强、新型、复合方向发展，钢结构的使用量逐年增大。

**3. 应用方面**

在结构应用方面，大跨度结构和高层建筑结构发展迅猛。大跨度结构主要包括网架结构、悬索结构、薄壳结构；高层结构除传统的框架—剪力墙结构、剪力墙结构、筒体结构外，型钢混凝土结构和钢骨混凝土结构发展较快。

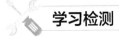

## 学习检测

1. 什么是建筑结构？建筑结构的基本要求是什么？
2. 根据结构所用材料的不同，建筑结构可分为几种？各有何特点？
3. 试说明钢筋混凝土梁的受力机理。

# 单元二　建筑结构材料

建筑结构材料是指建筑结构各部分的实体材料，主要包括混凝土、钢材和砌体，掌握建筑结构材料物理力学性能，是理解建筑结构的基础。

通过本单元的学习，了解混凝土、钢材、砌体在不同受力条件下强度和变形性能，理解材料的力学指标，熟悉各种材料的选用原则。图2-1为常用建筑结构材料。

图 2-1　结构材料

a）混凝土浇筑　b）钢筋加工　c）钢结构安装　d）砌体承重墙

## 子单元一　混　凝　土

 **学习目标**

1. 掌握混凝土强度的概念、理解混凝土强度指标

2. 熟悉混凝土的变形性能

 **任务内容**

1. 知识点
（1）混凝土立方体抗压强度
（2）混凝土轴心抗压强度
（3）混凝土轴心抗拉强度
（4）材料分项系数
（5）混凝土的应力应变曲线
（6）混凝土的徐变
（7）混凝土的收缩
2. 技能点
（1）混凝土强度等级的选用
（2）查表确定混凝土强度指标

 **知识解读**

一、混凝土的强度

混凝土的强度可分为立方体抗压强度、轴心抗压强度和轴心抗拉强度等。

（一）立方体抗压强度

混凝土立方体抗压强度（简称立方体强度）是衡量混凝土强度的主要指标，混凝土强度等级由立方体抗压强度标准值确定，立方体抗压强度标准值是混凝土各种力学指标的基本代表值。

立方体抗压强度标准值是指按照标准方法制作养护（温度 20 ± 2℃，相对湿度不小于95%）的边长 150mm 的立方体试件，在 28d 或设计规定龄期以标准试验方法（试件表面不涂润滑剂，全截面受力，加载速度为 0.15 ~ 0.25N/(mm² · s) 测得的具有 95% 保证率的抗压强度值，并以此作为混凝土的强度等级，用 $f_{cu,k}$ 表示，单位为 N/mm²。

混凝土强度等级符号用 C 表示，分为 14 级，分别是 C15、C20、C25、C30、C35、C40、C45、C50、C55、C60、C65、C70、C75 和 C80。

建筑结构中使用的混凝土，素混凝土结构的强度等级不应低于 C15，钢筋混凝土结构的强度等级不应低于 C20，采用强度级别 400MPa 及以上的钢筋时，混凝土强度等级不应低于C25。预应力混凝土结构的强度等级不宜低于 C40，且不应低于 C30。承受重复荷载的钢筋混凝土构件，混凝土强度等级不应低于 C30。

（二）混凝土轴心抗压强度

混凝土的抗压强度与试件尺寸和形状有关。在实际工程中，一般的受压构件不是立方体而是棱柱体，即构件的高度要比宽度和长度大，因此，有必要测定棱柱体的抗压强度，以更好地反映构件的实际受力情况。棱柱体抗压强度要比立方体抗压强度低，混凝土的轴心抗压强度标准值以 150mm × 150mm × 300mm 的试件为标准试件，测得的强度用符号 $f_{ck}$ 表示，单位为 $N/mm^2$。轴心抗压强度在工程中很少直接测量，而是根据立方体抗压强度进行换算。混凝土轴心抗压强度设计值 $f_c$ 由强度标准值除以材料分项系数 $\gamma_c$ 确定，混凝土材料分项系数取 1.4，$f_c = f_{ck}/\gamma_c$。

（三）混凝土轴心抗拉强度

混凝土轴心抗拉强度和混凝土轴心抗压强度一样，都是混凝土重要的基本力学指标。混凝土的抗拉强度远小于其抗压强度，一般只有抗压强度的 1/16 ~ 1/8，其比值随混凝土强度的增大而减小。混凝土轴心抗拉强度标准值用符号 $f_{tk}$ 表示，设计值用 $f_t$ 表示，单位为 $N/mm^2$。混凝土轴心抗拉强度设计值 $f_t$ 与轴心抗拉强度标准值 $f_{tk}$ 之间存在如下关系，$f_t = f_{tk}/\gamma_c$，$\gamma_c$ 为混凝土材料分项系数，取 1.4。混凝土轴心抗拉强度一般由立方体抗压强度换算确定。

（四）混凝土强度指标

混凝土强度指标见表 2-1。

表 2-1　混凝土强度指标　　　　　　　　　　　　　　　（单位：$N/mm^2$）

| 强度 | 混凝土强度等级 | | | | | | | | | | | | | |
|---|---|---|---|---|---|---|---|---|---|---|---|---|---|---|
| | C15 | C20 | C25 | C30 | C35 | C40 | C45 | C50 | C55 | C60 | C65 | C70 | C75 | C80 |
| $f_{ck}$ | 10.0 | 13.4 | 16.7 | 20.1 | 23.4 | 26.8 | 29.6 | 32.4 | 35.5 | 38.5 | 41.5 | 44.5 | 47.4 | 50.2 |
| $f_{tk}$ | 1.27 | 1.54 | 1.78 | 2.01 | 2.20 | 2.39 | 2.51 | 2.64 | 2.74 | 2.85 | 2.93 | 2.99 | 3.05 | 3.11 |
| $f_c$ | 7.2 | 9.6 | 11.9 | 14.3 | 16.7 | 19.1 | 21.1 | 23.1 | 25.3 | 27.5 | 29.7 | 31.8 | 33.8 | 35.9 |
| $f_t$ | 0.91 | 1.10 | 1.27 | 1.43 | 1.57 | 1.71 | 1.80 | 1.89 | 1.96 | 2.04 | 2.09 | 2.14 | 2.18 | 2.22 |

## 二、混凝土的变形

混凝土的变形可分为两类。一类是由于受力而产生的变形；另一类主要指徐变和收缩。

**1. 混凝土的应力应变关系**

混凝土的应力应变关系是混凝土最基本的力学性能之一，它是研究混凝土强度、裂缝、变形、延性所必需的依据。关于混凝土的应力应变曲线，有多种不同的形式，混凝土结构设计时采用理想化的应力应变关系图，如图 2-2 所示，由一条二次抛物线及水平线组成。

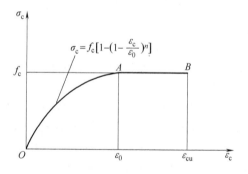

图 2-2　混凝土应力应变关系

**2. 混凝土的弹性模量**

混凝土受压和受拉弹性模量 $E_c$，宜按表 2-2 采用。混凝土的剪切弹性模量 $G_c$ 可按相应弹性模量值的 40% 采用。

表 2-2　混凝土的弹性模量 $E_c$　　　　　　　　（$\times 10^4 N/mm^2$）

| 混凝土强度等级 | C15 | C20 | C25 | C30 | C35 | C40 | C45 | C50 | C55 | C60 | C65 | C70 | C75 | C80 |
|---|---|---|---|---|---|---|---|---|---|---|---|---|---|---|
| $E_c$ | 2.20 | 2.55 | 2.80 | 3.00 | 3.15 | 3.25 | 3.35 | 3.45 | 3.55 | 3.60 | 3.65 | 3.70 | 3.75 | 3.80 |

### 3. 混凝土在长期荷载作用下的变形性能

在荷载的长期作用下，混凝土的变形随时间而增加，即在应力不变的情况下，混凝土的应变随时间而增长，这种现象称为混凝土的徐变。徐变对钢筋混凝土和预应力混凝土结构有着有利和不利两方面的影响。一方面，徐变有利于减缓结构物的裂缝形成，同时，还有利于结构的内力重分布；另一方面，徐变会使结构的变形增大，在高应力作用下，会导致构件破坏，在预应力混凝土结构中，徐变则引起预应力损失。

混凝土前期徐变增长很快，6个月可达最终徐变的70%～80%，以后徐变会逐渐缓慢。

影响混凝土徐变规律的因素很多，其中主要规律如下：

1）施加的初应力对混凝土有重要影响。当压应力较小时，徐变大致与应力成正比，称为线性徐变。混凝土的徐变随着加荷时间的延长而逐渐增加，在加荷初期增长很快，以后逐渐减缓至停止；压应力较大时，徐变的增长较应力的增长更快，这种现象称为非线性徐变；应力过高时，非线性徐变往往是不收敛的，从而导致混凝土的破坏。

2）加荷龄期对徐变有重要影响。加荷时的混凝土龄期越短，徐变越大。

3）养护和使用条件下的温湿度是影响徐变的重要环境因素。受荷前养护的温度越高，湿度越大，水泥水化作用就越充分，徐变就越大。

4）混凝土组成成分对徐变有很大影响。混凝土中水泥用量越多，或水灰比越高，徐变越大。

5）结构尺寸越小，徐变越大，所以增大试件横截面可减少徐变。混凝土中集料强度和弹性模量越高，徐变越小。

### 4. 混凝土的收缩、膨胀和温度变形

混凝土在空气中结硬时体积会收缩。混凝土收缩随着时间增长而增加，收缩的速度随时间的增长而逐渐减缓。一般在1个月内就可完成全部收缩量的50%，3个月后增长缓慢，2年后趋于稳定。

混凝土收缩主要是由于干燥失水和碳化作用引起的。混凝土收缩量与混凝土的组成有密切的关系。水泥用量越多，水灰比越大，收缩越大；集料越坚实（弹性模量越高），更能限制水泥浆的收缩；集料粒径越大，越能抵抗砂浆的收缩，而且在同一稠度条件下，混凝土用水量就越少，从而减少了混凝土的收缩。

由于干燥失水引起混凝土收缩，所以养护方法、存放及使用环境的温湿度条件是影响混凝土收缩的重要因素。在高温湿养时，水泥水化作用加快，使可供蒸发的自由水分较少，从而使收缩减小；使用环境温度越高，相对湿度越小，其收缩越大。

混凝土收缩对于混凝土结构起着不利的影响。在钢筋混凝土结构中，混凝土往往由于钢筋或相邻部件的牵制而处于不同程度的约束状态，使混凝土因收缩产生拉应力，从而加速裂缝的出现和扩展。在预应力混凝土结构中，混凝土的收缩导致预应力的损失。对跨度变化比较敏感的超静定结构（如拱），混凝土收缩将产生不利的内力。

混凝土在水中结硬时体积会膨胀，混凝土的膨胀往往是有利的，故一般不予考虑。

混凝土的温度线胀系数随集料的性质和配合比不同而略有不同，以每摄氏度计，约为$(1.0～1.5)\times10^{-5}/℃$，规范取值为$\alpha_c = 1.0\times10^{-5}/℃$，它与钢的线胀系数$1.2\times10^{-5}/℃$相近。因此，当温度发生变化时，在混凝土和钢筋之间仅引起很小的内应力，不致产生有害的

影响。

## 知识拓展

**材料性能分项系数（$\gamma_M$）**

材料性能分项系数（$\gamma_M$）是指按照承载力极限状态法进行结构设计时，考虑材料性能不确定性并与结构可靠度相关联的分项系数。有时用以代替抗力分项系数，即材料性能设计值为材料性能标准值除以材料性能分项系数所得的值。

对于现行设计规范，在建筑工程中，HPB300、HPB335、HRB400 及 RRB400 即取 1.1，HRB500 取 1.15，预应力用钢丝、钢绞线和热处理钢筋取 1.2；混凝土取 1.4；砌体结构的材料分项系数对于不同施工质量的值不同，对于 B 级取 1.6，C 级取 1.8。

# 子单元二　钢　　筋

## 学习目标

1. 了解钢筋的种类
2. 掌握钢筋的力学性能

## 任务内容

1. 知识点
（1）钢筋的种类
（2）钢筋的力学性能
（3）钢筋的力学指标
（4）钢筋的选用方法
2. 技能点
（1）钢筋的选用
（2）查表确定钢筋的力学指标

## 知识解读

### 一、钢筋的种类

国家现行钢筋产品标准中，提倡应用高强、高性能钢筋，不再限制钢筋材料的化学成分和制作工艺，而按性能确定钢筋的牌号和强度级别，并以相应的符号表达。

钢筋按使用前是否施加预应力分为普通钢筋和预应力钢筋。普通钢筋是用于混凝土结构构件中的各种非预应力筋的总称；预应力钢筋是指用于预应力混凝土结构中施加预应力的钢丝、钢绞线和预应力螺纹钢筋。

普通钢筋包括热轧钢筋、细晶粒带肋钢筋、余热处理钢筋，其强度由低到高分为HPB300（工程符号为Φ）、HRB335（Φ）、HRB400（Φ）、HRBF400（Φ^F）、RRB400（Φ^R）、HRB500（Φ）、HRBF500（Φ^F）级。其中，HPB300 级为低碳钢，外形为光面圆形，称为光圆钢筋，其规格限于直径 6～14mm，主要用于小规格梁柱的箍筋与其他混凝土构件的构造配筋，如图 2-3a 所示；HRB335 级、HRB400 级和 HRB500 级为普通热轧带肋钢筋，表面轧有月牙肋，称为变形钢筋，如图 2-3b 所示，HRB 系列普通热轧钢筋具有较好的延性、焊接性、机械连接性能及施工适应性，规范推广应用。HRBF400 级和 HRBF500 级为细晶粒带肋钢筋。RRB400 级钢筋为余热处理钢筋，由轧制钢筋经高温淬水，余热处理后提高强度，其延性、焊接性、机械连接性能及施工适应性也相应降低。细晶粒带肋钢筋和余热处理钢筋表面均轧有月牙肋。

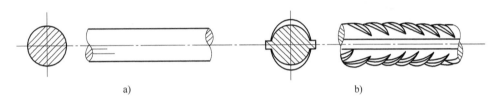

图 2-3　钢筋的形式
a）光圆钢筋　b）变形钢筋

预应力钢筋则包括中强度预应力钢丝、预应力螺纹钢筋、消除应力钢丝和钢绞线。预应力螺纹钢筋是在钢筋上轧有外螺纹的大直径、高强度、高尺寸精度的直条钢筋，它具有连接锚具简便、黏着力强、施工方便等优点。直径小于 6mm 的钢筋称为钢丝。钢绞线由多根高强度钢丝（一般有 3 根和 7 根）绞织在一起而形成，多用于后张法大型构件。

## 二、钢筋的力学性能

用于混凝土结构中的钢筋可分为两类：一类是有明显屈服点的钢筋，如热轧钢筋；另一类是没有明显屈服点的钢筋，如钢丝、钢绞线和预应力螺纹钢筋等。

### （一）有明显屈服点的钢筋

有明显屈服点钢筋的力学性能基本指标有：屈服强度、抗拉强度、断后伸长率和冷弯性能。这也是有明显屈服点钢筋进行质量检验的四项主要指标。

有明显屈服点钢筋典型的拉伸应力—应变曲线如图 2-4 所示。

从图 2-4 可见，在应力值达到 $a$ 点之前，应力与应变成正比例地增长，应力与应变之比为常数，称为弹性模量，即 $E_s = \sigma/\varepsilon$。$a$ 点对应的应力为比例极限。

过 $a$ 点后，应力-应变曲线略有弯曲，应变增长速度比应力增长速度稍快，钢筋仍处于弹性阶段。

应力到达 $b$ 点后，钢筋开始屈服，即进入屈服阶段应力基本保持不变，应变继续增长，直到 $c$ 点。$b$ 点为屈服上限，它与加载速度、断面形式、试件表面粗糙度等因素有关，是不稳定的；故一般以屈服下限 $c$ 点作为钢筋的屈服点，所对应的应力为屈服强度 $\sigma_s$。

$c$ 点以后，应力—应变关系接近水平直线，此时应力不增加，应变急剧增加，直到 $d$

点，$cd$ 段称为屈服台阶或流幅。

$d$ 点以后，应力—应变曲线继续上升，直到 $e$ 点，应力达到最大值，称为钢筋的极限抗拉强度（$\sigma_b$），$de$ 段称为强化阶段。

$e$ 点以后，在试件的薄弱处发生预缩现象，变形迅速增加，应力随之下降，断面缩小，到达 $f$ 点时试件被拉断。

屈服强度是钢筋强度的设计依据，一般取屈服下限作为屈服强度。这是因为钢筋应力达到屈服强度后将产生很大的塑性变形，且卸载后塑性变形不可恢复，这会使钢筋混凝土构件产生很大的变形和不可闭合的裂缝，影响结构正常使用。热轧钢筋属于有明显屈服点的钢筋，取屈服强度作为强度设计指标。《混凝土结构设计规范》采用如图 2-5 所示如钢筋应力-应变设计曲线，弹性模量 $E_s$ 取斜线段的斜率。

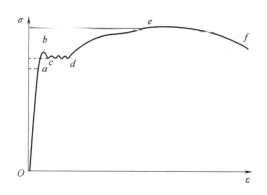

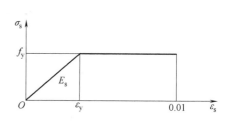

图 2-4　有明显屈服点钢筋典型的拉伸应力—应变曲线　　　图 2-5　钢筋应力—应变设计曲线

强屈比为钢筋极限抗拉强度与屈服强度的比值，反映了钢筋的强度储备。

钢筋拉断时的应变称为断后伸长率，是反映钢筋塑性性能的指标。断后伸长率大的钢筋，在拉断前有足够预兆，延性较好。断后伸长率按式（2-1）确定：

$$\delta_{5或10} = \frac{l - l_0}{l_0} \tag{2-1}$$

式中　$l_0$——试件拉伸前量测标距的长度（一般取 $5d$ 或 $10d$，$d$ 为钢筋直径）；

　　　$l$——拉断时测标距的长度。

冷弯性能是检验钢筋塑性性能的另一项指标。为使钢筋在加工、使用时不开裂、弯断或脆断，需对钢筋试件进行冷弯试验（图 2-6），要求钢筋弯绕一辊轴弯心而不产生裂缝、鳞落或断裂现象。弯转角度越大、弯心直径 $D$ 越小，钢筋的塑性就越好。冷弯试验较受力均匀的拉伸试验更有效地揭示材质的缺陷，冷弯性能是衡量钢筋力学性能的一项综合指标。

（二）无明显屈服点的钢筋

无明显屈服点钢筋的力学性能基本指标有：抗拉强度、断后伸长率和冷弯性能。这也是有明显屈服点钢筋进行质量检验的 3 项主要指标。

无明显屈服点钢筋拉伸时的典型应力—应变曲线如图 2-7 所示。

从图 2-7 中可见，这类钢筋没有明显的屈服点，断后伸长率小，塑性差，破坏时呈脆性。$a$ 点为比例极限；$a$ 点以后，应力—应变曲线呈非线性，有一定的塑性变形；达到极限抗拉强度 $\sigma_b$ 后很快被拉断。

对这类钢筋，通常取残余应变为0.2%时对应的应力作为强度设计指标，称为条件屈服强度，用$\sigma_{0.2}$表示。预应力筋均为此类钢筋，对传统的预应力钢丝、钢绞线，规范规定取$0.85\sigma_b$作为条件屈服强度；对中强度预应力钢丝和螺纹钢筋，按上述原则计算并考虑工程经验适当调整。

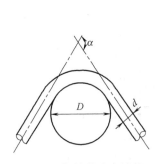

图2-6　钢筋的冷弯性能

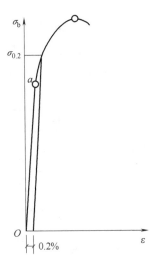

图2-7　无明显屈服点钢筋拉伸时的典型应力—应变曲线

## 三、钢筋的强度标准值与设计值

按性能确定钢筋的牌号和强度级别，钢筋的强度标准值应具有不小于95%的保证率。普通钢筋的屈服强度标准值$f_{yk}$、极限强度标准值$f_{stk}$、抗拉强度设计值$f_y$、抗压强度设计值$f_y'$和弹性模量应按表2-3采用，当构件中配有不同种类的钢筋时，每种钢筋应采用各自的强度设计值。横向钢筋的抗拉强度设计值$f_{yv}$应按表2-3中$f_y$的数值采用；当用作受剪、受扭、受冲切承载力计算时，其数值大于$360N/mm^2$时应取$360N/mm^2$。

表2-3　普通钢筋强度标准值、设计值和弹性模量

| 牌号 | 符号 | 公称直径 /(d/mm) | 弹性模量 /($10^5$ N/mm²) | 强度标准值/($N/mm^2$) | | 强度设计值/($N/mm^2$) | |
|---|---|---|---|---|---|---|---|
| | | | | $f_{yk}$ | $f_{stk}$ | $f_y$ | $f_y'$ |
| HPB300 | Φ | 6~14 | 2.10 | 300 | 420 | 270 | 270 |
| HRB335 | Φ | 6~14 | 2.00 | 335 | 455 | 300 | 300 |
| HRB400<br>HRBF400<br>RRB400 | Φ<br>ΦF<br>ΦR | 6~50 | 2.00 | 400 | 540 | 360 | 360 |
| HRB500<br>HRBF500 | Φ<br>ΦF | 6~50 | 2.00 | 500 | 630 | 435 | 435 |

预应力筋的屈服强度标准值$f_{pyk}$、极限强度标准值$f_{ptk}$、抗拉强度设计值$f_{py}$、抗压强度设计值$f_{py}'$和弹性模量详见《混凝土结构设计规范》（GB 50010—2010）。

### 四、钢筋的选用

1）纵向受力普通钢筋可采用 HRB400、HRB500、HRBF400、HRBF500、HRB335、RRB400、HPB300 钢筋；梁、柱和斜撑构件的纵向受力普通钢筋宜采用 HRB400、HRB500、HRBF400、HRBF500 钢筋。

2）箍筋宜采用 HRB400、HRBF400、HRB335、HPB300、HRB500、HRBF500 钢筋。

3）预应力筋宜采用预应力钢丝、钢绞线和预应力螺纹钢筋。

钢筋的公称直径、公称截面面积及理论重量见表 2-4。

表 2-4　钢筋的公称直径、公称截面面积及理论重量

| 公称直径/mm | 不同根数钢筋的计算截面面积/mm² | | | | | | | | | | | | 单根钢筋理论重量/(kg/m) |
|---|---|---|---|---|---|---|---|---|---|---|---|---|---|
| | 1 | 2 | 3 | 4 | 5 | 6 | 7 | 8 | 9 | 10 | 11 | 12 | |
| 6 | 28.3 | 57 | 85 | 113 | 141 | 170 | 198 | 226 | 255 | 283 | 311 | 339 | 0.222 |
| 8 | 50.3 | 101 | 151 | 201 | 251 | 302 | 352 | 402 | 453 | 503 | 553 | 604 | 0.395 |
| 10 | 78.5 | 157 | 236 | 314 | 393 | 471 | 550 | 628 | 707 | 785 | 864 | 942 | 0.617 |
| 12 | 113.1 | 226 | 339 | 452 | 565 | 679 | 792 | 905 | 1018 | 1131 | 1244 | 1357 | 0.888 |
| 14 | 153.9 | 308 | 462 | 616 | 770 | 923 | 1077 | 1231 | 1385 | 1539 | 1693 | 1847 | 1.208 |
| 16 | 201.1 | 402 | 603 | 804 | 1005 | 1207 | 1408 | 1609 | 1810 | 2011 | 2212 | 2413 | 1.578 |
| 18 | 254.5 | 509 | 763 | 1018 | 1272 | 1527 | 1781 | 2036 | 2290 | 2545 | 2799 | 3054 | 1.998 |
| 20 | 314.2 | 628 | 943 | 1257 | 1571 | 1885 | 2199 | 2514 | 2828 | 3142 | 3456 | 3770 | 2.466 |
| 22 | 380.1 | 760 | 1140 | 1520 | 1901 | 2281 | 2661 | 3041 | 3421 | 3801 | 4181 | 4561 | 2.984 |
| 25 | 490.9 | 982 | 1473 | 1964 | 2454 | 2945 | 3436 | 3927 | 4418 | 4909 | 5400 | 5891 | 3.853 |
| 28 | 615.8 | 1232 | 1847 | 2463 | 3079 | 3695 | 4311 | 4926 | 5542 | 6158 | 6774 | 7390 | 4.834 |
| 32 | 804.2 | 1608 | 2413 | 3217 | 4021 | 4825 | 5629 | 6434 | 7238 | 8042 | 8846 | 9650 | 6.313 |

# 子单元三　钢　　材

## 学习目标

1. 了解钢结构用材的要求
2. 了解建筑钢材的类别
3. 了解型钢的规格及表示方法
4. 了解钢材的选用方法

## 任务内容

1. 知识点
（1）钢结构用材要求
（2）建筑钢材的类别

（3）型钢的规格及表示方法

（4）钢材的选用方法

（5）钢结构力学指标

2. 技能点

（1）型钢规格的表示方法

（2）钢材的选用

（3）查表确定钢材力学指标

 **知识解读**

## 一、钢结构用材的要求

钢结构用材的要求是多方面的，主要包括：

1）具有较高的屈服强度和极限强度。

2）具有良好的塑性和韧性。

3）具有良好的加工性能，即适合冷、热加工，还有良好的焊接性。

4）耐久性好，能适应低温、有害介质侵蚀（包括大气锈蚀）及重复荷载作用等性能。

## 二、钢结构用材的种类和选用

建筑工程中所用的建筑钢材基本上是碳素结构钢和低合金高强度结构钢。

### （一）建筑钢材的类别

#### 1. 碳素结构钢

碳素结构钢按含碳量的多少，可分为低碳钢、中碳钢和高碳钢。通常把含碳量为 0.03%～0.25% 的钢材称为低碳钢，含碳量为 0.26%～0.60% 的称为中碳钢，含碳量为 0.60%～2.0% 的称为高碳钢。建筑钢结构主要使用低碳钢。

碳素结构钢的牌号由字母 Q、屈服点数值、质量等级代号、脱氧方法代号四个部分组成。Q 是代表钢材屈服点的字母；屈服点数值有 195、215、235，以 $N/mm^2$ 为单位；质量等级代号有 A、B、C、D，按冲击韧性试验要求的不同表示质量由低到高；脱氧方法代号有 F、b、Z、TZ，分别表示沸腾钢、半镇静钢、镇静钢、特殊镇静钢，其中代号 Z、TZ 可以省略不写。钢结构采用的 Q235 钢，分为 A、B、C、D 四级，A、B 两级的脱氧方法可以是 Z、b 或 F，C 级只能为 Z，D 级只能为 TZ。如 Q235A·F 表示屈服强度为 $235N/mm^2$，A 级，沸腾钢。

#### 2. 低合金高强度结构钢

低合金高强度结构钢是指在冶炼过程中添加一些合金元素，其总量不超过 5% 的钢材。加入合金元素后，钢材强度明显提高，钢结构构件的强度、刚度、稳定 3 个主要控制指标能充分发挥，尤其在大跨度或重负载结构中优点更为突出。

低合金高强度结构钢的牌号由代表屈服点的字母 Q、屈服点数值、质量等级符号 3 个部分按顺序排列表示。钢的牌号有 Q345、Q390、Q420、Q460、Q500、Q550、Q620、Q690 共 8 种，质量等级有 A、B、C、D、E 共 5 个等级。A 级无冲击功要求，B、C、D、E 级均有冲击功要求。不同质量等级对碳、硫、磷、铝等含量的要求也有区别。低合金高强度结构钢的 A、B 级属于镇静钢，C、D、E 级属于特殊镇静钢。

（二）型钢的规格

型钢有热轧成形的钢板、型钢及冷弯（或冷压）成形的薄壁型材。

**1. 热轧钢板**

热轧钢板分为厚板和薄板两种，厚板的厚度为 4.5 ~ 60mm，薄板厚度为 0.35 ~ 4mm。在图样中钢板用"-宽×厚×长"或"-宽×厚"表示，单位为 mm，如"-800×12×2100""-800×12"。

**2. 热轧型钢**

热轧型钢有角钢、工字钢、槽钢、H 型钢、部分 T 形钢、钢管，如图 2-8 所示。

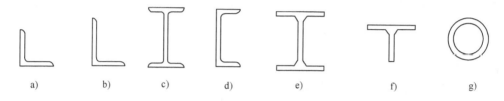

图 2-8　热轧型钢截面

a）等边角钢　b）不等边角钢　c）工字钢　d）槽钢　e）H 型钢　f）T 型钢　g）钢管

角钢有等边角钢和不等边角钢两大类。等边角钢也称为等肢角钢，以符号"∟"加"边宽×厚度"表示，单位为 mm。例如，"∟100×10"表示肢宽为 100mm、厚 10mm 的等边角钢。不等边角钢也叫不等肢角钢，以符号"∟"加"长边宽×短边宽×厚度"表示，单位为 mm。例如，"∟100×80×8"表示长肢宽为 100mm、短肢宽为 80mm、厚 8mm 的不等边角钢。

工字钢是一种工字形截面型材，分为普通工字钢和轻型工字钢两种，其型号用符号"工"加截面高度来表示，单位为 cm，如"工16"。20 号以上普通工字钢根据腹板厚度和翼缘宽度的不同，同一号工字钢又有 a、b、c 共 3 种区别，其中 a 类腹板最薄、翼缘最窄，b 类腹板较厚较宽，c 类腹板最厚最宽，如"工30b"。轻型工字钢以符号"Q工"加截面高度来表示，单位为 cm，如"Q工25"。同样高度的轻型工字钢的翼缘比普通工字钢的翼缘宽而薄，腹板也薄，截面回转半径略大，故重量较轻，节约钢材。

槽钢是槽形截面（［）的型材，分为热轧普通槽钢和热轧轻型槽钢。普通槽钢以符号"［"加截面高度表示，单位为 cm，并以 a、b、c 区分同一截面高度中的不同腹板厚度，如"［30a"表示槽钢外廓高度为 30cm 且腹板厚度为最薄的一种。轻型槽钢以符号"Q［"加截面高度表示，单位为 cm，如"Q［25"。

H 型钢翼缘端部为直角，便于与其他构件连接。热轧 H 型钢分为宽翼缘 H 型钢（代号 HW）、中翼缘 H 型钢（代号 HM）和窄翼缘 H 型钢（代号 HN）3 类。此外还有桩类 H 型钢，代号为 HP。H 型钢的规格以代号加"高度 H×宽度 B×腹板厚度 $t_1$×翼缘厚度 $t_2$"表示，单位为 mm，如 HN300×150×6.5×9。

H 型钢与工字钢的区别如下：①H 型钢翼缘内表面无斜度，上下表面平行；②从材料分布形式上看，工字钢截面中材料主要集中在腹板左右，越向两侧延伸钢材越少；轧制 H 型钢中，材料分布侧重在翼缘部分。

剖分 T 型钢分为 3 类：宽翼缘剖分 T 型钢 TW、中翼缘剖分 T 型钢 TM、窄翼缘剖分 T

型钢 TN。剖分 T 型钢的规格以代号加 "高度 H×宽度 B×腹板厚度 $t_1$×翼缘厚度 $t_2$" 表示，单位为 mm，如 "TM147×200×8×12"。

钢管分为无缝钢管和焊接钢管。以符号 "$\phi$" 加 "外径×厚度" 表示，单位为 mm，如 "$\phi$426×10"。公称直径以符号 DN 表示。

**3. 冷弯薄壁型钢**

冷弯薄壁型钢由厚度为 1.5～6mm 的钢板或带钢，经冷加工（冷拉、冷压或冷拔）成形，同一截面部分的厚度都相同，截面各角顶处呈圆弧形，如图 2-9a～i 所示。可用薄壁型钢制作各种屋架、刚架、网架、檩条、墙梁、墙柱等结构和构件。

压型钢板是冷弯薄壁型材的另一种形式，如图 2-9j 所示，常用 0.4～2mm 厚的镀锌钢板和彩色涂塑镀锌钢板冷加工成形，可广泛用作屋面板、墙面板和隔墙。

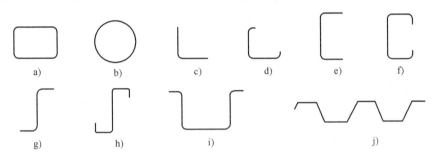

图 2-9  冷弯薄壁型材的截面形式

a）～i）冷弯薄壁型钢  j）压型钢板

**（三）钢材的选用**

钢结构选材应遵循技术可靠、经济合理的原则，综合考虑结构的重要性、荷载特征、结构形式、应力状态、连接方法、钢材厚度、价格和工作环境等因素，选用合适的钢材牌号和材性。

承重结构采用的钢材应具有屈服强度、断后伸长率、抗拉强度、冲击韧性和硫、磷含量的合格保证，对焊接结构尚应具有碳含量（或碳当量）的合格保证。焊接承重结构以及重要的非焊接承重结构采用的钢材还应具有冷弯试验的合格保证。当选用 Q235 钢时，其脱氧方法应选用镇静钢。

根据建筑结构的设计要求，对于承重结构，推荐使用 5 种牌号钢：Q235、Q345、Q390、Q420、Q460，并按规定选用对应的质量等级。

## 三、钢结构强度设计值

1）钢材的强度设计指标，应根据钢材牌号、厚度或直径按表 2-5 采用。

表 2-5  钢材的强度设计值　　　　　　　　　　　　　（单位：N/mm²）

| 牌　号 | 厚度或直径 /mm | 抗拉、抗压和抗弯强度 $f$ | 抗剪强度 $f_V$ | 端面承压（刨平顶紧）强度 $f_{ce}$ | 钢材名义屈服强度 $f_y$ | 极限抗拉强度最小值 $f_u$ |
|---|---|---|---|---|---|---|
| Q235 | ≤16 | 215 | 125 | 325 | 235 | 370 |
| | >16～40 | 205 | 120 | | 225 | 370 |
| | >40～60 | 200 | 115 | | 215 | 370 |
| | >60～100 | 200 | 115 | | 205 | 370 |

（续）

| 牌　号 | 厚度或直径 /mm | 抗拉、抗压、和抗弯强度 $f$ | 抗剪强度 $f_V$ | 端面承压（刨平顶紧）强度 $f_{ce}$ | 钢材名义屈服强度 $f_y$ | 极限抗拉强度最小值 $f_u$ |
|---|---|---|---|---|---|---|
| Q345 | ≤16 | 300 | 175 | 400 | 345 | 470 |
| | >16 ~ 40 | 295 | 170 | | 335 | 470 |
| | >40 ~ 63 | 290 | 165 | | 325 | 470 |
| | >63 ~ 80 | 280 | 160 | | 315 | 470 |
| | >80 ~ 100 | 270 | 155 | | 305 | 470 |
| Q390 | ≤16 | 345 | 200 | 415 | 390 | 490 |
| | >16 ~ 40 | 330 | 190 | | 370 | 490 |
| | >40 ~ 63 | 310 | 180 | | 350 | 490 |
| | >63 ~ 80 | 295 | 170 | | 330 | 490 |
| | >80 ~ 100 | 295 | 170 | | 330 | 490 |
| Q420 | ≤16 | 375 | 215 | 440 | 420 | 520 |
| | >16 ~ 40 | 355 | 205 | | 400 | 520 |
| | >40 ~ 63 | 320 | 185 | | 380 | 520 |
| | >63 ~ 80 | 305 | 175 | | 360 | 520 |
| | >80 ~ 100 | 305 | 175 | | 360 | 520 |
| Q460 | ≤16 | 410 | 235 | 470 | 460 | 550 |
| | >16 ~ 40 | 390 | 225 | | 440 | 550 |
| | >40 ~ 63 | 355 | 205 | | 420 | 550 |
| | >63 ~ 80 | 340 | 195 | | 400 | 550 |
| | >80 ~ 100 | 340 | 195 | | 400 | 550 |
| Q345GJ | >16 ~ 35 | 310 | 180 | 415 | 345 | 490 |
| | >35 ~ 50 | 290 | 170 | | 335 | 490 |
| | >50 ~ 100 | 285 | 165 | | 325 | 490 |

注：1. GJ 钢的名义屈服强度取上屈服强度，其他均取下屈服强度。

　　2. 表中厚度是指计算点的钢材厚度，对轴心受拉构件和轴心受压构件是指截面中较厚板件的厚度。

2）焊缝的强度设计值按表2-6采用。

表 2-6　焊缝的强度设计值　　　　　　　　（单位：N/mm²）

| 焊接方法和焊条型号 | 钢材牌号规格和标准号 | | 对接焊缝 | | | | 角焊缝 |
|---|---|---|---|---|---|---|---|
| | 牌号 | 厚度或直径 /mm | 抗压强度 $f_c^W$ | 焊缝质量为下列等级时，抗拉强度 $f_t^W$ | | 抗剪强度 $f_V^W$ | 抗拉、抗压和抗剪强度 $f_f^W$ |
| | | | | 一级、二级 | 三级 | | |
| 自动焊、半自动焊和 E43 型焊条电弧焊 | Q235 钢 | ≤16 | 215 | 215 | 185 | 125 | 160 |
| | | >16 ~ 40 | 205 | 205 | 175 | 120 | |
| | | >40 ~ 60 | 200 | 200 | 170 | 115 | |
| | | >60 ~ 100 | 200 | 200 | 170 | 115 | |

（续）

| 焊接方法和焊条型号 | 钢材牌号规格和标准号 | | 对接焊缝 | | | | 角焊缝 |
| --- | --- | --- | --- | --- | --- | --- | --- |
| | 牌号 | 厚度或直径/mm | 抗压强度 $f_c^w$ | 焊缝质量为下列等级时，抗拉强度 $f_t^w$ | | 抗剪强度 $f_v^w$ | 抗拉、抗压和抗剪强度 $f_f^w$ |
| | | | | 一级、二级 | 三级 | | |
| 自动焊、半自动焊和 E50、E55 型焊条电弧焊 | Q345 钢 | ≤16 | 305 | 305 | 260 | 175 | 200 |
| | | >16~40 | 295 | 295 | 250 | 170 | |
| | | >40~63 | 290 | 290 | 245 | 165 | |
| | | >63~80 | 280 | 280 | 240 | 160 | |
| | | >80~100 | 270 | 270 | 230 | 155 | |
| 自动焊、半自动焊和 E50、E55 型焊条电弧焊 | Q390 钢 | ≤16 | 345 | 345 | 295 | 200 | 200（E50）220（E55） |
| | | >16~40 | 330 | 330 | 280 | 190 | |
| | | >40~63 | 310 | 310 | 265 | 180 | |
| | | >63~80 | 295 | 295 | 250 | 170 | |
| | | >80~100 | 295 | 295 | 250 | 170 | |
| 自动焊、半自动焊和 E55、E60 型焊条电弧焊 | Q420 钢 | ≤16 | 375 | 375 | 320 | 215 | 220（E55）240（E60） |
| | | >16~40 | 355 | 355 | 300 | 205 | |
| | | >40~63 | 320 | 320 | 270 | 185 | |
| | | >63~80 | 305 | 305 | 260 | 175 | |
| | | >80~100 | 305 | 305 | 260 | 175 | |
| 自动焊、半自动焊和 E55、E60 型焊条电弧焊 | Q460 钢 | ≤16 | 410 | 410 | 350 | 235 | 220（E55）240（E60） |
| | | >16~40 | 390 | 390 | 330 | 225 | |
| | | >40~63 | 355 | 355 | 300 | 205 | |
| | | >63~80 | 340 | 340 | 290 | 195 | |
| | | >80~100 | 340 | 340 | 290 | 195 | |
| 自动焊、半自动焊和 E50、E55 型焊条电弧焊 | Q345GJ 钢 | >16~35 | 310 | 310 | 265 | 180 | 200 |
| | | >35~50 | 290 | 290 | 245 | 170 | |
| | | >50~100 | 285 | 285 | 240 | 165 | |

注：1. 焊条电弧焊用焊条、自动焊和半自动焊所采用的焊丝和焊剂，应保证其熔敷金属的力学性能不低于母材的性能。

2. 焊缝质量等级应符合现行国家标准《钢结构焊接规范》（GB50661—2011）的规定，其检验方法应符合现行国家标准《钢结构工程施工质量验收规范》（GB50205—2001）的规定。其中厚度小于 8mm 钢材的对接焊缝，不应采用超声波检测确定焊缝质量等级。

3. 对接焊缝在受压区的抗弯强度设计值取 $f_c^w$，在受拉区的抗弯强度设计值取 $f_t^w$。

4. 表中厚度是指计算点的钢材厚度，对轴心受拉构件和轴心受压构件是指截面中较厚板件的厚度。

5. 进行无垫板的单面施焊对接焊缝的连接计算时，上表规定的强度设计值应乘折减系数 0.85。

3）螺栓连接的强度设计值按表 2-7 采用。

表 2-7　螺栓连接的强度设计值 　　　　　　　　（单位：N/mm²）

| 螺栓的性能等级、锚栓和构件钢材的牌号 | | 普通螺栓 | | | | | | 锚栓 | 承压型或网架用高强度螺栓 | | |
|---|---|---|---|---|---|---|---|---|---|---|---|
| | | C 级螺栓 | | | A 级、B 级螺栓 | | | | | | |
| | | 抗拉强度 $f_t^b$ | 抗剪强度 $f_v^b$ | 承压强度 $f_c^b$ | 抗拉强度 $f_t^b$ | 抗剪强度 $f_v^b$ | 承压强度 $f_c^b$ | 抗拉强度 $f_t^a$ | 抗拉强度 $f_t^b$ | 抗剪强度 $f_v^b$ | 承压强度 $f_c^b$ |
| 普通螺栓 | 4.6 级、4.8 级 | 170 | 140 | — | — | — | — | — | — | — | — |
| | 5.6 级 | — | — | — | 210 | 190 | — | — | — | — | — |
| | 8.8 级 | — | — | — | 400 | 320 | — | — | — | — | — |
| 锚栓 | Q235 钢 | — | — | — | — | — | — | 140 | — | — | — |
| | Q345 钢 | — | — | — | — | — | — | 180 | — | — | — |
| | Q390 钢 | — | — | — | — | — | — | 185 | — | — | — |
| 承压型连接高强度螺栓 | 8.8 级 | — | — | — | — | — | — | — | 400 | 250 | — |
| | 10.9 级 | — | — | — | — | — | — | — | 500 | 310 | — |
| 螺栓球网架用高强度螺栓 | 9.8 级 | — | — | — | — | — | — | — | 385 | — | — |
| | 10.9 级 | — | — | — | — | — | — | — | 430 | — | — |
| 构件 | Q235 钢 | — | — | 305 | — | — | 405 | — | — | — | 470 |
| | Q345 钢 | — | — | 385 | — | — | 510 | — | — | — | 590 |
| | Q390 钢 | — | — | 400 | — | — | 530 | — | — | — | 615 |
| | Q420 钢 | — | — | 425 | — | — | 560 | — | — | — | 655 |
| | Q460 钢 | — | — | 450 | — | — | 595 | — | — | — | 695 |
| | Q345GJ 钢 | — | — | 400 | — | — | 530 | — | — | — | 615 |

注：1. A 级螺栓用于 $d \leqslant 24mm$ 和 $L \leqslant 10d$ 或 $L \leqslant 150mm$（按较小值）的螺栓；B 级螺栓用于 $d > 24mm$ 和 $L > 10d$ 或 $L > 150mm$（按较小值）的螺栓；$d$ 为公称直径，$L$ 为螺栓公称长度。

2. A、B 级螺栓孔的精度和孔壁表面粗糙度，C 级螺栓孔的允许偏差和孔壁表面粗糙度，均应符合现行国家标准《钢结构工程施工质量验收规范》（GB 50205—2001）的要求。

# 子单元四　砌　　体

 学习目标

1. 认识砌体的材料和种类
2. 熟悉本地区用于承重结构和自承重墙两种类型的砌体的材料选用
3. 理解砌体的受力特点
4. 了解砌体的强度指标

 任务内容

1. 知识点
（1）砌体的材料及种类

（2）砌体的受力特点

2．技能点

（1）砌体材料的选用

（2）查表确定砌体强度指标

 **知识解读**

砌体是砖砌体、砌块砌体、石砌体和配筋砌体的总称，由块材和砂浆砌筑而成。砌体作为结构材料，其抗压强度较高，而拉、弯、剪受力性能较差，可作为建筑的主要受力构件，用作砌体结构房屋的墙、柱、基础等竖向承重构件；也常用来作为房屋的填充墙、女儿墙。

砌体主要用在房屋砌体结构房屋中，楼、层盖等水平承重构件一般采用钢筋混凝土结构，竖向承重构件采用砌体，也称为砖混结构。

## 一、砌体的材料

砌体的材料包括块体材料和砂浆。

### （一）块材

#### 1. 砖

砖的类型包括烧结普通砖、烧结多孔砖、蒸压灰砂普通砖、蒸压粉煤灰普通砖、混凝土普通砖、混凝土多孔砖、空心砖等，如图2-10所示。除空心砖用于自承重墙外，其他均可用于承重结构。块材的强度等级用 MU 表示，单位为 $N/mm^2$，砖的强度等级见表2-8。

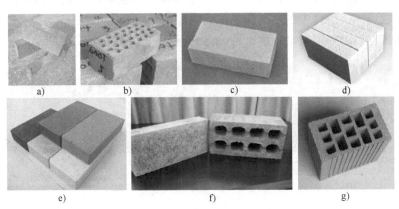

图 2-10 砖的类型

a）烧结普通砖　b）烧结多孔砖　c）蒸压灰砂普通砖　d）蒸压粉煤灰普通砖

e）混凝土普通砖　f）混凝土多孔砖　g）空心砖

表 2-8 砖的强度等级

| 砖 的 类 型 | | 强 度 等 级 |
| --- | --- | --- |
| 承重结构的块体 | 烧结普通砖、烧结多孔砖 | MU30、MU25、MU20、MU15、MU10 |
| | 蒸压灰砂普通砖、蒸压粉煤灰普通砖 | MU25、MU20、MU15 |
| | 混凝土普通砖、混凝土多孔砖 | MU30、MU25、MU20、MU15 |
| 自承重墙 | 空心砖 | MU10、MU7.5、MU5、MU3.5 |

**2. 砌块**

砌块的类型主要包括混凝土砌块、轻集料混凝土砌块，如图2-11所示。混凝土砌块一般用于承重结构，轻集料混凝土砌块有用于承重结构和自承重墙两种类型。砌块的强度等级见表2-9。

图 2-11　砌块的类型
a）混凝土砌块　b）轻集料混凝土砌块

表 2-9　砌块的强度等级

| 砖 的 类 型 | | 强 度 等 级 |
| --- | --- | --- |
| 承重结构的块体 | 混凝土砌块、轻集料混凝土砌块 | MU20、MU15、MU10、MU7.5、MU5 |
| 自承重墙 | 轻集料混凝土砌块 | MU10、MU7.5、MU5、MU3.5 |

**3. 石材**

石材抗压强度高，抗冻性、抗水性及耐久性均较好，通常用于建筑物基础、挡土墙等，也可用于建筑物墙体。砌体中的石材应选用无明显风化的天然石材。

石材按其加工后的外形规则程度，可分为料石和毛石，如图2-12所示。

图 2-12　石材的类型
a）料石　b）料石墙体　c）毛石　d）毛石挡土墙

料石（也称条石），是由人工或机械开采出的较规则的六面体石块，用来砌筑建筑物用的石料。按其加工后的外形规则程度可分为细料石、粗料石和毛料石三种。细料石是指通过细加工，外表规则，叠砌面凹入深度不应大于10mm，截面的宽度、高度不宜小于200mm，且不宜小于长度的1/4。粗料石规格尺寸同细料石，但叠砌面凹入深度不应大于20mm。毛料石外形大致方正，一般不加工或仅稍加修整，高度不应小于200mm，叠砌面凹入深度不应大于25mm。

毛石形状不规则，中部厚度不应小于200mm。毛石常用于砌筑基础、勒脚、墙身、堤坝、挡土墙等，也可配制片石混凝土等。

石材的强度等级共分七级：MU100、MU80、MU60、MU50、MU40、MU30、MU20。

（二）砂浆

砂浆是指由胶结料、细集料、掺加料和水配制而成的建筑工程材料，在建筑工程中起黏结、衬垫和传递应力的作用。将砖、石、砌块等黏结成为砌体的砂浆称为砌筑砂浆。砌体中砂浆的作用是将块材连成整体，从而改善块材在砌体中的受力状态，使其应力的分布较为均匀。此外，由于砂浆填满了块体间的缝隙，降低了砌体的透气性，提高了砌体的防水、隔热、抗冻性能。

**1. 砂浆的强度等级**

砌筑砂浆的强度用强度等级来表示。根据《砌筑砂浆配合比设计规程》（JGJT 98—2010），水泥砂浆及预拌砌筑砂浆的强度等级可分为 M5、M7.5、M10、M15、M20、M25、M30；水泥混合砂浆的强度等级可分为 M5、M7.5、M10、M15。

砂浆强度等级是以边长为 70.7mm 的立方体试块，在标准养护条件〔温度（20±2）℃、相对湿度为 90% 以上〕下，用标准试验方法测得 28d 龄期的抗压强度值（单位为 MPa）确定。

自承重墙的空心砖、轻集料混凝土砌块的强度等级，应按下列规定采用。

1）烧结普通砖、烧结多孔砖、蒸压灰砂普通砖和蒸压粉煤灰普通砖砌体采用的普通砂浆强度等级：M15、M10、M7.5、M5 和 M2.5；蒸压灰砂普通砖和蒸压粉煤灰普通砖砌体采用的专用砌筑砂浆强度等级：Ms15、Ms10、Ms7.5、Ms5.0。

2）混凝土普通砖、混凝土多孔砖、单排孔混凝土砌块和煤矸石混凝土砌块砌体采用的砂浆强度等级：Mb20、Mb15、Mb10、Mb7.5 和 Mb5。

3）双排孔或多排孔轻集料混凝土砌块砌体采用的砂浆强度等级：Mb10、Mb7.5 和 Mb5。

4）毛料石、毛石砌体采用的砂浆强度等级：M7.5、M5 和 M2.5。

**2. 砂浆的分类**

（1）水泥砂浆　由水泥、细集料和水配制成的砂浆称为水泥砂浆。水泥砂浆的主要特点是强度高、耐久性和耐火性好，但其流动性和保水性差，相对而言施工较困难。在强度等级相同的条件下，采用水泥砂浆砌筑的砌体强度要比其他砂浆要低。水泥砂浆常用于地下结构或经常受水侵蚀的部位。

（2）水泥混合砂浆　混合砂浆一般由水泥、石灰膏、砂子拌和而成，一般用于地面以上的砌体。混合砂浆由于加入了石灰膏，改善了砂浆的和易性，操作起来比较方便，有利于砌体密实度和工效的提高。

（3）非水泥砂浆　非水泥砂浆有石灰砂浆、黏土砂浆、石膏砂浆。石灰砂浆强度较低，耐久性也差，流动性和保水性较好，通常用于地上砌体。黏土砂浆强度低，可用于临时建筑或简易建筑。石膏砂浆硬化快，可用于不受潮湿的地上砌筑。

（4）混凝土砌块砌筑砂浆　由水泥、砂、水，以及根据需要掺入的掺合料和外加剂等组成，按一定的比例，采用机械拌和而成，专门用于砌筑混凝土砌块，简称砌块专用砂浆。

**二、砌体的种类**

砌体分为无筋砌体和配筋砌体两类。

（一）无筋砌体

无筋砌体由块材和砂浆组成，包括砖砌体、砌块砌体和石砌体。

**1. 砖砌体**

砖可以砌筑成实心砌体，也可砌筑成空心砌体。在土木工程中，砖砌体通常用作承重墙和立柱，也可用于围护墙和分隔墙等。

**2. 砌块砌体**

砌块砌体由砌筑砂浆砌筑而成，其自重轻，保温隔热性能好，施工进度快，经济效益好，又具有良好的环保性能，常用于围护墙和分隔墙等。

**3. 石砌体**

石砌体由石材和砂浆（或混凝土）砌筑而成，造价低廉，可就地取材，但自重大，隔热性能差，做外墙时厚度一般较大，在产石的山区应用较为广泛。料石砌体可用作房屋的墙、柱，毛石砌体一般用作挡土墙，基础。

（二）配筋砌体

为了提高砌体的强度，减少构件的截面尺寸，可在砌体内配置适量的钢筋，形成配筋砌体。通常在墙体水平灰缝中配置直径较小的网状钢筋，形成网状配筋砌体。有时也在砌体外配置纵向钢筋后用砂浆或混凝土形成面层，或在预留的竖槽内配置钢筋后用砂浆或混凝土灌实，形成组合砌体。

## 三、砌体的力学性能

### （一）砌体的抗压强度

**1. 影响砌体抗压强度的因素**

（1）块材和砂浆的强度　块材和砂浆的强度是决定砌体抗压强度的首要因素，其中块材的强度是最主要的因素。块材的抗压强度较高时，其相应的抗拉、抗弯、抗剪强度也提高。一般说来，砌体抗压强度随块体和砂浆强度等级的提高而提高，但采用提高砂浆强度等级来提高砌体强度的做法，不如用提高块材的强度等级更有效。

（2）砂浆的性能　砂浆的流动性、保水性等性能对砌体抗压强度都有重要影响。用具有合适的流动性及良好保水性的砂浆铺成的水平灰缝厚度较均匀且密实性较好，可以有效地降低砌体内的局部弯切应力，提高砌体的抗压强度。与混合砂浆相比，水泥砂浆容易失水而导致流动性变差，所以，同一强度等级的混合砂浆砌筑出来的墙体要比水泥砂浆强度高。但当砂浆流动性过大时，硬化后的砂浆变形也大，砌体抗压强度反而降低。所以，性能较好的砂浆应同时具有合适的流动性和保水性。

（3）块材的尺寸、形状和灰缝厚度　高度大的块体，其抗弯、抗剪、抗拉的能力增大，会推迟砌体的开裂；长度较大时，块体在砌体中引起的弯切应力也较大，易引起块体的开裂破坏。块体表面规则、平整时，砌体中块材的弯剪不利影响减少，砌体强度较高。灰缝越厚，越容易铺砌均匀，但砂浆横向变形越大，块体内的横向拉应力也越大，砌体内的复杂应力状态也随之加剧，砌体抗压强度也降低。灰缝太薄又难以铺设均匀，因而一般灰缝厚度应控制在 $8 \sim 12mm$；对石砌体中的细料石砌体灰缝厚度不宜大于 $5mm$，毛料石和粗料石砌体灰缝厚度不宜大于 $20mm$。

（4）砌筑质量　砌筑质量的影响因素是多方面的，如块材砌筑的含水率、工人的技术水平、砂浆搅拌方式、现场管理水平、灰缝饱满度等。《砌体工程施工质量验收规范》（GB50203—2011）将砌体施工质量控制等级应分为 A、B、C 三个等级，见表 2-10。

表 2-10　砌体施工质量控制等级

| 项　　目 | 施工质量控制等级 | | |
|---|---|---|---|
| | A | B | C |
| 现场质量管理 | 监督检查制度健全，并严格执行；施工方有在岗专业技术管理人员，人员齐全，并持证上岗 | 监督检查制度基本健全，并能执行；施工方有在岗专业技术管理人员，人员齐全，并持证上岗 | 有监督检查制度；施工方有在岗专业技术管理人员 |
| 砂浆、混凝土强度 | 试块按规定制作，强度满足验收规定，离散性小 | 试块按规定制作，强度满足验收规定，离散性较小 | 试块按规定制作，强度满足验收规定，离散性大 |
| 砂浆拌和 | 机械拌和；配合比计量控制严格 | 机械拌和；配合比计量控制一般 | 机械或人工拌和；配合比计量控制较差 |
| 砌筑工人 | 中级工以上，其中，高级工不少于30% | 高、中级工不少于70% | 初级工以上 |

**2. 砌体抗压强度设计值**

各类砌体以龄期为 28d 的以毛截面计算的砌体抗压强度设计值，当施工质量控制等级为 B 级时，应根据块体和砂浆的强度等级分别按规定采用。

1）烧结普通砖、烧结多孔砖砌体的抗压强度设计值，应按表 2-11 采用。

表 2-11　烧结普通砖、烧结多孔砖砌体的抗压强度设计值　　（单位：MPa）

| 砖强度等级 | 砂浆强度等级 | | | | | 砂浆强度 |
|---|---|---|---|---|---|---|
| | M15 | M10 | M7.5 | M5 | M2.5 | 0 |
| MU30 | 3.94 | 3.27 | 2.93 | 2.59 | 2.26 | 1.15 |
| MU25 | 3.60 | 2.98 | 2.68 | 2.37 | 2.06 | 1.05 |
| MU20 | 3.22 | 2.67 | 2.39 | 2.12 | 1.84 | 0.94 |
| MU15 | 2.79 | 2.31 | 2.07 | 1.83 | 1.60 | 0.82 |
| MU10 | — | 1.89 | 1.69 | 1.50 | 1.30 | 0.67 |

注：当烧结多孔砖的孔洞率大于30%时，表中系数应乘以0.9。

2）混凝土普通砖和混凝土多孔砖砌体的抗压强度设计值，应按表 2-12 采用。

表 2-12　混凝土普通砖和混凝土多孔砖砌体的抗压强度设计值　　（单位：MPa）

| 砖强度等级 | 砂浆强度等级 | | | | | |
|---|---|---|---|---|---|---|
| | Mb20 | Mb15 | Mb10 | Mb7.5 | Mb5 | 0 |
| MU30 | 4.61 | 3.94 | 3.27 | 2.93 | 2.59 | 1.15 |
| MU25 | 4.21 | 3.60 | 2.98 | 2.68 | 2.37 | 1.05 |
| MU20 | 3.77 | 3.22 | 2.67 | 2.39 | 2.12 | 0.94 |
| MU15 | — | 2.79 | 2.31 | 2.07 | 1.83 | 0.82 |

3）蒸压灰砂普通砖和蒸压粉煤灰普通砖砌体的抗压强度设计值，应按表2-13采用。

表2-13　蒸压灰砂普通砖和蒸压粉煤灰普通砖砌体的抗压强度设计值　　（单位：MPa）

| 砖强度等级 | 砂浆强度 | | | | 砂浆强度 |
| --- | --- | --- | --- | --- | --- |
| | M15 | M10 | M7.5 | M5 | 0 |
| MU25 | 3.60 | 2.98 | 2.68 | 2.37 | 1.05 |
| MU20 | 3.22 | 2.67 | 2.39 | 2.12 | 0.94 |
| MU15 | 2.79 | 2.31 | 2.07 | 1.83 | 0.82 |

注：当采用专用砂浆砌筑时，其抗压强度设计值按表中数值采用。

（二）砌体的抗拉、抗弯、抗剪强度

砌体的抗压性能远高于其抗拉、抗弯、抗剪性能，因此砌体多用于受压构件。但实际工程中，圆形水池的池壁由于水的压力而产生环向水平拉力，带支墩的挡土墙和风荷载作用下的围墙均承受弯矩作用，拱支座受到剪切作用。砌体的抗拉、抗弯、抗剪强度指标详见《砌体结构设计规范》（GB 50003—2011）。

（三）砌体强度的调整

下列情况和各类砌体，其砌体强度设计值应乘以调整系数 $\gamma_a$：

1）对无筋砌体构件，其截面面积小于 $0.3m^2$ 时，$\gamma_a$ 为其截面面积加0.7。

2）当砌体强度等级用小于 M5.0 的水泥砂浆砌筑时，对砌体的抗压强度设计值，$\gamma_a$ 为0.9。

3）当验算施工中房屋的构件时，$\gamma_a$ 为1.1。

施工阶段砂浆尚未硬化的新砌体的强度和稳定性，可按砂浆强度为零进行验算。

 学习检测

1. 什么是混凝土立方体抗压强度、轴心抗压强度和轴心抗拉强度？

2. 混凝土的变形分为哪两类？各包括哪些变形？

3. 影响混凝土徐变的因素有哪些？

4. 影响混凝土收缩的因素有哪些？如何影响？

5. 说明混凝土结构设计时采用理想化的应力—应变曲线。

6. 有明显屈服点的钢筋的拉伸试验过程可分为哪4个阶段？试做出其应力—应变图并标出各阶段的特征应力值。

7. 试说明钢筋应力—应变设计曲线。

8. 试说明型钢的规格。如何表示？

9. 简述块材的类型和砂浆的种类。

10. 砂浆的强度等级如何确定？

11. 影响砌体抗压强度的主要因素有哪些？

12. 在什么情况下，砌体强度设计值需乘以调整系数 $\gamma_a$？

# 单元三　结构形式与结构布置

　　建筑必须要有一个好的结构形式作为支撑才能实现，结构形式的选取和结构布置的确定关系到建筑物是否安全、适用、经济、美观，结构选型与结构布置是建筑师、结构工程师的基本能力，对于从事建筑工程施工管理、工程造价、工程监理等专业人员而言，熟悉各类结构形式及结构布置有利于更好地理解结构施工图。

　　结构形式的选取不单纯是结构问题，而是一个综合性的科学问题，不仅要考虑建筑功能、结构安全、施工技术条件，还要考虑造价经济和造型美观。合理地确定房屋的结构形式，需要熟悉各类结构形式的特点、组成构件、结构布置和传力路线。

　　结构形式确定后，应当密切结合建筑设计进行结构总体布置，使建筑物具有良好的造型和合理的传力路线。建筑结构的总体布置，除应考虑到建筑使用功能、建筑美学要求外，在结构上应满足强度、刚度和稳定性要求，地震区的建筑，还应保证建筑物具有良好的抗震性能。建筑结构要达到先进合理，首先取决于结构概念是否清晰，确定结构布置方案的过程就是一个结构概念设计的过程。建筑结构的形式如图3-1所示。

a)　　　　　　　　b)　　　　　　　　c)

d)　　　　　　　　e)

图 3-1　建筑结构的形式

a) 框架结构　b) 剪力墙结构　c) 框架—剪力墙结构　d) 筒体结构　e) 砌体结构

# 子单元一　框　架　结　构

## 学习目标

1. 了解框架结构的特点
2. 了解框架结构的类型
3. 理解框架结构的布置
4. 了解框架结构常用柱网尺寸
5. 理解框架结构构件截面尺寸的确定
6. 了解框架结构受到的作用及传力路径

## 任务内容

1. 知识点
（1）框架结构的特点
（2）框架结构的类型
2. 技能点
进行框架结构房屋的结构布置，并初步确定构件截面尺寸

## 知识解读

### 一、框架结构的特点

　　框架结构体系是由梁、柱组成的框架作为竖向承重和抵抗水平作用的结构体系。其优点是在建筑上能够提供较大的空间，平面布置灵活，强度高、自重轻、整体性和抗震性好，因而很适合于多层工业厂房和民用建筑中的多高层办公楼、旅馆、医院、学校、商场和住宅建筑。框架结构抗侧刚度较小，在水平作用下位移大，在房屋层数和高度上受到限制。图 3-2 是框架结构的示意图，框架结构中梁和柱的连接一般采用刚性连接方法，结构构件除框架梁柱外，还包括板、次梁、楼梯、基础等，结构材料多用钢筋混凝土，也可采用钢结构。

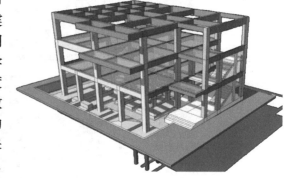

图 3-2　框架结构

### 二、框架结构的类型

　　框架结构按施工方法的不同，分为全现浇式、半现浇式、装配式和装配整体式四种。

（一）全现浇式框架

全现浇式框架是指承重构件板、梁、柱、楼梯、基础均在现场绑扎钢筋、支模、浇筑、养护而成。这种形式的优点是，结构整体性和抗震性好，节省钢材、平面布置灵活，缺点是现场工程量大，模板耗费多，工期较长，在寒冷地区冬期施工困难。

（二）半现浇式框架

半现浇式框架是指梁、柱为现浇，板为预制的结构；或柱为现浇、梁板为预制的结构。目前较小采用。

（三）装配式框架

装配式框架结构是指梁、柱、板均为已预制，然后通过焊接拼装连接成整体的结构。这种框架的构件由构件预制厂预制，在构件的连接处预埋钢连接件，现场进行焊接装配。其具有节约模板、工期短、便于机械化生产、改善劳动条件等优点；但构件预埋件多，用钢量大。

（四）装配整体式框架

装配整体式框架结构是指将预制的板、梁、柱安装就位后，通过对节点区浇筑混凝土，使之结合成整体，兼有现浇式和装配式框架的优点，但节点区现场施工复杂。

目前，框架结构仍以全现浇式为主，国家正在大力推广装配式建筑，装配整体式框架结构已有不少应用。

## 三、框架结构的布置

框架结构布置包括框架柱网布置和梁格布置两个方面。房屋结构布置是否合理，对结构的安全性、实用性及造价影响很大。因此结构设计者对结构的方案选择尤为重要，要确定一个合理的结构布置方案，需要充分考虑建筑的功能、造型、荷载、高度、施工条件等因素。

（一）柱网布置

框架结构柱网的布置应满足以下几个方面的要求。

**1. 柱网布置应满足建筑功能的要求**

柱网布置应与建筑隔墙布置相协调，一般常将柱子设在纵横墙交叉点上，以尽量减少柱网对建筑使用功能的影响，也方便在墙下布置梁。

**2. 柱网布置应规则、整齐、间距适中，传力体系明确，结构受力合理**

为有利于结构受力合理，框架结构一般要求框架梁连通，框架柱在纵横两个方向与框架梁连接，梁、柱中心线宜重合，框架柱宜纵横对齐、上下对中等；柱网的尺寸还受到梁跨度的限制，一般梁的跨度在 9m 以下为宜。

**3. 柱网布置应便于施工**

结构布置应考虑施工方便，以加快施工进度，降低工程造价，设计时应尽量考虑到构件尺寸的模数化、标准化，尽量减少构件规格，柱网布置时应尽量使梁、板布置简单、规则。

（二）梁格布置

柱网确定后，用梁把柱连起来，即布置框架梁，形成纵横向框架。框架结构实际上是一个空间受力体系，但为了计算分析方便，也为了让初学者容易理解和接受，可把实际的框架结构看成纵横两个方向的平面框架。一般沿建筑物长向的称为纵向框架，沿建筑物短向的称为横向框架。柱网尺寸较大时，还需布置次梁。

## 四、框架结构的柱网尺寸

框架结构的柱网布置力求简单，尽量符合模数，并与建筑相符合，常用的柱网布置形式有内廊式柱网和等跨式柱网，如图3-3所示。内廊式柱网用于内廊式建筑，如教学楼、医院、宾馆、办公楼等，短跨与内走廊相对应，梁格布置与房间相对应；等跨式柱网用于大进深建筑，如餐厅、商场、仓储等，往往双向布置次梁。

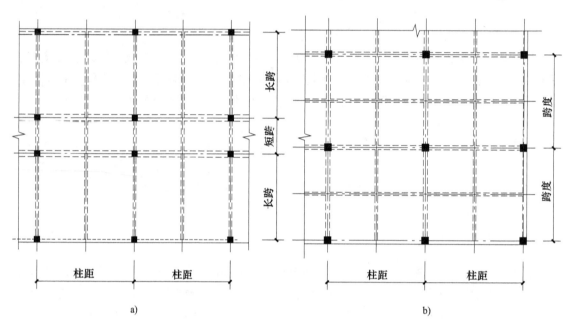

a)                                    b)

图3-3  常用柱网布置形式
a）内廊式柱网  b）等跨式柱网

柱距：常采用7.2m、7.8m、8.4m等。

跨度：按柱网形式不同，主要有下列两种。

内廊式柱网——常用跨度如6.0m＋2.4m＋6.0m或7.2m＋3.0m＋7.2m等。

等跨式框架——常用跨度有6m、7.5m、9m等。

## 五、框架结构构件截面尺寸

**1. 现浇板的厚度**

现浇板的厚度一般为10mm的倍数，其厚度选择应根据使用环境、受力情形、跨度等条件综合确定，并满足最小厚度要求。由于要预埋电线管，板厚一般不小于100mm，板厚的确定详见"单元七  结构构件受力分析与标准构造  子单元二  板"。

**2. 梁的截面尺寸**

框架梁的截面形状一般为矩形，梁高的选取根据受力情况、跨度、建筑要求等条件综合确定，可取梁轴线尺寸（柱中到柱中）的1/15～1/10；梁宽不宜小于200mm，截面高宽比不宜大于4，常取2～3。为便于施工，梁的截面尺寸尚应满足模数要求，常用的梁高度为250、300、350、……、750、800、900、……，800mm以下每级级差50mm，800mm以上每级级差100mm。

次梁往往承受的荷载相对较小，且不承受水平作用，梁高可取梁轴线尺寸（支座中到支座中）的 1/18 ~ 1/12，截面宽度常取 200mm、250mm、300mm。

### 3. 柱的截面尺寸

框架柱的截面形状通常为正方形或矩形，也有采用圆形的。框架柱的截面尺寸一般可根据轴压比要求初步确定，计算复核，框架层数越多，分摊面积越大，柱截面越大。多层框架矩形或方形截面的宽度和高度不宜小于 400mm，圆柱的直径不宜小于 450mm。

## 六、荷载及其传力路径

框架结构承受的作用主要包括竖向作用和水平作用，竖向作用包括竖向荷载和竖向地震作用，水平作用包括水平荷载和水平地震作用。竖向荷载包括结构自重及楼（屋）面活荷载，水平荷载主要有风荷载。竖向作用的传力路径为"板→次梁→框架梁→框架柱→基础→地基"，水平作用力则由框架承受，并通过底层柱传力给基础、地基。

 **应用案例**

### 一、单内廊式建筑的框架结构布置

单内廊式建筑是两排房间沿一条内走道两侧布置，两排房间的门直接开在走道上，这种布置各房间相互联系方便、布置紧凑，常用于旅馆、办公、学校等建筑，如图 3-4 所示。

多层和高度不高的高层单内廊式建筑一般采用框架结构，结构形式可分为小柱网内廊式框架、大柱网内廊式框架、两跨式内廊建筑框架和等跨三跨式内廊建筑框架等形式。

#### 1. 小柱网内廊式框架

小柱网内廊式框架，柱网沿横向共三跨，边跨跨度（长跨）为功能房间进深尺寸，中跨跨度（短跨）为走廊宽度尺寸，每开间（4m 左右）均设置柱。

图 3-5 为某高校教学楼建筑平面图（局部）和结构平面布置图（局部），结构布置为典型小柱网内廊式框架。

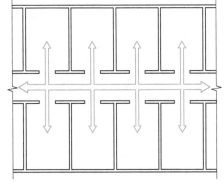

图 3-4 单内廊式建筑平面示意

#### 2. 大柱网内廊式框架

大柱网内廊式框架，柱网沿横向同样采用三跨，边跨跨度（长跨）为功能房间进深尺寸，中跨跨度（短跨）为走廊宽度尺寸，与小柱网内廊式框架不同的是，每两开间（一般 6 ~ 9m）设置一列柱，纵向框架梁上设置次梁，以便于分隔楼板和承受墙体的荷载。

图 3-6 为某高校教学楼建筑平面图（局部）和结构平面布置图（局部），结构布置为典型大柱网内廊式框架。

大柱网内廊式框架与小柱网内廊式框架相比，可少设置近一半的柱，但梁的截面尺寸增大，当房屋的楼层较少时，采用大柱网内廊式框架经济性更好。

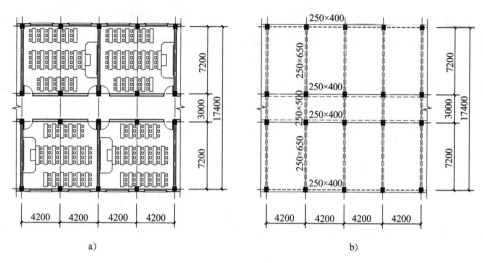

图 3-5 小柱网内廊式框架

a）建筑平面 b）结构平面

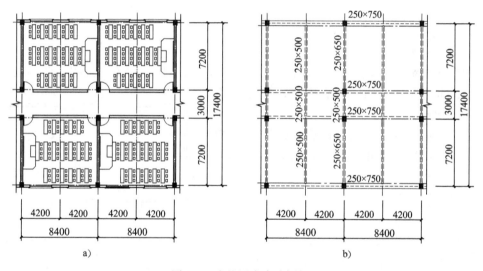

图 3-6 大柱网内廊式框架

a）建筑平面 b）结构平面

**3. 两跨式内廊建筑框架**

在办公楼等建筑中，一般两侧为功能房间（办公室、会议室、档案室等），中间为走道，往往南侧房间进深较大，这时可将走道北侧的一排柱取消，布置成两跨式内廊建筑框架。

图 3-7 为某企业办公楼建筑平面图（局部）和结构平面布置图（局部），该布置为两跨式内廊建筑框架。

**4. 等跨三跨式内廊建筑框架**

宾馆建筑一般两边是客房，中间为走道，紧靠走道的是客房卫生间，柱网布置可有两种方案：一是将柱子布置在走道两侧，形成内廊式框架；另一种是将柱子布置在客房与卫生间之间，即将走道与两侧的卫生间并为一跨，边跨仅布置客房，这种形式称为等跨三跨式内廊建筑框架，各跨跨度相对均匀，受力合理。

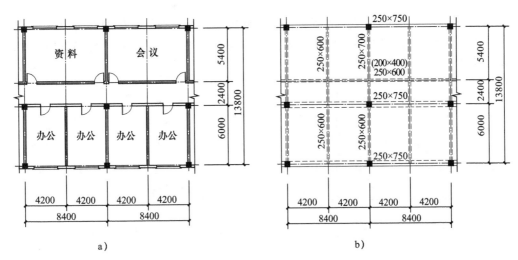

图 3-7　两跨式内廊建筑框架

a）建筑平面　b）结构平面

图 3-8 为某多层宾馆建筑平面图（局部）和结构平面布置图（局部），该布置为等跨三跨式内廊建筑框架。

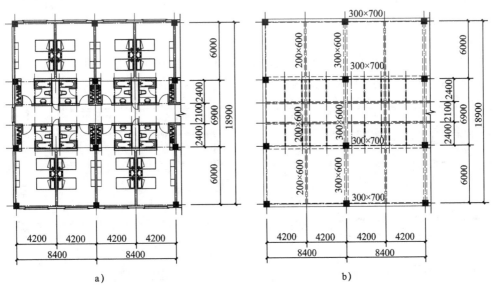

图 3-8　等跨三跨式内廊建筑框架

a）建筑平面　b）结构平面

## 二、单外廊式建筑的框架结构布置

单外廊式建筑是各房间沿走道一侧布置，通过走道相互联系，各房间均有良好的通风和采光，常用于教学楼、办公楼、宿舍等，如图 3-9 所示。

**1. 单外廊教学楼建筑**

图 3-10 为某中学教学楼建筑平面图（局部）

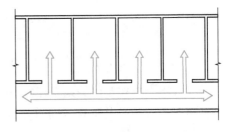

图 3-9　单外廊式建筑平面示意图

和结构平面布置图（局部），结构布置为典型大柱网单外廊式框架，柱网横向两跨，走廊部分为短跨，房间为长跨。单外廊教学楼建筑也可布置成小柱网形式，但小柱网不如大柱网经济，不常采用。

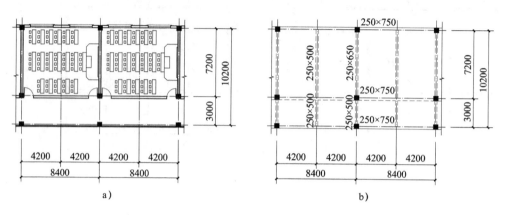

图 3-10　单外廊框架（教学楼）

a）建筑平面　b）结构平面

单外廊式建筑也可布置成单跨带悬挑的形式，但因其抗震性能不好，已限制使用，在高层建筑和学校建筑中不应采用。

### 2. 单外廊宿舍楼建筑

图 3-11 为某大学学生宿舍楼建筑平面图（局部）和结构平面布置图（局部），结构布置为大柱网单外廊式框架，柱网采用两跨，阳台通过悬挑梁来实现。

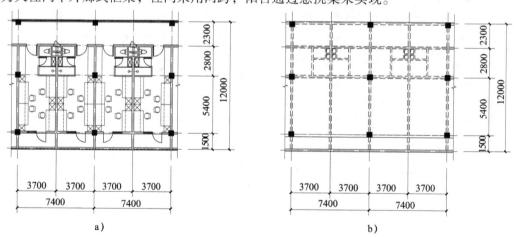

图 3-11　单外廊式框架（宿舍楼）

a）建筑平面　b）结构平面

## 三、单元式建筑的框架结构布置

单元式组合方式是将关系密切的房间组合在一起，成为一个单元，然后将各单元按地形及环境情况，在水平及垂直方向重复组合成为一幢建筑的平面组合关系，如图 3-12 所示，常用于住宅、公寓等。

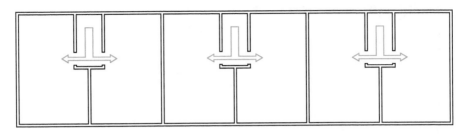

图 3-12　单元式建筑平面示意图

图 3-13 为某多层住宅楼建筑平面图（局部）和结构平面布置图（局部），住宅建筑的结构布置要配合建筑布置，一方面，为了避免框架柱伸出墙外，影响房间的使用，可将柱设置成异形柱，如"T"形、"L"形；另一方面，梁应尽量布置在房间的分隔外，尽量避免在房间的中间设置梁。

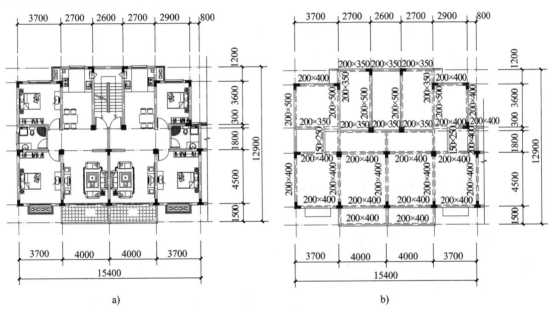

图 3-13　单元式住宅
a）建筑平面　b）结构平面

## 四、大进深建筑的框架结构布置

餐厅、商场、多层工业厂房等建筑，房屋的长度和宽度都较大，这类建筑一般布置成双向等跨的柱网，在给定的柱网上布置功能房间，沿纵横向布置框架梁，并在框架梁间布置双向次梁，如柱网尺寸较大，也可布置成双次梁，如图 3-14 所示。

双向次梁俗称井字梁。钢筋混凝土井字梁是从双向板演变而来的一种结构形式，当双向板跨度增加时，板厚相应也随之加大，而板下部受拉区域的混凝土往往被拉裂不能参与工作。因此，在双向板的跨度较大时，为了减轻板的自重，可以把板的下部受拉区的混凝土挖掉一部分，让受拉钢筋适当集中在几条线上，使钢筋与混凝土更加经济、合理地共同工作。这样双向板就变成为在两个方向形成井字式的区格梁，这两个方向的梁通常是等高的，不分主次梁。

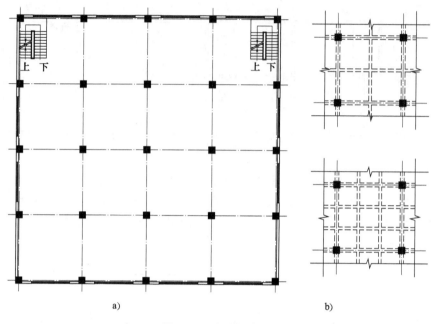

图 3-14　大进深建筑

a）建筑平面　b）结构平面（局部）

## 能力训练

　　某办公楼，三层，其中底层平面图如图 3-15 所示，二、三层的布置与底层相近，试完成柱网布置和二层梁格布置，并初步确定梁柱截面尺寸。

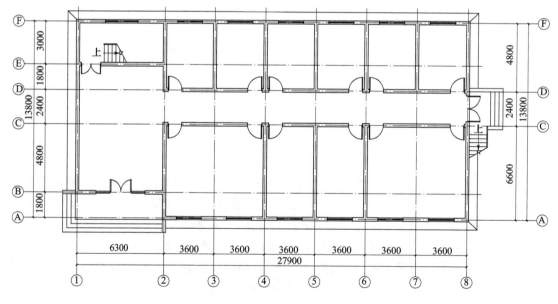

图 3-15　某办公楼一层平面图

## 子单元二 剪力墙结构

**学习目标**

1. 了解剪力墙结构的特点
2. 了解剪力墙结构的布置方法

**任务内容**

知识点
（1）剪力墙结构的特点
（2）剪力墙结构的布置方法

**知识解读**

房屋的层数较多或高度较高时，如采用框架结构形式，梁柱截面将增加到不经济甚至不合理的地步，因为框架结构在水平荷载作用下表现出"抗侧力刚度小，水平位移大"的特点。当房屋向高层发展时，解决问题的路径是在结构中设置抗侧刚度较高的混凝土墙体，如图 3-16 所示。

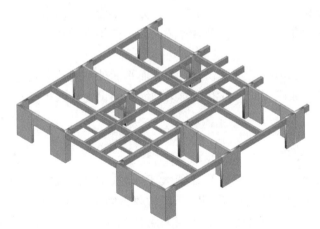

图 3-16 剪力墙结构体系

剪力墙结构是用钢筋混凝土墙板来代替框架结构中的梁柱，钢筋混凝土墙板能承受竖向力和水平力，它的刚度很大，空间整体性好，房间内不外露梁、柱棱角，便于室内布置，方便使用。剪力墙结构形式是高层住宅、宾馆最为广泛采用的一种结构形式。

### 一、剪力墙结构的特点

剪力墙结构体系的优点：结构整体性强，抗侧刚度大，水平力作用下侧移小，抗震性能好，适于建造较高的建筑。

剪力墙结构体系的缺点：墙体较密，使建筑平面布置和空间利用受到限制，较难满足大空间建筑功能的要求；结构自重较大，抗侧刚度较大，延性差，结构自振周期较短，导致较大的地震作用。

## 二、剪力墙结构布置要求

剪力墙是剪力墙结构中承受竖向荷载、水平地震作用和风荷载的主要受力构件，抗震设计的剪力墙结构，剪力墙应沿纵横两个方向布置，避免仅单向布置墙体的结构形式，并宜使两个方向的刚度接近。剪力墙应尽量布置得比较规则，拉通、对直。剪力墙宜自下到上连续布置，不宜突然取消或中断，避免刚度突变。剪力墙上如需开洞，宜上下对齐、成列布置、形成明确的墙肢和连梁，开洞应避免造成墙肢宽度相差悬殊，规则开洞，洞口成列、成排布置，能形成明确的墙肢和连梁，应力分布比较规则，否则，计算和构造都会比较复杂。

剪力墙结构应具有延性，细高的剪力墙（高宽比大于3）容易设计成具有延性的弯曲破坏剪力墙，故剪力墙不宜过长，较长剪力墙宜设置跨高比较大的连梁将其分成长度较均匀的若干墙段，各墙段的高度与各墙段的长度之比不宜小于3，分段宜均匀。用以分割墙段的洞口上可设置约束弯矩较小的弱连梁，其跨高比一般宜大于6。此外，墙段长度很长时，受弯后裂缝宽度会很大，墙体的配筋容易拉断，因此墙段长度不宜太大，一般不大于8m。

两端与剪力墙在平面内连接的梁称为连梁，跨高比较小的连梁（跨高比小于5），水平荷载作用下产生的弯矩和剪力为主，竖向荷载下的弯矩对连梁影响不大，而跨高比较大的连梁（跨高比不小于5），受水平荷载影响小，宜按框架梁设计。

楼面梁支承在连梁上时，连梁产生扭转，一方面不能有效约束楼面梁，另一方面连梁受力十分不利，因此要尽量避免。楼板次梁等截面较小的梁支承在连梁上时，次梁端部可近似按铰接处理。

剪力墙的特点是平面内刚度及承载力较大，而平面外刚度及承载力相对较小。当剪力墙与其平面外相交的楼面梁刚接时，可沿楼面梁轴线方向设置与梁相连的剪力墙、扶壁柱或墙内设置暗柱。

## 三、剪力墙的截面尺寸

竖向构件截面长边、短边（厚度）比值大于4时，宜按墙的要求进行设计。支撑预制楼（屋面）板的墙，其厚度不宜小于140mm；对剪力墙结构尚不宜小于层高的1/25，对框架—剪力墙结构尚不宜小于层高的1/20。当采用预制板时，支承墙的厚度应满足墙内竖向钢筋贯通的要求。

 **应用案例**

### 高 层 住 宅

高层住宅常采用剪力墙结构，图3-17所示为一高层剪力墙结构标准层建筑平面和结构平面布置图，读图，了解剪力墙结构房屋结构布置。

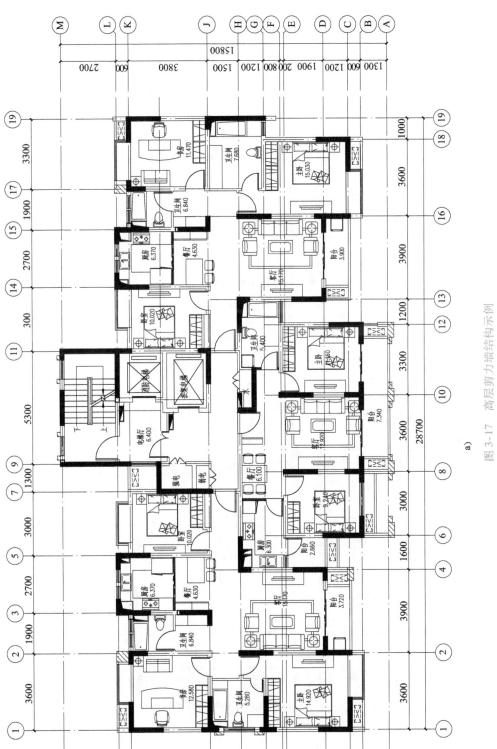

图 3-17 高层剪力墙结构示例
a) 单元式住宅标准层建筑平面图

a)

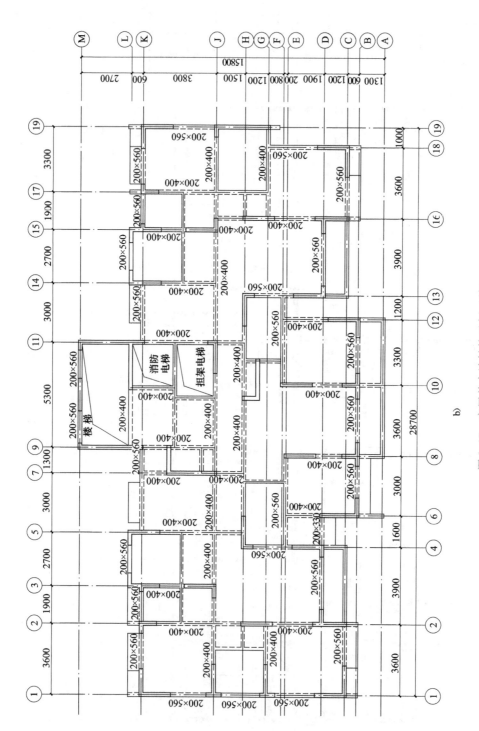

图 3-17　高层剪力墙结构示例（续）

b）单元式住宅标准层结构平面图

# 子单元三 框架-剪力墙结构

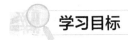

## 学习目标

1. 了解框架-剪力墙结构的特点
2. 了解框架-剪力墙结构的形式
3. 了解框架-剪力墙结构的布置

## 任务内容

知识点
（1）框架-剪力墙结构的特点
（2）框架-剪力墙结构的形式
（3）框架-剪力墙结构的布置

## 知识解读

### 一、剪力墙结构的特点

框架-剪力墙结构也称为框剪结构，这种结构是在框架结构中布置一定数量的剪力墙，它具有框架结构平面的布置灵活，有较大空间的优点，又具有侧向刚度较大的优点。框架-剪力墙结构中，剪力墙主要承受水平荷载，该结构一般适用于10～20层的建筑。

### 二、框架-剪力墙结构可采用的形式

框架-剪力墙结构由框架和剪力墙组成，以其整体承担荷载和作用；其组成形式较灵活，常采用下列形式及其组合。
1）框架与剪力墙（单片墙、联肢墙或较小井筒）分开布置。
2）在框架结构的若干跨内嵌入剪力墙（带边框剪力墙）。
3）在单片抗侧力结构内连续分别布置框架和剪力墙。

### 三、框架-剪力墙结构的布置

框架-剪力墙结构是框架和剪力墙共同承担竖向和水平荷载作用的结构体系，布置适量的剪力墙是其基本特点。为了发挥框架-剪力墙结构的优势，无论是否抗震设计，均应设计成双向抗侧力体系，且结构在两个主轴方向的刚度和承载力不宜相差过大；抗震设计时，框架-剪力墙结构在结构两个主轴方向均应布置剪力墙，以体现多道防线的要求。

框架-剪力墙结构在水平地震作用下，由于剪力墙具有较大的刚度，框架部分计算所得的剪力一般都较小。按多道防线的概念设计要求，墙体是第一道防线，在设防地震、罕遇地

震下先于框架破坏，由于塑性内力重分布，框架部分按侧向刚度分配的剪力会比多遇地震下加大，为保证作为第二道防线的框架具有一定的抗侧力能力，需要对框架承担的剪力予以适当的调整。

框架-剪力墙结构中，梁与柱或柱与剪力墙的中线宜重合，主体结构构件之间一般不宜采用铰接，但在某些具体情况下，比如采用铰接对主体结构构件受力有利时可以针对具体构件进行分析判定后，在局部位置采用铰接，但一般只能个别节点采用。

框架-剪力墙结构中剪力墙的布置宜符合下列规定：

1）剪力墙宜均匀布置在建筑物的周边附近、楼梯间、电梯间、平面形状变化及恒载较大的部位，剪力墙间距不宜过大。

2）平面形状凹凸较大时，宜在凸出部分的端部附近布置剪力墙。

3）纵、横剪力墙宜组成L形、T形和［形等形式。

4）剪力墙应多片分散布置，单片剪力墙底部承担的水平剪力不应过高。

5）剪力墙宜贯通建筑物的全高，宜避免刚度突变；剪力墙开洞时，洞口宜上下对齐。

6）楼、电梯间等竖井宜尽量与靠近的抗侧力结构结合布置。

7）抗震设计时，剪力墙的布置宜使结构各主轴方向的侧向刚度接近。

遵循这些要求，可使框架一剪力墙结构更好地发挥两种结构各自的作用并且使整体合理地工作。

此外，长矩形平面或平面有一方向较长（如L形平面中有一肢较长）时，如横向剪力墙间距过大，在侧向力作用下，因不能保证楼盖平面的刚性而会增加框架的负担，故对剪力墙的最大间距作出规定。当剪力墙之间的楼板有较大开洞时，对楼盖平面刚度有所削弱，此时剪力墙的间距宜再减小。纵向剪力墙布置在平面的尽端时，会造成对楼盖两端的约束作用，楼盖中部的梁板容易因混凝土收缩和温度变化而出现裂缝，故宜避免。同时也考虑到在设计中有剪力墙布置在建筑中部，而端部无剪力墙的情况，可防止布置框架的楼面伸出太长，不利于地震力传递。

总而言之，框架-剪力墙结构中的剪力墙布置，应均匀、对称、分散、双向布置。

 **应用案例**

### 高层框架-剪力墙结构办公楼

图3-18为一高层高层框架-剪力墙结构办公楼标准层建筑、结构平面图，读图，理解框架-剪力墙结构的建筑、结构平面布置。

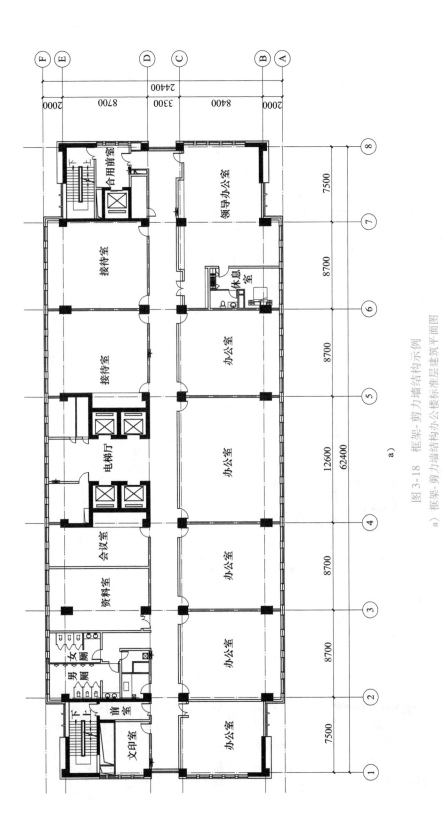

图 3-18　框架-剪力墙结构示例

a) 框架-剪力墙结构办公楼办公楼标准层建筑平面图

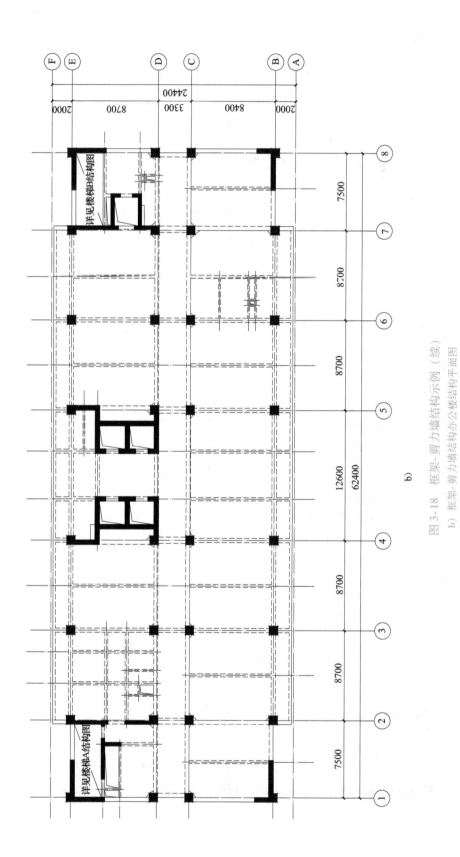

b)

图 3-18　框架-剪力墙结构示例（续）

b）框架-剪力墙结构办公楼结构平面图

# 子单元四　筒体结构

## 学习目标

1. 了解筒体结构的类型
2. 了解筒体结构的特点
3. 了解筒体结构的布置

## 任务内容

知识点
（1）筒体结构的类型
（2）筒体结构的特点
（3）筒体结构的布置

## 知识解读

筒体结构是将剪力墙或密柱框架集中到房屋的内部和外围，形成竖向悬臂封闭筒体，这种结构空间刚度大，抗扭性能好，适用于较高的高层建筑，剪力墙或密柱框架的集中又能获得相对较大的空间，建筑平面布置灵活。筒体结构具有造型美观，使用灵活、受力合理、以及整体性强等优点，目前全世界最高的 100 幢高层建筑约有 2/3 采用筒体结构；国内 100m以上的高层建筑约有一半采用钢筋混凝土筒体结构，所用形式大多为框架-核心筒和筒中筒结构。

筒体结构体系最早的应用是美国芝加哥的 1965 年建成的一幢 43 层高层住宅楼——德威特切斯纳特公寓（Dewitt Chestnut），如图 3-19 所示，其利用建筑的外轮廓布置密柱、窗裙梁组成框架筒体结构（Framedtube structure，简称框筒结构）作为其抗侧力构件，随后在世界各地应用这种结构体系相继建造了高度更高的超高层建筑，最具代表性的是在 2001 年"9·11 事件"中被撞倒塌的美国纽约世界贸易中心双塔楼（始建于 1966 年，建成于 1973年），如图 3-20 所示。

## 一、筒体结构体系

筒体结构的基本组成有两种形式：①将剪力墙在平面内围起来，形成竖向布置的空间刚度很大的薄壁筒；②加密框架柱距（通常不大于 4m），并加强梁的刚度，形成空间整体受力的框筒。

根据房屋高度、荷载性质、建筑功能、建筑美学等，将各种筒体单元进行组合，可以形成不同的筒体结构体系，常见的筒体结构有如下几种类型，如图 3-21 所示。

图 3-19　德威特切斯纳特公寓

图 3-20　美国纽约世界贸易中心双塔楼

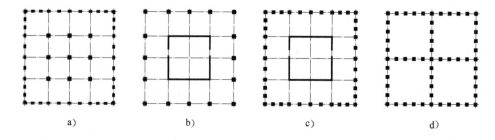

a)　　　　　　　　　b)　　　　　　　　　c)　　　　　　　　　d)

图 3-21　筒体结构类型

a）框筒结构　b）框架-核心筒结构　c）筒中筒结构　d）束筒结构

### （一）框筒结构

框筒是由框架结构发展起来的，它不设内部支撑式墙体，仅靠悬臂框筒的作用来抵抗水平力。为减小楼盖结构的内力和挠度，框筒的中间往往要布置一些柱子，以承受楼面竖向荷载，框筒结构最有代表性的应用是美国纽约世界贸易中心大厦。

### （二）框架-核心筒结构

框架-核心筒结构利用建筑功能的需要在内部组成实体筒体作为主要抗侧力构件，外侧布置框架，也可在筒体外侧布置多排柱，由于其平面布置的规则性与内部核心筒的稳定性及抗侧力作用的空间有效性，抗震性能优于一般的框架-剪力墙结构。

### （三）筒中筒结构

筒中筒结构由外部的框筒与内部的核心筒组成，外框筒由间距一般在 4m 以内的密柱和高度很高的裙梁所组成，内筒则为实体筒体，具有很大的抗侧力刚度和承载力。

### （四）束筒结构

两个以上筒体（框筒或薄壁筒）排列在一起称为束筒。束筒结构中的每一个框筒体，可以是方形、矩形或者三角形；多个筒体可以组成不同的平面形状，其中任意一个筒体可以根据需要在任何高度终止。由于集中了多个筒体共同抵御外部荷载，因而束筒结构具有比筒中筒结构更大的抗侧力能力，常用于75层以上的高层建筑中。

《高层建筑混凝土结构技术规程》将筒体结构分为筒中筒结构和框架-核心筒结构，其他类型的筒体结构参照设计。

## 二、筒体结构的受力特点

筒体结构不仅能承受竖向荷载，而且能承受很大的水平荷载。在高层建筑中，特别是超高层建筑中，水平荷载越来越大，起着控制作用。筒体结构便是抵抗水平荷载的最有效的结构体系。它的受力特点是，整个建筑犹如固定于基础上的封闭空心的悬臂梁来抵抗水平力。

在筒体结构中，大部分水平剪力由核心筒或内筒承担，框架柱或框筒柱所受剪力远小于框架结构中的柱剪力。实际工程中，由于外周框架柱的柱距大、梁高小，造成其刚度低，核心筒刚度高，结构底部剪力主要由核心筒承担。这种情况，在强烈地震作用下，核心筒墙体可能损伤严重，经内力重分布后，外围框架会承担较大的地震作用。

## 三、筒体结构布置

筒中筒结构的空间受力性能与其高度和高宽比有关，筒中筒结构的高度不宜低于80m，高宽比不宜小于3；框架-核心筒结构的高度和高宽比可不受此限制，但对于高度不超过60m的框架-核心筒结构，可按框架-抗震墙结构设计，适当降低核心筒和框架的构造要求。

核心筒或内筒的外墙与外框柱间的中距，非抗震设计大于15m时或抗震设计大于12m时，宜采取增设内柱等措施。

### （一）框架-核心筒结构

框架-核心筒结构的核心筒宜贯通建筑物全高。核心筒的宽度不宜小于筒体总高的1/12，当筒体结构设置角筒、剪力墙或增强结构整体刚度的构件时，核心筒的宽度可适当减小。框架-核心筒结构的周边柱间必须设置框架梁。

### （二）筒中筒结构

筒中筒结构的平面外形宜选用圆形、正多边形、椭圆形或矩形等，内筒宜居中。矩形平面的长宽比不宜大于2。内筒的宽度可为高度的1/15～1/12，如有另外的角筒或剪力墙时，内筒平面尺寸可适当减小。内筒宜贯通建筑物全高，竖向刚度宜均匀变化。

外框筒柱距不宜大于4m，框筒柱的截面长边应沿筒壁方向布置，必要时可采用T形截面；洞口面积不宜大于墙面面积的60%，洞口高宽比宜与层高和柱距之比值相近；外框筒梁的截面高度可取柱净距的1/4；角柱截面面积可取中柱的1～2倍。

 **应用案例**

### 高层框架-核心筒结构

图3-22为一高层框架-核心筒结构标准层结构平面图，读图，了解结构框架-核心筒结

构的结构平面布置。

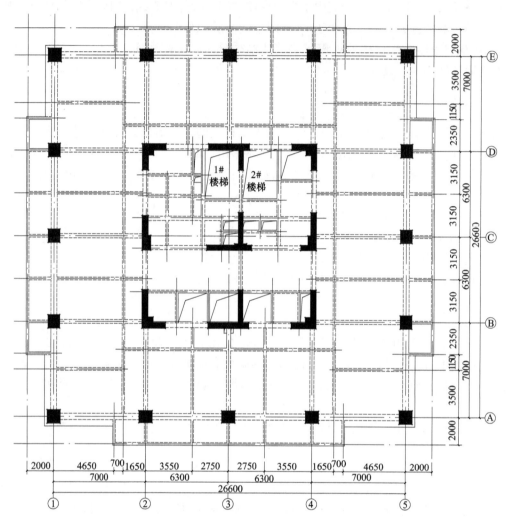

图 3-22  高层框架-核心筒结构标准层结构平面图示例

# 子单元五  多层砌体房屋

  学习目标

1. 了解多层砌体房屋的概念
2. 认识多层砌体房屋的构件
3. 了解多层砌体房屋的结构布置

## 任务内容

1. 知识点

多层砌体房屋的概念

2. 技能点

（1）识别多层砌体房屋的基本构件

（2）能进行多层砌体房屋的结构布置，熟悉其传力路径

## 知识解读

多层砌体房屋一般是指建筑物中竖向承重构件为砖或砌块砌筑的墙，水平承重构件为钢筋混凝土楼盖的结构形式。多层砌体房屋应用范围很广，20世纪，我国大量采用这种结构形式建筑住宅、宿舍、教学楼、办公楼等建筑，往往超过当年新建建筑总面积的50%，近二十年来，使用量已急剧减少，但存量建筑数量很大。

### 一、砌体结构房屋的布置

砌体结构是混合结构的一种，是采用砖墙（或砌块砌筑的墙）和钢筋混凝土楼盖构成的混合结构体系，也称为砖混结构。其适合开间进深较小，房间面积小，多层或低层的建筑，一般承重墙体不能拆改，如图 3-23 所示。砌体结构房屋利用内外墙作为承重墙体，并在墙角等位置设置构造柱，在楼层处设置圈梁。

图 3-23 砌体结构房屋

### 二、砌体结构房屋的构件

#### （一）圈梁

圈梁是指在房屋的檐口、窗顶、楼层、起重机梁顶或基础顶面标高处，沿砌体墙水平方向设置封闭状的按构造配筋的混凝土梁式构件。为增强房屋的整体刚度，防止由于地基的不

均匀沉降或较大振动荷载等对房屋引起的不利影响，可在墙中设置现浇钢筋混凝土圈梁（QL），如图3-23所示。

### （二）构造柱

在多层砌体房屋墙体的规定部位，按构造配筋，并按先砌墙后浇灌混凝土柱的施工顺序制成的混凝土柱，通常称为混凝土构造柱，简称构造柱（GZ）。

### （三）过梁

当墙体上开设门窗洞口时，为了支撑洞口上部砌体所传来的各种荷载，并将这些荷载传给门窗等洞口两边的墙，常在门窗洞口上设置横梁，称为过梁。过梁分为钢筋混凝土过梁和砖砌过梁，钢筋混凝土过梁又分现浇和预制两种，砖砌过梁已较少应用。

### （四）挑梁

挑梁是指嵌固在砌体中的悬挑式混凝土梁。一般用作阳台挑梁、雨篷挑梁和外廊挑梁。

 **知识拓展**

为提高多层建筑砌体结构的抗震性能，应在房屋的砌体内适宜部位设置钢筋混凝土构造柱并与圈梁连接。构造柱与圈梁，可以把砖砌体分割包围，当砌体开裂时能迫使裂缝在所包围的范围之内，而不至于进一步扩展，同时，构造柱与圈梁围合的砌体，抗剪强度和延性显著提高。砌体结构作为垂直承载构件，地震时最怕出现倒塌，从而使水平楼板和屋盖坠落，而构造柱则可以阻止或延缓倒塌时间、以减少损失。在砌体结构中，构造柱的主要作用是和圈梁一起加强结构整体性，增强砌体结构的抗震性能，此外，还能增强砌体的强度，减少、控制墙体的裂缝产生。

唐山地震后，有3幢带有钢筋混凝土构造柱且与圈梁组成封闭边框的多层砌体房屋，震后其墙体裂而未倒。其中唐山市第一招待所招待楼的客房，房屋墙体均有斜向或交叉裂缝，滑移错位明显，四、五层纵墙大多倒塌，而设有构造柱的楼梯间，横墙虽也每层均有斜裂缝，但滑移错位较一般横墙小得多，纵墙未倒，仅三层有裂缝，靠内廊的两根构造柱都遇破坏，以三层柱头最严重，靠外纵墙的构造柱破坏较轻。由此可见，钢筋混凝土构造柱在多层砌体房屋的抗震中起到了不可低估的作用。

**应用案例**

### 一、砖砌体结构别墅

图3-24为一多层砖混结构别墅底层建筑平面图，图中已标出构造柱，读图，了解墙体布置、构造柱布置，并进行结构平面布置。

### 二、砖砌体结构住宅楼

图3-25为一多层砖砌体结构住宅楼（六层）标准层建筑平面图，图中已标出构造柱，读图，了解墙体布置、构造柱布置，并进行结构平面布置。

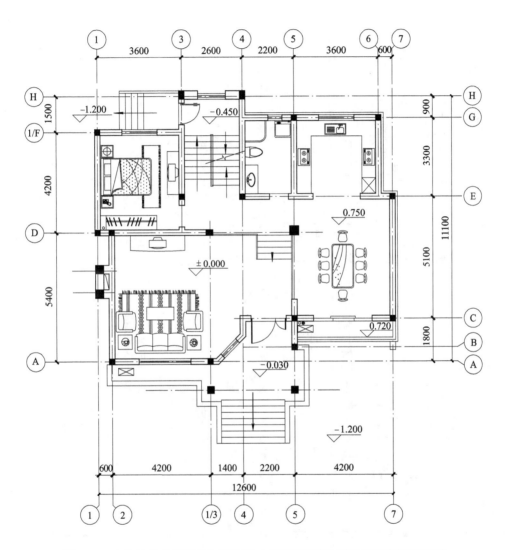

图 3-24　砌体结构房屋平面布置示例（多层砖混结构别墅底层建筑平面图）

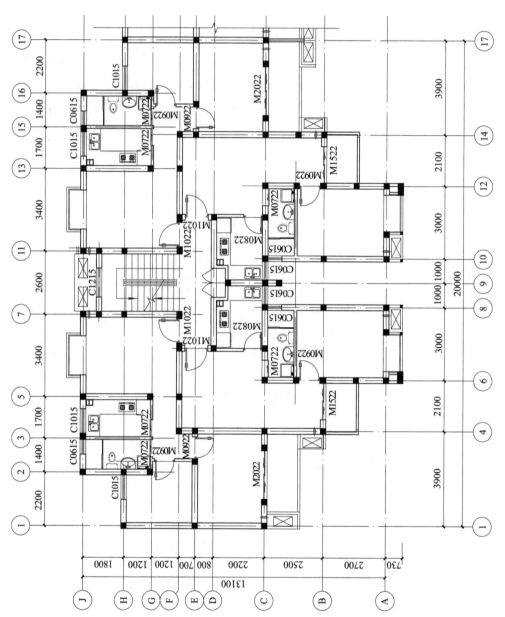

图 3-25　砌体结构房屋平面布置示例（多层砖砌体结构住宅楼标准层建筑平面图）

**学习检测**

1. 简述框架结构的特点。
2. 说明框架结构的有哪些布置方法？
3. 理解框架结构构件截面尺寸的选取。
4. 简述剪力墙结构的特点。
5. 剪力墙结构中剪力墙的布置要求有哪些？
6. 简述框架-剪力墙结构的特点。
7. 框架-剪力墙结构可采用的形式有哪些？
8. 筒体的形式有哪两种？
9. 常用的筒体结构有哪些类型？

# 单元四　建筑结构设计方法

我国在建筑结构设计领域积极推广并已得到广泛采用的是以概率理论为基础、以分项系数表达的极限状态设计方法。概率极限状态设计方法需要以大量的统计数据为基础，当不具备这一条件时，建筑结构设计可根据可靠的工程经验或通过必要的试验研究进行，也可继续按传统模式采用容许应力或单一安全系数等经验方法进行。

通过本单元的学习，掌握建筑结构的功能要求、极限状态、作用效应、结构抗力的概念；熟悉荷载代表值的计算方法；了解基本变量设计值的计算方法；理解承载能力极限状态和正常使用极限状态的设计表达式及表达式中各符号的含义。

## 子单元一　结构设计的基本要求

 **学习目标**

1. 了解设计基准期的概念
2. 了解设计使用年限的概念
3. 了解结构的可靠性与可靠度的概念
4. 了解结构的功能要求的概念
5. 掌握结构安全等级的概念
6. 了解极限状态设计原则

 **任务内容**

1. 知识点
（1）设计基准期
（2）设计使用年限
（3）结构的可靠性与可靠度
（4）结构的功能要求
（5）结构安全等级
2. 技能点
判断承载能力极限状态、正常使用极限状态、耐久性极限状态

 知识解读

## 一、设计基准期

设计基准期是为确定可变作用等取值而选用的时间参数。房屋建筑结构取设计基准期为50 年，即房屋建筑结构的荷载统计参数是按设计基准期50 年确定的。

## 二、设计使用年限

设计使用年限是指设计规定的结构或结构构件不需进行大修即可按预定目的使用的年限。建筑结构设计时，应规定结构的设计使用年限。建筑结构的设计使用年限，应按表4-1 采用。设计文件中需要标明结构的设计使用年限，而无须标明结构的设计基准期、耐久年限、寿命等。

表 4-1  建筑结构的设计使用年限

| 类 别 | 设计使用年限/年 | 示 例 |
| --- | --- | --- |
| 1 | 5 | 临时性建筑结构 |
| 2 | 25 | 易于替换的结构构件 |
| 3 | 50 | 普通房屋和构筑物 |
| 4 | 100 | 标志性建筑和特别重要的建筑结构 |

注：特殊建筑结构的设计使用年限可另行规定。

## 三、结构的可靠性与可靠度

结构可靠性是指结构在规定的时间内，在规定的条件下，完成预定功能的能力。结构的可靠性包括安全性、适用性和耐久性。由于结构可靠性随着各种作用、材料性质和几何参数的变异而不同，结构完成预定功能的能力不能事先确定，只能用概率来描述，为此，引入结构可靠度的概念。

结构可靠度是指结构在规定的时间内，在规定的条件下，完成预定功能的概率。规定的时间指设计使用年限；规定条件是指正常设计、正常施工、正常使用和正常维护；预定功能是指结构的安全性、适用性和耐久性要求。结构的可靠度是结构可靠性的概率度量，即对结构可靠性的定量概述。

当结构的使用年限超过设计使用年限后，并不意味着结构立刻报废不能使用了，只是结构的失效概率可能较设计预期值增大。

## 四、结构的功能要求

结构的设计、施工和维护应使结构在规定的设计使用年限内（普通房屋和构筑物规定为 50 年），以适当的可靠度且经济的方式满足规定的各项功能要求。

结构应满足下列功能要求：

1）能承受在施工和使用期间可能出现的各种作用。

2）保持良好的使用性能。

3）具有足够的耐久性能。

4）当发生火灾时，在规定的时间内可保持足够的承载力。

5）当发生爆炸、撞击、人为错误等偶然事件时，结构能保持必需的整体稳固性，不出现与起因不相称的破坏后果，防止出现结构的连续倒塌。

在建筑结构必须满足的五项功能中，第1）、4）、5）三项是对结构安全性的要求，第2）项是对结构适用性的要求，第3）项是对结构耐久性的要求，三者可概括为对结构可靠性的要求。

足够的耐久性能是指结构在规定的工作环境中，在预定时期内，其材料性能的劣化不致导致结构出现不可接受的失效概率。从工程概念上讲，足够的耐久性能就是指在正常维护条件下结构能够正常使用到规定的设计使用年限。

偶然事件发生时，要防止结构出现连续倒塌，保持结构必需的整体稳固性。由于连续倒塌的风险对大多数建筑物而言是低的，因而可以根据结构的重要性采取不同的对策以防止出现结构的连续倒塌：对重要的结构，应采取必要的措施，防止出现结构的连续倒塌；对一般的结构，宜采取适当的措施，防止出现结构的连续倒塌；对于次要的结构，可不考虑结构的连续倒塌问题。

## 五、结构的安全等级

建筑结构设计时，根据结构破坏可能产生的后果即危及人的生命、造成经济损失、产生社会影响等的严重性，采用不同的安全等级。建筑结构安全等级划分应符合表4-2的要求。

表4-2　建筑结构的安全等级

| 安 全 等 级 | 破 坏 后 果 | 示　　例 |
|---|---|---|
| 一级 | 很严重：对人的生命、经济、社会或环境影响很大 | 大型的公共建筑等重要的结构 |
| 二级 | 严重：对人的生命、经济、社会或环境影响较大 | 普通的住宅和办公楼等一般的结构 |
| 三级 | 不严重：对人的生命、经济、社会或环境影响较小 | 小型的或临时性贮存建筑等次要的结构 |

注：建筑结构抗震设计中的甲类建筑和乙类建筑，其安全等级宜规定为一级；丙类建筑，其安全等级宜规定为二级；丁类建筑，其安全等级宜规定为三级。

## 六、极限状态

在使用中若整个结构或结构的一部分超过某一特定状态就不能满足设计规定的某一功能要求，此特定状态称为该功能的极限状态。极限状态是区分结构工作状态的可靠或失效的标志。极限状态可分为承载能力极限状态、正常使用极限状态和耐久性极限状态，并应符合下列要求：

### （一）承载能力极限状态

承载能力极限状态可理解为结构或结构构件发挥允许的最大承载能力的状态。结构构件由于塑性变形而使其几何形状发生显著改变，虽未达到最大承载能力，但已彻底不能使用，也属于达到这种极限状态。当结构或结构构件出现下列状态之一时，应认为超过了承载能力极限状态：

1）结构构件或连接因超过材料强度而破坏，或因过度变形而不适于继续承载。

2）整个结构或其一部分作为刚体失去平衡。

3）结构转变为机动体系。

4）结构或结构构件丧失稳定。

5）结构因局部破坏而发生连续倒塌。

6）地基丧失承载力而破坏。

7）结构或结构构件的疲劳破坏。

（二）正常使用极限状态

正常使用极限状态可理解为结构或结构构件达到使用功能上允许的某个限值的状态。例如，某些构件必须控制变形、裂缝才能满足使用要求。因过大的变形会造成如房屋内粉刷层剥落、填充墙和隔断墙开裂及屋面积水等后果；过大的裂缝会影响结构的耐久性；过大的变形、裂缝也会造成用户心理上的不安全感。当结构或结构构件出现下列状态之一时，应认为超过了正常使用极限状态：

1）影响正常使用或外观的变形。

2）影响正常使用的局部损坏。

3）影响正常使用的振动。

4）影响正常使用的其他特定状态。

（三）耐久性极限状态

当结构或结构构件出现下列状态之一时，应认为超过了耐久性极限状态：

1）影响承载能力和正常使用的材料性能劣化。

2）影响耐久性的裂缝、变形、缺口、外观、材料削弱等。

3）影响耐久性的其他特定状态。

## 七、设计状况

建筑结构设计时，应根据结构在施工和使用中的环境条件和影响，区分以下四种设计状况：

1）持久设计状况，适用于结构使用时的正常情况。

2）短暂设计状况，适用于结构出现的临时情况，包括结构施工和维修时的情况等。

3）偶然设计状况，适用于结构出现的异常情况，包括结构遭受火灾、爆炸、撞击时的情况等。

4）地震设计状况，适用于结构遭受地震时的情况，在抗震设防地区必须考虑地震设计状况。

建筑结构设计时，对不同的设计状况，应采用相应的结构体系、可靠度水平、基本变量和作用组合等。

## 八、极限状态设计

1）对规定的四种建筑结构设计状况应分别进行下列极限状态设计：

① 对四种设计状况，均应进行承载能力极限状态设计。

② 对持久设计状况，尚应进行正常使用极限状态和耐久性极限状态设计。

③ 对短暂设计状况和地震设计状况，可根据需要进行正常使用极限状态设计。

④ 对偶然设计状况，可不进行正常使用极限状态和耐久性极限状态设计。

2）进行承载能力极限状态设计时，应根据不同的设计状况采用下列作用组合：

① 基本组合，用于持久设计状况或短暂设计状况。

② 偶然组合，用于偶然设计状况。

③ 地震组合，用于地震设计状况。

3）进行正常使用极限状态设计时，可采用下列作用组合：

① 标准组合，宜用于不可逆正常使用极限状态设计。

② 频遇组合，宜用于可逆正常使用极限状态设计。

③ 准永久组合，宜用于长期效应是决定性因素的正常使用极限状态设计。

对每一种作用组合，工程结构的设计均应采用其最不利的效应设计值进行。

4）对每一种作用组合，建筑结构的设计均应采用其最不利的效应设计值进行。

# 子单元二　作用效应与结构抗力

## 学习目标

1. 了解结构上的作用与环境影响
2. 理解作用效应的概念
3. 熟悉结构上的荷载及荷载代表值
4. 了解结构抗力的概念

## 任务内容

知识点

（1）结构上的作用与环境影响

（2）作用效应

（3）结构上的荷载及荷载代表值

（4）结构抗力

## 知识解读

### 一、作用和作用效应的概念

#### （一）结构上的作用与环境影响

建筑结构设计时，应考虑结构上可能出现的各种直接作用、间接作用和环境影响。直接作用是指施加在结构上的集中力或分布力，即通常所说的荷载，例如结构自重、楼面活荷载和设备自重等，其计算一般比较简单，引起的效应比较直观。间接作用是指引起结构外加变形或约束变形的作用，例如温度的变化、混凝土的收缩或徐变、地基的变形、焊接变形和地震等，其作用不是以直接施加在结构上的形式出现的，但同样引起结构产生效应。间接作用的计算和引起的效应一般比较复杂，例如地震会引起建筑物产生裂缝、倾斜下沉以至倒塌，这些破坏效应不仅仅与地震震级、烈度有关，还与建筑物所在场地的地基条件、建筑物的基础类型和上部结构体系有关。环境影响与作用不同，它是指能使结构材料随时间逐渐劣化的外界因素，随影响性质的不同，它们可以是机械的、物理的、化学的或生物的，与作用一样，它们也要影响到结构的安全性和适用性。

（二）作用效应

结构上的直接作用或间接作用，将引起结构或结构构件产生内力（如轴力、弯矩、剪力、扭矩等）和变形（如挠度、转角、侧移、裂缝等），这些内力和变形总称为作用效应，其中由直接作用产生的作用效应称为荷载效应。例如，对一计算跨度为 $l_0$、截面刚度为 $B$、承受均布荷载为 $q$ 的简支梁，支座处剪力为 $V = \frac{1}{2}ql_0$，跨中弯矩为 $M = \frac{1}{8}ql_0^2$，跨中挠度为 $f = \frac{5}{384}ql_0^4$，这些就是作用效应，而且是由直接作用（荷载）引起的效应，也是荷载效应。

（三）荷载的分类

结构上的荷载按照其作用时间和性质不同，可分为以下几类：

**1. 永久荷载**（也称为恒载）

在设计基准期内，其量值不随时间变化，或即使有变化，其变化值与平均位相比可以忽略不计的荷载。永久荷载包括结构构件、围护构件、面层及装饰、固定设备、长期储物的自重，土压力、水压力，以及其他需要按永久荷载考虑的荷载。

结构自重的标准值可按结构构件的设计尺寸与材料单位体积的自重计算确定。

一般材料和构件的单位自重可取其标准值，对于自重变异较大的材料和构件，自重的标准值应根据对结构的不利或有利状态，分别取上限值或下限值。固定隔墙自重可按永久荷载考虑，灵活隔墙自重应按可变荷载考虑。

**2. 可变荷载**（也称为活载）

在设计基准期内，其量值随时间变化，且其变化值与平均值相比不能忽略的荷载。如楼（屋）面活荷载、屋面积灰荷载、雪荷载、风荷载、吊车荷载、温度作用、水浮力（抗浮计算）、直升机停机坪荷载等。

**3. 偶然荷载**

在设计基准期内，可能出现，也可能不出现，但一旦出现，其量值很大且持续时间很短的荷载，如地震、爆炸力、撞击力、人防核爆冲击荷载等。

（四）荷载的代表值

荷载是随机变量，任何一种荷载的大小都具有程度不同的变异性。因此，进行结构设计时，对于不同的荷载和不同的设计情况，应采用不同的代表值。荷载的代表值是设计中用以验算极限状态所采取的荷载量值，包括标准值、组合值、频遇值和准永久值。标准值是荷载的基本代表值，为设计基准期内最大荷载统计分布的特征值（例如均值、众值、中值或某个分位值）。

**1. 永久荷载代表值**

对于永久荷载而言，只有一个代表值，就是它的标准值，用大写符号 $G_k$（或小写符号

$g_k$）表示。

永久荷载的标准值，对于结构自重，是按结构构件的尺寸（如梁、柱的断面）与构件采用材料的重度的标准值（如梁、柱材料为钢筋混凝土，则其重度的标准值一般取 $25kN/m^3$）来确定的数值。对常用材料重度，可按《建筑结构荷载规范》（GB 50009—2012）附录 A 采用。

**2. 可变荷载的代表值**

对于可变荷载而言，应根据设计要求，分别取如下不同的荷载值作为其代表值。

（1）荷载标准值　可变荷载的标准值是可变荷载的基本代表，用大写符号 $Q_k$（或小写符号 $q_k$）表示。

《建筑结构荷载规范》（GB 50009—2012），对于楼面和屋面荷载、屋面积灰荷载、施工和检修荷载及栏杆水平荷载、吊车荷载、雪荷载和风荷载等可变荷载的标准值，规定了具体数值和计算方法，供设计查用。例如，民用建筑楼面均布活荷载标准值及其组合值、频遇值和准永久值系数可由表4-3查得；房屋建筑的屋面，其水平投影上的屋面均布活荷载，可由表4-4查得。

表 4-3　民用建筑楼面均布活荷载标准值及其组合值、频遇值和准永久值系数

| 项次 | 类　　别 | | | 标准值 /(kN/m²) | 组合值 系数 $\psi_c$ | 频遇值 系数 $\psi_f$ | 准永久值 系数 $\psi_q$ |
|---|---|---|---|---|---|---|---|
| 1 | （1）住宅、宿舍、旅馆、办公楼、医院病房、托儿所、幼儿园 | | | 2.0 | 0.7 | 0.5 | 0.4 |
| | （2）实验室、阅览室、会议室、医院门诊室 | | | 2.0 | 0.7 | 0.6 | 0.5 |
| 2 | 教室、食堂、餐厅、一般资料档案室 | | | 2.5 | 0.7 | 0.6 | 0.5 |
| 3 | （1）礼堂、剧场、影院、有固定座位的看台 | | | 3.0 | 0.7 | 0.5 | 0.3 |
| | （2）公共洗衣房 | | | 3.0 | 0.7 | 0.6 | 0.5 |
| 4 | （1）商店、展览厅、车站、港口、机场大厅及其旅客等候室 | | | 3.5 | 0.7 | 0.6 | 0.5 |
| | （2）无固定座位的看台 | | | 3.5 | 0.7 | 0.5 | 0.3 |
| 5 | （1）健身房、演出舞台 | | | 4.0 | 0.7 | 0.6 | 0.5 |
| | （2）运动场、舞厅 | | | 4.0 | 0.7 | 0.6 | 0.3 |
| 6 | （1）书库、档案库、贮藏室 | | | 5.0 | 0.9 | 0.9 | 0.8 |
| | （2）密集柜书库 | | | 12.0 | 0.9 | 0.9 | 0.8 |
| 7 | 通风机房、电梯机房 | | | 7.0 | 0.9 | 0.9 | 0.8 |
| 8 | 汽车通道及客车停车库 | （1）单向板楼盖（板跨不小于2m）和双向板楼盖（板跨不小于3m×3m） | 客车 | 4.0 | 0.7 | 0.7 | 0.6 |
| | | | 消防车 | 35.0 | 0.7 | 0.5 | 0.0 |
| | | （2）双向板楼盖（板跨不小于6m×6m）和无梁楼盖（柱网不小于6m×6m） | 客车 | 2.5 | 0.7 | 0.7 | 0.6 |
| | | | 消防车 | 20.0 | 0.7 | 0.5 | 0.0 |

（续）

| 项次 | 类　　别 | | 标准值 /(kN/m²) | 组合值 系数 ψ_c | 频遇值 系数 ψ_f | 准永久值 系数 ψ_q |
|---|---|---|---|---|---|---|
| 9 | 厨房 | （1）餐厅 | 4.0 | 0.7 | 0.7 | 0.7 |
| | | （2）其他 | 2.0 | 0.7 | 0.6 | 0.8 |
| 10 | 浴室、卫生间、盥洗室 | | 2.5 | 0.7 | 0.6 | 0.5 |
| 11 | 走廊、门厅 | （1）宿舍、旅馆、医院病房、托儿所、幼儿园、住宅 | 2.0 | 0.7 | 0.5 | 0.4 |
| | | （2）办公楼、餐厅、医院门诊部 | 2.5 | 0.7 | 0.6 | 0.5 |
| | | （3）教学楼及其他可能出现人员密集的情况 | 3.5 | 0.7 | 0.5 | 0.3 |
| 12 | 楼梯 | （1）多层住宅 | 2.0 | 0.7 | 0.5 | 0.4 |
| | | （2）其他 | 3.5 | 0.7 | 0.5 | 0.3 |
| 13 | 阳台 | （1）可能出现人员密集的情况 | 3.5 | 0.7 | 0.6 | 0.5 |
| | | （2）其他 | 2.5 | 0.7 | 0.6 | 0.5 |

注：1. 本表所给各项活荷载适用于一般使用条件，当使用荷载较大、情况特殊或有专门要求时，应按实际情况采用。

2. 第 6 项书库活荷载当书架高度大于 2m 时，书库活荷载尚应按每米书架高度不小于 2.5kN/m² 确定。

3. 第 8 项中的客车活荷载仅适用于停放载人少于 9 人的客车；消防车活荷载适用于满载总重为 300kN 的大型车辆；当不符合本表的要求时，应将车轮的局部荷载按结构效应的等效原则，换算为等效均布荷载。

4. 第 8 项消防车活荷载，当双向板楼盖板跨介于 3m×3m ~ 6m×6m 之间时，应按跨度线性插值确定。

5. 第 12 项楼梯活荷载，对预制楼梯踏步平板，尚应按 1.5kN 集中荷载验算。

6. 本表各项荷载不包括隔墙自重和二次装修荷载；对固定隔墙的自重应按永久荷载考虑，当隔墙位置可灵活自由布置时，非固定隔墙的自重应取不小于 1/3 的每延米长墙重（kN/m²）作为楼面活荷载的附加值（kN/m²）计入，且附加值不应小于 1.0kN/m²。

表 4-4　屋面均布活荷载标准值及其组合值系数、频遇值系数和准永久值系数

| 项　　次 | 类　　别 | 标准值/(kN/m²) | 组合值系数 ψ_c | 频遇值系数 ψ_f | 准永久值系数 ψ_q |
|---|---|---|---|---|---|
| 1 | 不上人屋面 | 0.5 | 0.7 | 0.5 | 0.0 |
| 2 | 上人屋面 | 2.0 | 0.7 | 0.5 | 0.4 |
| 3 | 屋顶花园 | 3.0 | 0.7 | 0.7 | 0.5 |
| 4 | 屋顶运动场地 | 3.0 | 0.7 | 0.6 | 0.4 |

注：1. 不上人的屋面，当施工或维修荷载较大时，应按实际情况采用；对不同类型的结构应按有关设计规范的规定采用，但不得低于 0.3kN/m²。

2. 当上人的屋面兼作其他用途时，应按相应楼面活荷载采用。

3. 对于因屋面排水不畅、堵塞等引起的积水荷载，应采取构造措施加以防止；必要时，应按积水的可能深度确定屋面活荷载。

4. 屋顶花园活荷载不应包括花圃土石等材料自重。

（2）荷载组合值　当结构上作用两种或两种以上的可变荷载时，考虑到其同时达到最大值的可能性较少，因此，除主导荷载（产生最大效应的荷载）仍以其标准值作为代表值外，其他伴随荷载可以将它们的标准值乘以一个小于 1 的荷载组合系数。这种将可变荷载标

准值乘以荷载组合系数以后所得到的数值，称为可变荷载的组合值。

可变荷载的组合值，为可变荷载乘以荷载组合值系数，可表示为 $\psi_c Q_k$，$\psi_c$ 为可变荷载组合值系数，$Q_k$ 为可变荷载标准值。

（3）荷载频遇值　在设计基准期内被超越的总时间占设计基准期的比率较小的作用值；或被超越的频率限制在规定频率内的作用值。在设计基准期内，荷载达到和超过该值的总持续时间仅为设计基准期的一小部分。

可变荷载频遇值应取可变荷载标准值乘以荷载频遇值系数 $\psi_f$，可表示为 $\psi_f Q_k$，$\psi_f$ 其中为可变荷载频遇值系数，$Q_k$ 为可变荷载标准值。

（4）荷载准永久值　可变荷载在设计基准期内会随时间而发生变化，若可变荷载在设计基准期内，其超越的总时间约为设计基准期一半的荷载值，称为该可变荷载的准永久值。

作用在建筑物上的可变荷载（如住宅楼面上的均布活荷载为 $2.0kN/m^2$），其中有部分是长期作用在上面的（可以理解为在设计基准期 50 年内，不少于 25 年），而另一部分则是不出现的。因此，我们也可以把长期作用在结构物上面的那部分可变荷载看作是永久活载来对待，这就是荷载准永久值。

可变荷载的准永久值，为可变荷载标准值乘以荷载准永久值系数 $\varphi_q$，也就是说，准永久值系数 $\varphi_q$ 为荷载准永久值与荷载标准值的比值，其值恒小于 1.0。

## 二、结构抗力

结构或结构构件承受内力和变形的能力，称为结构的抗力，如构件的承载能力、刚度的大小、抗裂缝的能力等。结构抗力与结构构件的截面形式、截面尺寸及材料强度等级等因素有关。

影响结构抗力的主要因素有材料性能和构件的几何尺寸，计算的精确性也会影响结构抗力。由于材质及生产工艺等因素的影响，构件的制作误差及施工安装误差等的存在，构件几何参数和强度、变形也将存在差别，加之计算公式的不精确和理论上的假定，这些都导致结构抗力具有随机性。

# 子单元三　分项系数设计方法

 **学习目标**

1. 了解基本变量的设计值的计算方法
2. 理解承载能力极限状态设计表达式
3. 理解正常使用极限状态设计表达式

 **任务内容**

1. 知识点
（1）基本变量的设计值

（2）承载能力极限状态设计表达式

（3）正常使用极限状态设计表达式

2. 技能点

（1）计算承载能力极限状态作用组合的效应设计值（仅有一个可变荷载）

（2）计算正常使用极限状态作用组合的效应设计值（仅有一个可变荷载）

 **知识解读**

结构构件极限状态设计表达式中所包含的各种分项系数，宜根据有关基本变量的概率分布类型和统计参数及规定的可靠指标，通过计算分析，并结合工程经验，经优化确定。当缺乏统计数据时，可根据传统的或经验的设计方法，由有关标准规定各种分项系数。

## 一、基本变量的设计值

### （一）作用的设计值

$$F_d = \gamma_F F_r \tag{4-1}$$

式中　$F_r$——作用的代表值；

$\gamma_F$——作用的分项系数。

作用的设计值 $F_d$ 一般可表示为作用的代表值 $F_r$ 与作用的分项系数 $\gamma_F$ 的乘积。对可变作用，其代表值包括标准值、组合值、频遇值和准永久值。组合值、频遇值和准永久值可通过对可变作用标准值的折减来表示，即分别对可变作用的标准值乘以不大于 1 的组合值系数 $\psi_c$、频遇值系数 $\psi_f$ 和准永久值系数 $\psi_q$。

建筑结构按不同极限状态设计时，在相应的作用组合中对可能同时出现的各种作用，应采用不同的作用设计值 $F_d$，见表 4-5。

表 4-5　作用的设计值 $F_d$

| 极限状态 | 作用组合 | 永久作用 | 预应力作用 | 主导作用 | 伴随可变作用 | 公式 |
|---|---|---|---|---|---|---|
| 承载能力极限状态 | 基本组合 | $\sum_{i \geqslant 1} \gamma_{G_i} S_{G_{ik}}$ | $\gamma_P S_P$ | $\gamma_{Q_1} \gamma_{L_1} S_{Q_{1k}}$ | $\sum_{j>1} \gamma_{Q_j} \psi_{cj} \gamma_{L_j} S_{Q_{jk}}$ | (4-6) |
| | 偶然组合 | $\sum_{i \geqslant 1} S_{G_{ik}}$ | $S_P$ | $S_{A_d}$ | $(\psi_{f_1} \text{ 或} \psi_{q1}) S_{Q_{1k}} + \sum_{j>1} \psi_{qj} S_{Q_{jk}}$ | (4-7) |
| 正常使用极限状态 | 标准组合 | $\sum_{i \geqslant 1} S_{G_{ik}}$ | $S_P$ | $S_{Q_{1k}}$ | $\sum_{j>1} \psi_{cj} S_{Q_{jk}}$ | (4-9) |
| | 频遇组合 | $\sum_{i \geqslant 1} S_{G_{ik}}$ | $S_P$ | $\psi_{f_1} S_{Q_{1k}}$ | $\sum_{j>1} \psi_{qj} S_{Q_{jk}}$ | (4-10) |
| | 准永久组合 | $\sum_{i \geqslant 1} S_{G_{ik}}$ | $S_P$ | — | $\sum_{j \geqslant 1} \psi_{qj} S_{Q_{jk}}$ | (4-11) |

### （二）材料性能的设计值 $f_d$

$$f_d = \frac{f_k}{\gamma_M} \tag{4-2}$$

式中　$f_k$——材料性能的标准值；

$\gamma_M$——材料性能的分项系数，其值按有关的结构设计标准的规定采用。

材料性能分项系数（$\gamma_M$）是指按照承载力极限状态法进行结构设计时，考虑材料性能不确定性并和结构可靠度相关联的分项系数，即材料性能设计值为材料性能标准值除以材料性能分项系数所得的值。

对于现行设计规范，在建筑工程中，HPB300、HPB335、HRB400 及 RRB400 即取 1.1，HRB500 取 1.15，预应力用钢丝、钢绞线和热处理钢筋取 1.2；混凝土取 1.4；砌体结构的材料分项系数对于不同施工质量的值不同，对于 B 级取 1.6，C 级取 1.8。

（三）几何参数的设计值 $a_d$

几何参数的设计值 $a_d$ 可采用几何参数的标准值 $a_k$。当几何参数的变异性对结构性能有明显影响时，几何参数的设计值可按下式确定：

$$a_d = a_k \pm \Delta_a \tag{4-3}$$

式中 $\Delta_a$——几何参数的附加量。

（四）结构抗力的设计值 $R_d$

$$R_d = R(f_k / \gamma_M, a_d) \tag{4-4}$$

## 二、极限状态设计表达式

建筑结构设计应根据使用过程中，在结构上可能同时出现的荷载，按承载能力极限状态和正常使用极限状态分别进行荷载组合，并应取各自的最不利的效应组合进行设计。

（一）承载能力极限状态设计表达式

结构或结构构件按承载能力极限状态设计时，应考虑下列状态：

1）结构或结构构件的破坏或过度变形，结构的材料强度起控制作用。

2）整个结构或其一部分作为刚体失去静力平衡，结构材料或地基的强度不起控制作用。

3）地基的破坏或过度变形，岩土的强度起控制作用。

4）结构或结构构件的疲劳破坏，结构的材料疲劳强度起控制作用。

结构或结构构件的破坏或过度变形的承载能力极限状态设计，应符合下式要求：

$$\gamma_0 S_d \leqslant R_d \tag{4-5}$$

式中 $\gamma_0$——结构重要性系数，其值不应小于表4-6中数值；

$S_d$——作用组合的效应设计值；

$R_d$——结构构件抗力的设计值。

表 4-6 房屋建筑的结构重要性系数 $\gamma_0$

| 结构重要性系数 | 对持久设计状况和短暂设计状况 | | | 对偶然设计状况和地震设计状况 |
|---|---|---|---|---|
| | 安全等级 | | | |
| | 一级 | 二级 | 三级 | |
| $\gamma_0$ | 1.1 | 1.0 | 0.9 | 1.0 |

其他状态的设计方法，详见有关规范。

**1. 作用的基本组合**

对持久设计状况和短暂设计状况，应采用作用的基本组合，当作用与作用效应按线性关系考虑时，基本组合的效应设计值按式（4-6）中最不利值计算：

$$S_d = \sum_{i \geqslant 1} \gamma_{G_i} S_{G_{ik}} + \gamma_P S_P + \gamma_{Q_1} \gamma_{L_1} S_{Q_{1k}} + \sum_{j>1} \gamma_{Q_j} \psi_{c_j} \gamma_{L_j} S_{Q_{jk}} \qquad (4\text{-}6)$$

式中　$\gamma_{G_i}$——第 $i$ 个永久作用的分项系数，按表 4-7 采用；

$\gamma_P$——预应力作用的分项系数；

$\gamma_{Q_1}$——第 1 个可变作用的分项系数，对应主导可变荷载 $Q_1$，按表 4-7 采用；

$\gamma_{Q_j}$——第 $j$ 个可变作用的分项系数，按表 4-7 采用；

$\gamma_{L_1}$——第 1 个可变荷载考虑设计使用年限的调整系数，对应主导可变荷载 $Q_1$，按表 4-8 采用；

$\gamma_{L_j}$——第 $j$ 个可变荷载考虑设计使用年限的调整系数，按表 4-8 采用；

$S_{G_{ik}}$——第 $i$ 个永久作用标准值的效应；

$S_P$——预应力作用有关代表值的效应；

$S_{Q_{1k}}$——第 1 个可变作用标准值的效应，对应主导可变荷载 $Q_1$；

$S_{Q_{jk}}$——第 $j$ 个可变作用标准值的效应；

$\psi_{c_j}$——第 $j$ 个可变作用 $Q_j$ 的组合值系数。

表 4-7　建筑结构的作用分项系数

| 作用分项系数 | 当作用效应对承载力不利时 | 当作用效应对承载力有利时 |
| --- | --- | --- |
| $\gamma_G$ | 1.3 | ≤1.0 |
| $\gamma_P$ | 1.3 | ≤1.0 |
| $\gamma_Q$ | 1.5 | 0 |

表 4-8　建筑结构考虑结构设计使用年限的荷载调整系数 $\gamma_L$

| 结构的设计使用年限/年 | $\gamma_L$ |
| --- | --- |
| 5 | 0.9 |
| 50 | 1.0 |
| 100 | 1.1 |

注：当设计使用年限不为表中数值时，调整系数 $\gamma_L$ 可按线性内插确定。

**2. 作用的偶然组合**

对偶然设计状况，应采用作用的偶然组合。当作用与作用效应按线性关系考虑时，偶然组合的效应设计值可按下式计算：

$$S_d = \sum_{i \geqslant 1} S_{G_{ik}} + S_p + S_{A_d} + (\psi_{f_1} \text{ 或 } \psi_{q_1}) S_{Q_{1k}} + \sum_{j>1} \psi_{q_j} S_{Q_{jk}} \qquad (4\text{-}7)$$

式中　$S_{A_d}$——按偶然荷载标准值 $S_{A_d}$ 计算的荷载效应值；

$\psi_{f_1}$——第 1 个可变荷载的频遇值系数，对应主导可变荷载 $Q_1$；

$\psi_{q_1}$——第 1 个可变荷载的准永久值系数，对应主导可变荷载 $Q_1$；

$\psi_{q_j}$——第 $j$ 个可变荷载的准永久值系数。

**3. 作用的地震组合**

对地震设计状况，应采用作用的地震组合。

（二）正常使用极限状态设计表达式

对于正常使用极限状态，应根据不同的设计要求，采用荷载的标准组合、频遇组合或准永久组合，并应按下列设计表达式进行设计：

$$S_d \leqslant C \tag{4-8}$$

式中　$S_d$——作用组合的效应设计值，如变形、裂缝等的设计值；

　　　　$C$——结构或结构构件达到正常使用要求的规定限值，例如变形、裂缝、振幅、加速度、应力等的限值，应按各有关建筑结构设计规范的规定采用。

**1. 标准组合**

当作用与作用效应按线性关系考虑时，标准组合的效应设计值可按下式计算：

$$S_d = \sum_{i \geqslant 1} S_{G_{ik}} + S_P + S_{Q_{1k}} + \sum_{j > 1} \psi_{c_j} S_{Q_{jk}} \tag{4-9}$$

**2. 频遇组合**

当作用与作用效应按线性关系考虑时，频遇组合的效应设计值可按下式计算：

$$S_d = \sum_{i \geqslant 1} S_{G_{ik}} + S_P + \psi_{f_1} S_{Q_{1k}} + \sum_{j > 1} \psi_{q_j} S_{Q_{jk}} \tag{4-10}$$

**3. 准永久组合**

当作用与作用效应按线性关系考虑时，准永久组合的效应设计值可按下式计算：

$$S_d = \sum_{i \geqslant 1} S_{G_{ik}} + S_P + \sum_{j > 1} \psi_{q_j} S_{Q_{jk}} \tag{4-11}$$

对正常使用极限状态，材料性能的分项系数 $\gamma_M$，除各种材料的结构设计规范有专门规定外，应取为 1.0。

 **应用案例**

案例 1：某钢筋混凝土简支梁如图 4-1 所示，计算跨度 $l_0 = 4\text{m}$，梁上作用的均布恒载标准值 $g_k = 18\text{kN/m}$，集中活荷载标准值 $Q_k = 40\text{kN}$，作用在跨中。结构安全等级为二级，设计使用年限为 50 年。

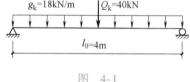

（1）试按荷载的基本组合，计算最大弯矩值和最大剪力值。

（2）试按荷载的标准组合，计算最大弯矩值和最大剪力值。

图　4-1

解：查表，结构安全等级为二级，$\gamma_0 = 1.0$；设计使用年限为 50 年，$\gamma_L = 1.0$。

（1）按荷载的基本组合，计算最大弯矩值 $M$ 和最大剪力值 $V$ 如下

$$M = \gamma_G \times \frac{1}{8} g_k l_0^2 + \gamma_Q \times \frac{1}{4} Q_k l_0 = \left( 1.3 \times \frac{1}{8} \times 18 \times 4^2 + 1.5 \times \frac{1}{4} \times 40 \times 4 \right) \text{kN} \cdot \text{m} = 106.8 \text{kN} \cdot \text{m}$$

$$V = \gamma_G \times \frac{1}{2} g_k l_0 + \gamma_Q \times \frac{1}{2} Q_k = \left( 1.3 \times \frac{1}{2} \times 18 \times 4 + 1.5 \times \frac{1}{2} \times 40 \right) \text{kN} = 76.8 \text{kN}$$

（2）按荷载的标准组合，计算最大弯矩值 $M$ 和最大剪力值 $V$ 如下

$$M = \frac{1}{8} g_k l_0^2 + \frac{1}{4} Q_k l_0 = \left( \frac{1}{8} \times 18 \times 4^2 + \frac{1}{4} \times 40 \times 4 \right) \text{kN} \cdot \text{m} = 76 \text{kN} \cdot \text{m}$$

$$V = \frac{1}{2} g_k l_0 + \frac{1}{2} Q_k = \left( \frac{1}{2} \times 18 \times 4 + \frac{1}{2} \times 40 \right) \text{kN} = 56 \text{kN}$$

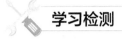 **学习检测**

1. 什么是设计基准期？什么是设计使用年限？

2. 什么是结构的可靠性？什么是结构可靠度？

3. 建筑结构应满足哪些功能要求？其中，哪些是对结构安全性的要求？哪些是对结构适用性的要求？哪些是对结构耐久性的要求？

4. 结构的安全等级分为几级？如何划分？与安全等级对应的结构重要性系数$\gamma_0$如何取值？

5. 什么是结构的极限状态？结构的极限状态分为几类？其含义各是什么？

6. 建筑结构设计时，应根据结构在施工和使用中的环境条件和影响，分哪几种设计状况？

7. 什么是作用效应？什么是结构抗力？

8. 什么是荷载的代表值？如何计算？

9. 说明基本变量的设计值的计算方法。

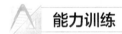 **能力训练**

某钢筋混凝土简支梁如图 4-2 所示，计算跨度 $l_0 = 4.8\text{m}$，梁上作用的均布恒载标准值 $g_k = 18\text{kN/m}$，均布活载标准值 $q_k = 16\text{kN/m}$，结构安全等级为二级，设计使用年限为 50 年。

（1）试按荷载的基本组合，计算最大弯矩值和最大剪力值。

（2）试按荷载的标准组合，计算最大弯矩值和最大剪力值。

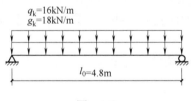

$q_k = 16\text{kN/m}$
$g_k = 18\text{kN/m}$

$l_0 = 4.8\text{m}$

图　4-2

# 单元五　混凝土结构基本构件

混凝土结构基本构件是组成结构体系的基本单元，按受力特征来划分主要包括受弯构件、受压构件、受拉构件、受扭构件、受冲切构件等。

通过本单元的学习，熟悉混凝土结构基本构件的受力特点和构造要求，了解计算方法，理解配筋的作用。

## 子单元一　受弯构件

 **学习目标**

1. 认识混凝土结构中的典型受弯构件
2. 了解受弯构件正截面受力全过程和破坏特征；理解单筋矩形截面受弯构件正截面承载力计算方法，能进行截面设计和复核；了解双筋矩形截面和 T 形截面正截面承载力计算方法。
3. 了解受弯构件斜截面的受力状态和破坏特征；了解影响受弯构件斜截面受剪承载力的主要因素；理解受弯构件斜截面受剪承载力计算方法，能进行截面设计和复核；理解保证斜截面受弯承载力的构造措施
4. 了解裂缝控制验算和受弯构件挠度验算

 **任务内容**

1. 知识点
（1）受弯构件正截面受力全过程和破坏特征
（2）单筋矩形截面受弯构件正截面承载力计算方法
（3）受弯构件斜截面的受力状态和破坏特征
（4）受弯构件斜截面受剪承载力计算方法
（5）保证斜截面受弯承载力的构造措施
（6）裂缝控制验算和受弯构件挠度验算
2. 技能点
（1）按照单筋矩形截面受弯构件正截面承载力计算方法，进行截面设计和复核

（2）按照受弯构件斜截面受剪承载力计算方法，进行截面设计和复核

（3）按照保证斜截面受弯承载力的构造措施，合理弯起、截断和锚固钢筋

**知识解读**

## 一、概述

房屋中的梁、板是典型的受弯构件，常用的有矩形截面和 T 形截面，如图 5-1 所示。

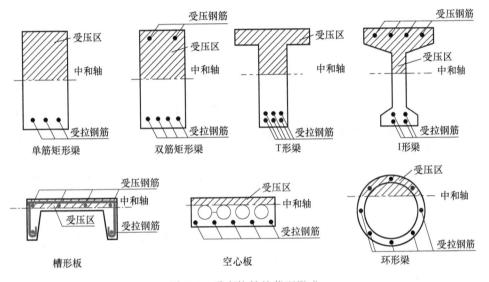

图 5-1　受弯构件的截面形式

图 5-2 为一典型的钢筋混凝土简支梁的钢筋配置，梁中钢筋包括纵向钢筋、弯起钢筋、架立钢筋和箍筋。

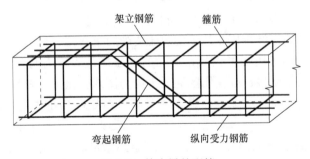

图 5-2　简支梁的配筋

图 5-3 为一典型的钢筋混凝土简支板钢筋配置，一般布置两种钢筋：受力钢筋和分布钢筋。受力钢筋沿板的跨度方向放置，分布钢筋则与受力钢筋相垂直，放置在受力钢筋内侧。

为了保证混凝土结构的耐久性，防止钢筋锈蚀，提高耐火能力，同时，也为了保证钢筋混凝土之间良好的黏结性能，在钢筋混凝土构件中，最外层钢筋外边缘至混凝土表面的距离必须满足最小保护层厚度的要求。为了便于混凝土的浇筑，保证钢筋能够很好地与混凝土黏

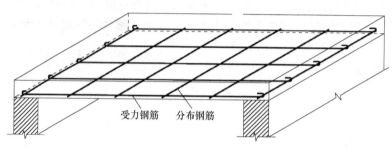

图 5-3　简支板的配筋

结在一起，还需要控制钢筋的间距。

## 二、受弯构件正截面承载力计算

### （一）受弯构件正截面受力全过程和破坏特征

钢筋混凝土受弯构件正截面的受力性能和破坏特征与纵向受拉钢筋的配筋率、钢筋强度和混凝土强度等因素有关。一般可按其破坏特征分为三类：适筋截面、超筋截面和少筋截面。

#### 1. 适筋截面

对于配筋率适当的钢筋混凝土梁跨中正截面（单筋截面），从施加荷载到破坏的全过程可分为三个阶段。

（1）第 I 阶段（整体工作阶段）　当弯矩很小时，在截面中和轴以上的混凝土处于受压状态，在中和轴以下的混凝土处于受拉状态。同时，配置在受拉区的纵向受拉钢筋也承受一部分拉力。这时，混凝土的压应力和拉应力都很小，混凝土的工作性能接近于匀质弹性体，应力分布图形接近于三角形，如图 5-4a 所示。

当弯矩增大时，混凝土的应力（拉应力和压应力）和钢筋的拉应力都有不同程度的增大。受拉区应变增大的速度比应力快，拉应力图形呈曲线分布。这阶段即为第 I 工作阶段。在这阶段中，受拉区混凝土尚未开裂，整个截面都参加工作，一般又称为整体工作阶段。当达到这个阶段的极限时，如图 5-4b 所示，受拉区应力图形大部分呈均匀分布，拉应力达到混凝土抗拉强度，受拉边缘纤维应变达到混凝土受弯时的极限拉应变。截面处在将裂未裂的极限状态。由于混凝土的抗压强度很高，这时的受压区最大应力与其抗压强度相比是不大的，受压塑性变形发展不明显，故受压区混凝土应力图形仍接近三角形。这种应力状态称为抗裂极限状态，一般用 $I_a$ 表示。这时，截面所承担的弯矩称为抗裂弯矩 $M_{cr}$，抗裂计算即以此应力状态为依据。

（2）第 II 阶段（带裂缝工作阶段）　当弯矩继续增加时，受拉区混凝土拉应变超过其极限拉应变 $\varepsilon_{tu}$，因而产生裂缝，截面进入第 II 工作阶段，即带裂缝工作阶段。由整体工作阶段到带裂缝工作阶段的转化是比较突然的，截面的受力特点将产生明显变化。裂缝出现后，在裂缝截面处，受拉区混凝土大部分退出工作，拉力几乎全部由受拉钢筋承担；在裂缝出现的瞬间，钢筋应力将突然增大很多。因而，裂缝一出现就立即扩展至一定的宽度，并延伸到一定的高度，中和轴位置也将随之上移。随着弯矩的增加，裂缝不断扩展。由于受压区应变不断增大，受压区混凝土塑性特征将表现得越来越明显，应力图形呈曲线分布，如图 5-4c 所示，第 II 工作阶段的应力状态代表了受弯构件在使用时的应力状态，使用阶段变形和裂缝的计算即以此应力状态为依据。

（3）第Ⅲ阶段（破坏阶段）　当钢筋应力达到屈服强度$f_y^0$时，它标志着截面即将进入破坏阶段，这即为第Ⅲ阶段的起点，以Ⅲ$_a$表示，如图5-4d所示，这时截面所能承担的弯矩称为屈服弯矩$M_y$。

当弯矩再增加时，由于受拉钢筋已屈服，截面已进入第Ⅲ工作阶段，即破坏阶段。这时受拉钢筋应力将仍停留在屈服点而不再增大，但应变则迅速增大，这就促使裂缝急剧扩展，并向上延伸，中和轴继续上移，混凝土受压区高度迅速减小。为了平衡钢筋的总拉力，混凝土受压区的总压力将保持不变，其压应力迅速增大，受压区混凝土的塑性特征将表现得更充分，压应力图形呈显著的曲线分布，如图5-4e所示。当弯矩再增加，直至混凝土受压区的压应力峰值达到其抗压强度$f_c^0$，且边缘纤维混凝土压应变达到其极限压应变$\varepsilon_{cu}$时，受压区将出现一些纵向裂缝，混凝土被压碎甚至崩脱，截面即告破坏，即截面达到第Ⅲ工作阶段极限，以Ⅲ$_a$表示，如图5-4f所示。这时截面所承担的弯矩即为破坏弯矩$M_u$，按极限状态方法的承载力计算即以此应力状态为依据。

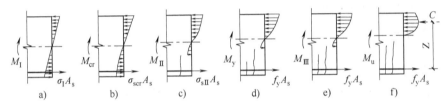

图5-4　钢筋混凝土梁的受力全过程

必须指出，配筋率越低，从钢筋屈服至截面破坏的过程将越长。在这过程中，即使受压区混凝土尚未压碎，但裂缝扩展过宽（例如，大于1.5mm），或梁的挠度过大（例如，超过梁的跨度的1/50），也应视为梁已失效，不适于继续承担荷载。这时截面所承担的弯矩略低于破坏弯矩$M_u$。这种截面可称为低筋截面。对于低筋截面，要准确地确定其失效时所承担的弯矩是比较困难的。但是，由于其失效弯矩与破坏弯矩$M_u$相当接近，因此，可近似地把破坏弯矩视为其失效弯矩。

综上所述，对于适筋截面，其破坏是始于受拉钢筋屈服。在受拉钢筋应力刚达到屈服强度时，混凝土受压区应力峰值及边缘纤维的压应变并未达到其极限值，因而，混凝土并未立即被压碎，还需施加一定的弯矩（即弯矩将由$M_y$增大到$M_u$）。在这阶段，由于钢筋屈服而产生很大的塑性伸长，随之引起裂缝急剧扩展和梁的挠度急剧增大，这就给人以明显的破坏预兆。一般称这种破坏为延性破坏，如图5-5a所示。

### 2. 超筋截面

在纵向受拉钢筋刚屈服的瞬间，混凝土受压边缘的应变和应力的大小与受拉钢筋的配筋率有密切的关系，它随着受拉钢筋配筋率的增加而增大。当受拉钢筋配筋率达到某种程度时，在钢筋屈服的瞬间，混凝土受压区边缘纤维的压应变将同时达到其极限压应变，即钢筋屈服的瞬间，截面也同时发生破坏。这种破坏形态一般称为界限破坏，如图5-5b所示。如果受拉钢筋配筋率超过这一限值时，则在受拉钢筋屈服之前，混凝土受压区边缘纤维的压应变将先达到其极限压应变，受压区混凝土将先被压碎，截面即告破坏。由于在截面破坏前受拉钢筋还没有屈服，所以裂缝延伸不高，扩展也不大，梁的挠度也不大。也就是说，截面是在没有明显预兆的情况下，由于受压区被压碎而破坏，破坏是比较突然的，一般称这种破坏为脆性破坏。如上所述，当截面的配筋率超过某一界限后就会发生脆性破坏，则称这种截面为超筋截面。超筋截面不仅破坏突然，而且用钢量大，不经济，因此，在设计中不应采用。

**3. 少筋截面**

在钢筋混凝土受弯构件中，当受拉区一旦产生裂缝，在裂缝截面处，原受拉混凝土所承担的拉力将几乎全部转移给钢筋承担，钢筋应力将突然剧增。受拉钢筋配筋率越少，钢筋应力增加也越多。如果受拉钢筋配筋率极少，则当裂缝一产生，钢筋应力就立即达到其屈服强度，甚至经历整个流幅而进入强化阶段。一般称这种截面为少筋截面，如图 5-5c 所示。由于少筋截面的尺寸一般较大，承载力相对很低，因此也是不经济的，且破坏也较突然，故在建筑结构中不应采用。

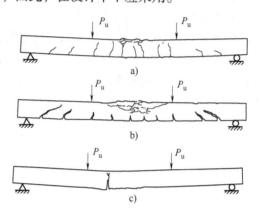

图 5-5　钢筋混凝土梁的三种破坏形态
a) 适筋截面　b) 超筋截面　c) 少筋截面

**（二）单筋矩形截面受弯构件正截面承载力计算**

**1. 计算简图**

在平截面假定、钢筋应力应变关系假定、混凝土应力应变关系假定基础上，不考虑混凝土的抗拉强度，以钢筋混凝土受弯构件适筋梁 $III_a$ 阶段的应力状态为依据，按照受压区混凝土的合力大小不变、作用点不变的原则，引入系数 $\alpha_1$、$\beta_1$，将混凝土应力简化为等效矩形应力图，进行应力分析，如图 5-6 所示。

受弯构件正截面承载力计算时，受压区混凝土的应力图形可简化为等效的矩形应力图。矩形应力图的受压区高度 $x$ 可取截面应变保持平面的假定所确定的中和轴高度乘以系数 $\beta_1$，当混凝土强度等级不超过 C50 时，$\beta_1$ 取为 0.80，当混凝土强度等级为 C80 时，$\beta_1$ 取为 0.74，其间按线性内插法确定。矩形应力图的应力值可由混凝土轴心抗压强度设计值 $f_c$ 乘以系数 $\alpha_1$ 确定。当混凝土强度等级不超过 C50 时，$\alpha_1$ 取为 1.0，当混凝土强度等级为 C80 时，$\alpha_1$ 取为 0.94，其间按线性内插法确定。

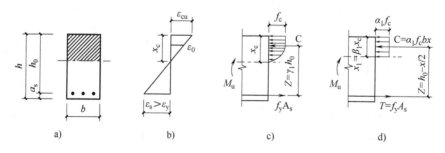

图 5-6　钢筋混凝土受弯构件适筋梁 $III_a$ 阶段截面应力分布图
a) 截面示意图　b) 应变分布图　c) 曲线应力分布图　d) 等效矩形应力分布图

**2. 计算公式**

**（1）基本公式**　如图 5-6d 所示等效矩形应力分布图，单筋矩形截面正截面承载力计算公式可根据力的平衡条件推导如下。

由截面上水平方向的内力之和为零，即 $\sum X = 0$，$C = T$ 可得

$$\alpha_1 f_c bx = f_y A_s \tag{5-1}$$

式中　$f_c$——混凝土轴心抗压强度设计值；

　　　$b$——截面宽度；

　　　$x$——混凝土受压区高度；

　　　$f_y$——钢筋抗拉强度设计值；

　　　$A_s$——纵向受拉钢筋截面面积。

由截面上内、外力对受拉钢筋合力点的力矩之和等于零，即 $\sum M = 0$，可得

$$M_u = \alpha_1 f_c bx \left( h_0 - \frac{x}{2} \right) \tag{5-2}$$

$$M_u = f_y A_s \left( h_0 - \frac{x}{2} \right) \tag{5-3}$$

式中　$M_u$——正截面受弯承载力设计值；

　　　$h_0$——截面有效高度。

（2）计算系数　引入计算系数相对受压区高度 $\xi$，表示受压区高度与截面有效高度的比值，即

$$\xi = \frac{x}{h_0} \tag{5-4}$$

则

$$x = \xi h_0 \tag{5-5}$$

将式（5-5）代入式（5-2）、式（5-3），可得

$$M_u = \alpha_1 f_c b h_0^2 \xi \left( 1 - \frac{\xi}{2} \right) \tag{5-6}$$

$$M_u = f_y A_s h_0 \left( 1 - \frac{\xi}{2} \right) \tag{5-7}$$

令

$$\alpha_s = \xi \left( 1 - \frac{\xi}{2} \right) \tag{5-8}$$

$$\gamma_s = \left( 1 - \frac{\xi}{2} \right) \tag{5-9}$$

式中　$\alpha_s$——截面抵抗系数；

　　　$\gamma_s$——内力臂系数。

将式（5-8）、式（5-9）分别代入式（5-6）、式（5-7），可得

$$M_u = \alpha_1 f_c b h_0^2 \alpha_s \tag{5-10}$$

$$M_u = f_y A_s h_0 \gamma_s \tag{5-11}$$

### 3. 基本公式的适用条件

计算公式仅适用于适筋截面，而不适用于超筋截面和少筋截面，因此，要给出计算公式的适用条件，以保证不发生超筋破坏和少筋破坏。

（1）防止超筋破坏　通过设置适筋破坏和超筋破坏界限状态时的相对受压区高度 $\xi_b$ 来控

制防止超筋破坏，即

$$\xi \leqslant \xi_b \tag{5-12}$$

当混凝土强度不大于 C50 时，对于常用的钢筋品种，$\xi_b$ 可按表 5-1 确定。

表 5-1　界限破坏时相对受压区高度 $\xi_b$

| 牌　号 | 符　号 | $\xi_b$ |
|---|---|---|
| HPB300 | Φ | 0.576 |
| HRB335 | Φ | 0.550 |
| HRB400<br>HRBF400<br>RRB400 | Φ<br>ΦF<br>ΦR | 0.518 |
| HRB500<br>HRBF500 | Φ<br>ΦF | 0.482 |

注：表中的数值仅适用于混凝土强度等级不大于 C50。

（2）防止少筋破坏　通过设置最小配筋率来控制防止少筋破坏，取 0.20% 和 $0.45\dfrac{f_t}{f_y}\%$ 中的较大值，即

$$\rho_{min} = max\left(0.20\% ,\ 0.45\frac{f_t}{f_y}\%\right) \tag{5-13}$$

$$A_s \geqslant \rho_{min} bh \tag{5-14}$$

单筋矩形截面最小配筋率见表 5-2。

表 5-2　单筋矩形截面最小配筋率

| $\rho_{min}$ | C20 | C25 | C30 | C35 | C40 |
|---|---|---|---|---|---|
| HPB300 | 0.20% | 0.212% | 0.238% | 0.262% | 0.285% |
| HRB335、HRBF335 | 0.20% | 0.20% | 0.215% | 0.236% | 0.257% |
| HRB400、HRBF400、RRB400 | 0.20% | 0.20% | 0.20% | 0.20% | 0.214% |
| HRB500、HRBF500 | 0.20% | 0.20% | 0.20% | 0.20% | 0.20% |

### 4. 计算方法与步骤

单筋矩形截面受弯承载力计算可分为两类问题：截面设计与截面复核。本单元主要介绍采用系数法进行截面设计与截面复核。

（1）截面设计　截面设计是根据截面所需承担的弯矩设计值选定材料、确定截面尺寸和配筋量。设计时应满足 $M \leqslant M_u$，为计算简便，一般按 $M = M_u$ 进行计算。

已知：截面上受到的弯矩设计值 $M$，混凝土强度等级，钢筋强度等级，构件截面尺寸，混凝土保护层厚度 $c$。

求：纵向受拉钢筋的截面面积，并配置钢筋。

求解步骤：

1）确定基本数据。

由混凝土强度等级查表得：$f_c$、$f_t$ 和 $\alpha_1$

由钢筋强度等级查表得：$f_y$、$\xi_b$

根据梁截面尺寸（$b$、$h$）和保护层厚度$c$，设定受拉钢筋排数，初步确定梁截面有效高度$h_0$。

假定纵向受拉钢筋为一排时，可取$h_0 = h - c - 20$

假定纵向受拉钢筋为两排时，可取$h_0 = h - c - 45$

2）计算相关系数并判断是否超筋。

由$M = M_u$及式（5-10）可求得$\alpha_s = \dfrac{M}{\alpha_1 f_c b h_0^2}$

由式（5-8）变形可求得$\xi = 1 - \sqrt{1 - 2\alpha_s}$

验算适用条件，$\xi \leqslant \xi_b$，判断是否超筋

若满足上式，不超筋，取受压区高度$x = \xi h_0$；若不满足，超筋，重取截面或加大混凝土强度等级

3）计算纵向受拉钢筋面积并判断是否少筋。

计算纵向受拉钢筋面积，由式（5-1）可得$A_s = \dfrac{\alpha_1 f_c b x}{f_y}$

验算适用条件，判断是否少筋，取$A_s \geqslant \rho_{min} bh$

查钢筋表，配置钢筋，满足间距要求和受拉钢筋排数的设定。

（2）截面复核　截面复核时一般已知截面尺寸，材料强度等级，纵向钢筋面积，求截面所能承受的正截面受弯承载力设计值$M_u$，或与弯矩设计值$M$进行比较，以判断是否安全。

已知：构件截面尺寸，混凝土保护层厚度$c$，混凝土强度等级，钢筋强度等级，构件截面尺寸，纵向钢筋的配置

求：截面受弯承载力$M_u$

求解步骤：

1）确定基本数据。

由混凝土强度等级查表得：$f_c$、$f_t$和$\alpha_1$

由钢筋强度等级查表得：$f_y$、$\xi_b$

根据梁截面尺寸（$b$、$h$）和保护层厚度$c$，和纵向钢筋截面面积$A_s$，求得梁截面有效高度$h_0$

也可按照下式估算梁截面有效高度$h_0$

纵向受拉钢筋为一排时，取$h_0 = h - c - 20$

纵向受拉钢筋为两排时，取$h_0 = h - c - 45$

2）判断是否少筋。

验算$A_s \geqslant \rho_{min} bh$

3）求受压区高度、相对受压区高度，并判断是否超筋。

由式（5-1）可得　$x = \dfrac{f_y A_s}{\alpha_1 f_c b}$

由式（5-4）可得　$\xi = \dfrac{x}{h_0}$，判断是否超筋，$\xi \leqslant \xi_b$

若满足上式，不超筋；若不满足，超筋

4）求截面受弯承载力$M_u$，如需要，判断是否安全。

由式（5-2），可得 $M_u = \alpha_1 f_c bx\left(h_0 - \dfrac{x}{2}\right)$

判断是否安全　　$M \leqslant M_u$

**例5-1**　已知某钢筋混凝土矩形截面简支梁，截面尺寸为 $250mm \times 600mm$，处于一类环境，弯矩设计值 $M = 200kN \cdot m$，混凝土强度等级为C30，钢筋强度等级为 HRB400 级。

求：纵向钢筋的截面面积并配置钢筋

**解**：（1）查表，C30 混凝土，$f_c = 14.3N/mm^2$、$f_t = 1.43N/mm^2$、$\alpha_1 = 1.0$；

HRB400 级钢筋，$f_y = 360N/mm^2$、$\xi_b = 0.518$

一类环境，保护层厚度 $c = 20mm$，取 $h_0 = h - c - 20 = (600 - 20 - 20)mm = 560mm$

（2）计算相关系数并判断是否超筋

$$\alpha_s = \frac{M}{\alpha_1 f_c b h_0^2} = \frac{200 \times 10^6}{1.0 \times 14.3 \times 250 \times 560^2} = 0.178$$

$\xi = 1 - \sqrt{1 - 2\alpha_s} = 1 - \sqrt{1 - 2 \times 0.178} = 0.198 < \xi_b = 0.518$，不是超筋截面

$x = \xi h_0 = (0.198 \times 560)mm = 111mm$

（3）计算纵向受拉钢筋面积并判断是否少筋

$$A_s = \frac{\alpha_1 f_c bx}{f_y} = \frac{1.0 \times 14.3 \times 200 \times 111}{360}mm^2 = 882\ mm^2 > \rho_{min}bh = (0.20\% \times 250 \times 600)mm^2$$

$$= 300mm^2$$

查钢筋表，选用 3C20（$A_s = 942mm^2$），单排布置，钢筋保护层和间距均能满足构造要求。

**例5-2**　已知某钢筋混凝土矩形截面简支梁，处于一类环境，截面尺寸 $200mm \times 450mm$，配置 3C16 纵向受力钢筋，如图 5-7 所示，混凝土强度等级为 C30，钢筋强度等级为 HRB400 级，弯矩设计值 $M = 75kN \cdot m$，试判断该截面是否安全。

**解**：（1）查表，C30 混凝土，$f_c = 14.3N/mm^2$、$f_t = 1.43N/mm^2$、$\alpha_1 = 1.0$；HRB400 级钢筋，$f_y = 360N/mm^2$、$\xi_b = 0.518$

图 5-7　例 5-2 图

一类环境，保护层厚度 $c = 20mm$，取 $h_0 = h - 40 = (450 - 40)mm = 410mm$

3C16，$A_s = 603mm^2$

（2）判断是否少筋

$A_s = 603mm^2 > \rho_{min}bh = (0.20\% \times 200 \times 410)mm^2 = 164mm^2$，不是少筋截面

（3）求受压区高度、相对受压区高度，并判断是否超筋

$$x = \frac{f_y A_s}{\alpha_1 f_c b} = \frac{360 \times 603}{1.0 \times 14.3 \times 200}mm = 75.9mm$$

$\xi = \dfrac{x}{h_0} = \dfrac{75.9}{410} = 0.185 < \xi_b = 0.518$，不是超筋截面

（4）求截面受弯承载力 $M_u$，并判断是否安全

$$M_u = \alpha_1 f_c bx\left(h_0 - \frac{x}{2}\right) = \left[1.0 \times 14.3 \times 200 \times 75.9 \times \left(410 - \frac{75.9}{2}\right)\right]N \cdot mm$$

$$= 80.8 \times 10^6 N \cdot mm = 80.8kN \cdot m > M = 75kN \cdot m$$

该截面是安全的。

### (三) 双筋矩形截面简介

如图 5-8 所示，除了受拉区的纵向受力钢筋外，在受压区配置纵向受压钢筋，并满足相应构造要求的梁称为双筋矩形截面。由于受压钢筋在纵向压力作用下易产生压曲而导致钢筋侧向凸出，将受压区保护层崩裂，从而使构件提前发生破坏，降低构件的承载力。为此，必须配置封闭箍筋防止受压钢筋的压曲，并限制其侧向凸出。为保证有效防止受压钢筋的压曲和侧向凸出，箍筋的间距 $s$ 不应大于 15 倍受压钢筋最小直径和 400mm；箍筋直径不应小于受压钢筋最大直径的 1/4。上述箍筋的设置要求是保证受压钢筋发挥作用的必要条件。

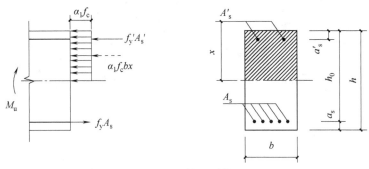

图 5-8　双筋矩形截面

双筋矩形截面可以提高截面的受弯承载力和延性，并可减少构件在荷载作用下的变形，但在配置相同受拉钢筋的情况下，受弯承载力提高不大。

### (四) T 截面梁正截面承载力计算简介

在工程实践中，受弯构件很多是 T 形截面。例如，在整体式肋梁楼盖中，楼板和梁浇注在一起，形成了整体 T 形梁（图 5-9a）；T 形檩条、T 形吊车梁（图 5-9b）和 π 型板是常见的独立 T 形梁、板。此外，如 I 形屋面大梁（图 5-9c）、空心板（图 5-9d）以及箱形截面梁等，在正截面受弯承载力计算时，均可按 T 形截面考虑，因为裂缝截面处受拉翼缘将不参加工作。

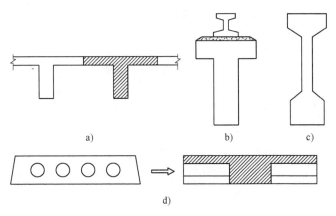

a)　　　　　　　　　　b)　　　　　　c)

d)

图 5-9　T 形、I 形截面

a）整体 T 形梁　b）T 形吊车梁　c）I 形屋面大梁　d）空心板

为了发挥 T 形截面的作用，应充分利用翼缘受压，使混凝土受压区高度减小，内力臂增大，从而减少钢筋用量。但是，试验和理论分析表明，T形梁受弯后，翼缘上的纵向压应力的分布是不均匀的，距离腹板越远，压应力越小（图5-10a、图5-10c）。因此，当翼缘较宽时，计算中应考虑其应力分布不均匀对截面受弯承载力的影响。为了简化计算，可把T形截面的翼缘宽度限制在一定范围内，称为翼缘计算宽度（图5-10b、图5-10d）。在这个宽度范围内，假定其应力均匀分布，而在这个范围以外，认为翼缘不起作用。翼缘的计算宽度 $b'_f$ 是随着受弯构件的工作情况（整体肋形梁或独立梁）、跨度、翼缘的高度与截面的有效高度之比有关，具体取值可参考有关资料。

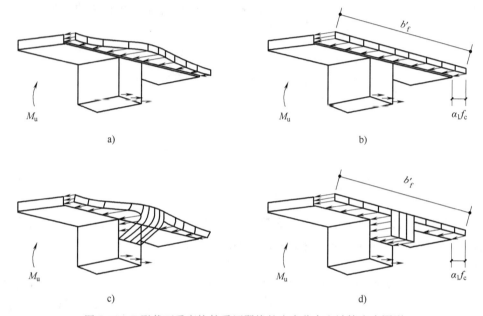

图5-10　T形截面受弯构件受压翼缘的应力分布和计算应力图形

　　T形截面的受弯承载力计算，根据其受力后中和轴位置的不同，可以分为两种类型：第一类T形截面，其中和轴位于翼缘内，受弯承载力计算应力图形如图5-11所示；第二类T形截面，其中和轴通过腹板，受弯承载力计算应力图形如图5-12所示。

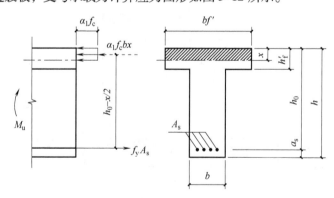

图5-11　第一类T形截面受弯承载力计算应力图形

　　具有较大翼缘的宽度的T形截面受弯构件，常为第一类T形截面，受压区高度一般都比较小，内力臂高度接近于有效高度 $h_0$，估算时可取 $0.9\,h_0$，近似的计算公式见式（5-15）。

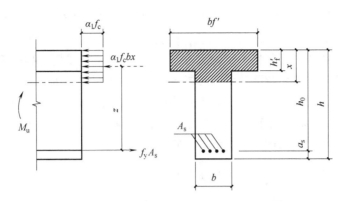

图 5-12　第二类 T 形截面受弯承载力计算应力图形

$$M_u \leq 0.9 f_y A_s h_0 \tag{5-15}$$

## 三、受弯构件斜截面承载力计算

### (一)受弯构件斜截面的受力特点和破坏特征

钢筋混凝土受弯构件在主要承受弯矩的区段内产生垂直裂缝,若受弯承载力不足,则将沿正截面发生弯曲破坏。受弯构件除承受弯矩外,往往还同时承受剪力,在同时承受剪力和弯矩的区段内,常产生斜裂缝,并可能沿斜截面(斜裂缝)发生斜截面受剪破坏或斜截面受弯破坏。为了保证受弯构件的承载力,除了进行正截面承载力计算外,还须进行斜截面承载力计算。

工程设计中,斜截面受剪承载力是由抗剪计算来满足的,斜截面受弯承载力则是通过构造要求来满足的。为了防止受弯构件沿斜截面破坏,应使构件的截面符合一定的要求,并配置必要的箍筋,有时还须配置弯起钢筋,箍筋和弯起钢筋统称为腹筋。一般称配置了腹筋的梁为有腹筋梁,反之为无腹筋梁。

#### 1. 无腹筋梁斜截面的受力状态

无腹筋梁在集中荷载作用下,沿斜截面的破坏形态主要与剪跨比 $a/h_0$ 有关;在均布荷载作用下,则与跨高比 $l_0/h_0$ 有关。一般沿斜截面破坏的主要形态有斜拉、剪压和斜压三种,如图 5-13 所示。

集中力 $F$ 作用点到支座的距离,称为"剪跨",剪跨 $a$ 与梁的有效高度 $h_0$ 之比称为剪跨比,用 $\lambda$ 表示。

$$\lambda = \frac{a}{h_0} \tag{5-16}$$

(1)斜拉破坏　当剪跨比较大时$\left(\text{集中荷载时}\dfrac{a}{h_0} > 3,\text{均布荷载时}\dfrac{l_0}{h_0} > 8\text{ 时}\right)$可能发生这种破坏。在这种情况下,弯剪斜裂缝一出现便很快发展,形成临界斜裂缝,并迅速向荷载点延伸而使混凝土截面裂通,梁即被分成两部分而丧失承载力。同时,沿纵向钢筋往往伴随产生水平撕裂裂缝。这种破坏称为斜拉破坏,如图 5-13a 所示。这种破坏的发生是较突然的,破坏荷载等于或略高于临界斜裂缝出现的荷载,破坏面较整齐,无压碎现象。

(2)剪压破坏　在中等剪跨比$\left(\text{集中荷载时}1 \leq \dfrac{a}{h_0} \leq 3,\text{均布荷载时}3 \leq \dfrac{l_0}{h_0} \leq 8\right)$情况下可能

发生这种破坏。梁承受荷载后，在剪跨范围内出现弯剪斜裂缝。当荷载继续增加到某一数值时，在数条斜裂缝中，将出现一条延伸较长、扩展相对较宽的主要斜裂缝，称为临界斜裂缝。随着荷载继续增大，临界斜裂缝将不断向荷载点延伸，使混凝土受压区高度不断减小，导致剪压区混凝土在正应力、剪应力和荷载引起的局部竖向压应力的共同作用下达到复合应力状态下的极限强度而破坏，这时剪压区混凝土有较明显的、类似于受弯破坏时的压碎现象；有时，临界斜裂缝贯通梁顶，破坏时，梁被临界斜裂缝分开的两部分有较明显的相对错动，剪压区裂缝内有混凝土碎屑，这种破坏又称为剪切破坏，如图 5-13b 所示。

（3）斜压破坏　当剪跨比较小时（集中荷载时 $\dfrac{a}{h_0} < 1$，均布荷载时 $\dfrac{l_0}{h_0} < 4$ 时）可能发生这种破坏。随着荷载的增加，梁腹将首先出现一系列大体上相互平行的斜裂缝，这些斜裂缝将梁腹分割成若干根倾斜的受压杆件，最后由于混凝土沿斜向压酥而破坏，这种破坏称为斜压破坏，如图 5-13c 所示。

除上述三种破坏外，在不同的条件下，还可能出现其他的破坏形态，如荷载离支座很近时的纯剪切破坏以及局部受压破坏和纵筋的锚固破坏，这些都不属于正常的弯剪破坏形态，在工程中应采取构造措施加以避免。

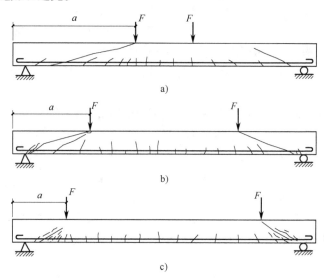

图 5-13　斜截面的破坏形态
a）斜拉破坏　b）剪压破坏　c）斜压破坏

**2. 有腹筋梁斜截面的受力状态**

为了提高钢筋混凝土梁的受剪承载力，防止梁沿斜裂缝发生脆性破坏，在实际工程结构中，除跨度很小的梁以外，一般梁中都配置有腹筋（箍筋和弯筋）。与无腹筋梁相比，有腹筋梁斜截面的受力性能和破坏形态有着相似之处，也有许多不同的特点。

（1）有腹筋梁斜裂缝出现前后的应力状态　对于有腹筋梁，在荷载较小、斜裂缝出现之前，腹筋中的应力很小，腹筋作用不大，对斜裂缝出现荷载影响很小，其受力性能与无腹筋梁相近。然而，在斜裂缝出现后，有腹筋梁的受力性能与无腹筋梁相比，将有显著的不同。

在有腹筋梁中，斜裂缝出现后，与斜裂缝相交的腹筋（箍筋和弯筋）应力显著增大，直接承担部分剪力。同时，腹筋能限制斜裂缝的扩展和延伸，增大斜裂缝上端混凝土剪压区的截面面积，提高混凝土剪压区的抗剪能力。此外，箍筋还将提高斜裂缝交界面骨料的咬合和摩擦作用，延缓沿纵筋的黏结劈裂裂缝的发展，防止混凝土保护层的突然撕裂，提高纵向钢筋的销栓作用。因此，腹筋将使梁的受剪承载力有较大的提高。

（2）有腹筋梁沿斜截面破坏的主要形态　如前所述，腹筋虽然不能延缓斜裂缝的出现，但却能延缓和限制斜裂缝的扩展和延伸。因此，腹筋的配置数量对梁的斜截面破坏形态和受剪承载力有很大的影响。

如箍筋的配置数量过多，则在箍筋尚未屈服时，斜裂缝间混凝土即因主压应力过大而发生斜压破坏。梁的受剪承载力取决于构件的截面尺寸和混凝土强度，并与无腹筋梁斜压破坏时的受剪承载力相接近。

如箍筋的配置数量适当，则斜裂缝出现后，原来由混凝土承受的拉力转由与斜裂缝相交的箍筋承受，在箍筋尚未屈服时，由于箍筋的受力作用，延缓和限制了斜裂缝的扩展和延伸，荷载尚能有较大的增长。当箍筋屈服后，其变形迅速增大，不再能有效地抑制斜裂缝的扩展和延伸，最后斜裂缝上端的混凝土在剪压复合应力作用下，达到极限强度，发生剪压破坏。此时，梁的受剪承载力主要与混凝土强度和箍筋配置数量有关，而剪跨比和纵筋配筋率等因素的影响相对较小。

如果箍筋配置的数量过少，则斜裂缝一出现，截面即发生急剧的应力重分布，原来由混凝土承受的拉力转由箍筋承受，使箍筋很快达到屈服，变形剧增，不能抑制斜裂缝的扩展，此时梁的破坏形态与无腹筋梁相似。当剪跨比较大时，也将产生脆性的斜拉破坏。

### （二）影响受弯构件斜截面受剪承载力的主要因素

影响受弯构件斜截面受剪承载力的因素很多，主要有剪跨比或高跨比、混凝土强度、纵向钢筋配筋率、箍筋强度及其配筋率等。

#### 1. 剪跨比（集中荷载）或高跨比（均面荷载）

对于承受集中荷载的梁，剪跨比 $\lambda \leqslant 3$ 时，斜截面受剪承载力随 $\lambda$ 的增大而减小。当 $\lambda > 3$ 时，斜截面受剪承载力趋于稳定，影响不显著。

均布荷载作用下跨高比 $l_0/h_0$ 对梁的受剪承载力影响较大，随着跨高比的增大，受剪承载力下降；但当 $\dfrac{l_0}{h_0} > 10$ 时，跨高比对受剪承载力的影响不显著。

#### 2. 混凝土强度

混凝土强度对斜截面受剪承载力有着重要影响。混凝土强度越高，受剪承载力越大，大致成直线变化。

#### 3. 纵向钢筋配筋率

梁的受剪承载力随纵向钢筋配筋率的提高而增大。一方面，因为纵向钢筋能抑制斜裂缝的扩展和延伸，使斜裂缝上端的混凝土剪压区的面积较大，从而提高了剪压区混凝土承受的剪力 $V$。另一方面，纵筋数量增加，其销栓作用随之增大，销栓作用所传递的剪力也增大。

#### 4. 配箍率和箍筋强度

有腹筋梁出现斜裂缝后，箍筋不仅直接承受相当部分的剪力，而且有效地抑制斜裂缝的扩展和延伸，对提高剪压区混凝土的抗剪能力和纵向钢筋的销栓作用有着积极的影响。在配箍量适当的范围内，梁的受剪承载力随配箍量的增多、箍筋强度的提高而有较大幅度的增长。

配箍量一般用配箍率（又称为箍筋配筋率）$\rho_{sv}$表示，即

$$\rho_{sv} = \frac{A_{sv}}{bs} = \frac{n A_{sv1}}{bs} \tag{5-17}$$

式中 $\rho_{sv}$——竖向箍筋配筋率；

$\quad n$——在同一截面内箍筋的肢数；

$\quad A_{sv1}$——单肢箍筋的截面面积；

$\quad A_{sv}$——箍筋各肢的全部截面面积；

$\quad b$——截面宽度；

$\quad s$——沿构件长度方向上箍筋的间距。

梁的斜截面受剪承载力随配箍率$\rho_{sv}$、箍筋强度$f_{yv}$的提高而增大，但为了提高斜截面的延性，不宜采用高强度钢筋作箍筋。

### （三）受弯构件斜截面受剪承载力计算

**1. 计算原则**

钢筋混凝土梁沿斜截面的主要破坏形态有：斜压破坏、斜拉破坏和剪压破坏。对于斜压和斜拉破坏，一般是采取一定的构造措施予以避免。对于剪压破坏，由于发生这种破坏形态时梁的受剪承载力变化幅度较大，必须进行受剪承载力计算，基本计算公式就是根据这种破坏形态的受力特征而建立的。假定梁的斜截面受剪承载力$V_u$由斜裂缝上端剪压区混凝土的抗剪能力$V_c$与斜裂缝相交的箍筋的抗剪能力$V_{sv}$和斜裂缝相交的弯起钢筋的抗剪能力$V_{sb}$三部分组成（如图5-14所示）。由平衡条件$\sum Y = 0$可得：

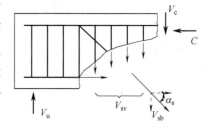

图 5-14　有腹筋梁斜截面破坏时的受力状态

$$V_u = V_c + V_{sv} + V_{sb} \tag{5-18}$$

当无弯起钢筋时，则得

$$V_u = V_c + V_{sv} = V_{cs} \tag{5-19}$$

**2. 计算公式**

（1）仅配置箍筋的受弯构件　当仅配置箍筋时，矩形、T形和I形截面受弯构件的斜截面受剪承载力应符合下列规定：

$$V \leqslant V_u = V_{cs} = V_c + V_{sv} = \alpha_{cv} f_t b\, h_0 + f_{yv} \frac{A_{sv}}{s} h_0 \tag{5-20}$$

式中 $V_{cs}$——构件斜截面上混凝土和箍筋的受剪承载力设计值；

$\quad \alpha_{cv}$——斜截面混凝土受剪承载力系数，对于一般受弯构件取0.7；对集中荷载作用下（包括作用有多种荷载，其中集中荷载对支座截面或节点边缘所产生的剪力值占总剪力的75%以上的情况）的独立梁，取$\alpha_{cv}$为$\dfrac{1.75}{\lambda + 1}$，$\lambda$为计算截面的剪跨比，可取$\lambda$等于$\dfrac{a_0}{h_0}$，当$\lambda$小于1.5时，取1.5，当$\lambda$大于3时，取3，$a$取集中荷载作用点至支座截面或节点边缘的距离；

$\quad A_{sv}$——配置在同一截面内箍筋各肢的全部截面面积，即$n A_{sv1}$，此处，$n$为在同一个

截面内箍筋的肢数，$A_{sv1}$为单肢箍筋的截面面积；

　　　$s$——沿构件长度方向的箍筋间距；

　　　$f_{yv}$——箍筋的抗拉强度设计值，其数值大于$360N/mm^2$时应取$360N/mm^2$。

（2）配置箍筋和弯起钢筋的受弯构件　当配置箍筋和弯起钢筋时，矩形、T形和I形截面受弯构件的斜截面受剪承载力应符合下列规定：

$$V \leqslant V_u = V_{cs} + 0.8 f_y A_{sb} \sin \alpha_s \tag{5-21}$$

式中　$A_{sb}$——同一平面内的弯起普通钢筋的截面面积。

**3. 计算公式的适用范围**

（1）上限值——最小截面尺寸　矩形、T形和I形截面受弯构件的受剪截面应符合下列条件：

当$h_w/b \leqslant 4$时，$V \leqslant 0.25 \beta_c f_c b h_0$；

当$h_w/b \geqslant 6$时，$V \leqslant 0.2 \beta_c f_c b h_0$；

当$4 < h_w/b < 6$时，按线性内插法确定。

式中　$V$——构件斜截面上的最大剪力设计值；

　　　$\beta_c$——混凝土强度影响系数：当混凝土强度等级不超过C50时，$\beta_c$取1.0；当混凝土强度等级为C80时，$\beta_c$取0.8；其间按线性内插法确定；

　　　$b$——矩形截面的宽度，T形截面或I形截面的腹板宽度；

　　　$h_0$——截面的有效高度；

　　　$h_w$——截面的腹板高度：矩形截面，取有效高度；T形截面，取有效高度减去翼缘高度；I形截面，取腹板净高。

（2）下限值——最小配箍率　钢筋混凝土梁出现斜裂缝后，斜裂缝处原来由混凝土承担的拉力全部转给箍筋承担，使箍筋的拉应力突然增大。如果配置的箍筋过少，则斜裂缝一出现，箍筋应力很快达到其屈服强度，不能有效地抑制斜裂缝的发展，甚至箍筋被拉断而导致梁发生斜拉破坏。当梁内配置一定数量的箍筋，且其间距又不过大，能保证与斜裂缝相交时，即可防止发生斜拉破坏。因此，对斜拉破坏可通过规定合适的最小配箍率来防止。

$$\rho_{sv} \geqslant \rho_{sv,min} = 0.24 \frac{f_t}{f_{yv}} \tag{5-22}$$

**4. 计算截面位置**

计算斜截面受剪承载力时，剪力设计值的计算截面应按下列规定采用：

1）支座边缘处的截面1-1（图5-15a）。

2）受拉区弯起钢筋弯起点处的截面2-2、3-3（图5-15a）。

3）箍筋数量（间距或截面面积）改变处的截面4-4（图5-15b）。

4）腹板宽度改变处的截面。

计算截面处的剪力设计值按下述方法采用：计算支座边缘处的截面时，取该处的剪力值；计算箍筋数量改变处的截面时，取箍筋数量开始改变处的剪力值；计算第一排（从支座算起）弯起钢筋时，取支座边缘处的剪力值，计算以后每一排弯起钢筋时，取前一排弯起钢筋弯起点处的剪力值。

**5. 计算方法与步骤**

受弯构件斜截面承载力的计算有两类问题：截面设计和截面复核。

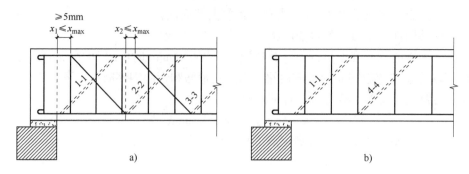

图 5-15　斜截面受剪承载力的计算截面

（1）截面设计

已知：剪力设计值 $V$，截面尺寸 $b$、$h$，材料强度等级（$f_c$、$f_t$、$f_{yv}$），纵向受力钢筋。

求：梁中腹筋数量。

计算方法和步骤如下：

1）确定计算截面位置，计算其剪力设计值 $V$。

2）复核截面尺寸，如不满足则需加大截面尺寸或提高混凝土强度等级。

3）验算是否需配置箍筋。

$V_u \leqslant \alpha_{cv} f_t b h_0$，按构造配箍筋，

$V_u > \alpha_{cv} f_t b h_0$，计算确定腹筋数量。

4）确定腹筋数量

① 只配置箍筋。

$$V_u \leqslant V_{cs} = V_c + V_{sv} = \alpha_{cv} f_t b h_0 + f_{yv} \frac{A_{sv}}{s} h_0 \quad \text{变形可得}$$

$$\frac{A_{sv}}{s} = \frac{n A_{sv1}}{s} \geqslant \frac{V - \alpha_{cv} f_t b h_0}{f_{yv} h_0} \tag{5-23}$$

根据 $\dfrac{A_{sv}}{s}$ 值确定箍筋直径和间距，并满足最小配箍率、箍筋最大间距和箍筋最小直径要求。

② 配置箍筋和弯起钢筋。

一般先根据经验和构造要求配置箍筋，求 $V_{cs}$，对 $V > V_{cs}$ 区段，按下式确定弯起钢筋的面积：

$$A_{sb} = \frac{V - V_{cs}}{0.8 f_y \sin \alpha_s} \tag{5-24}$$

如仅配置一排弯起钢筋，$V > V_{cs}$ 区段长度不宜超过弯起钢筋的水平投影 $+50\text{mm}$。

（2）截面复核

已知：截面尺寸 $b$、$h$，材料强度等级（$f_c$、$f_t$、$f_{yv}$），箍筋的直径、肢数、间距（$n$、$A_{sv1}$、$s$）、弯起钢筋的截面积 $A_{sb}$。

复核：斜截面所能承受的剪力 $V_u$，或与剪力设计值 $V$ 进行比较，以判断是否安全。

计算方法和步骤如下：

1）验算梁的腹筋配置是否满足构造要求。复核截面尺寸，如不满足则需加大截面尺寸

或提高混凝土强度等级；验算最小配筋率。

2）按公式计算斜截面所能承受的剪力$V_u$。

① 只配置箍筋。

$$V_u = V_{cs} = V_c + V_{sv} = \alpha_{cv} f_t b\, h_0 + f_{yv}\frac{A_{sv}}{s}h_0 \tag{5-25}$$

② 配置箍筋和弯起钢筋

$$V_u = V_{cs} + 0.8 f_y A_{sb}\sin\alpha_s = \alpha_{cv} f_t b\, h_0 + f_{yv}\frac{A_{sv}}{s}h_0 + 0.8 f_y A_{sb}\sin\alpha_s \tag{5-26}$$

3）如需要，判断是否安全

**例5-3**　如图5-16所示，钢筋混凝土矩形截面简支梁，截面尺寸为$b \times h = 200\text{mm} \times 450\text{mm}$，承受永久荷载标准值$g_k = 30\text{kN/m}$，可变荷载标准值$q_k = 18\text{kN/m}$，混凝土强度等级为C30（$f_c = 14.3\text{N/m}^2$、$f_t = 1.43\text{N/m}^2$），采用HRB400级钢筋作箍筋（$f_{yv} = 360\text{N/m}^2$），按正截面受弯承载力计算配置的纵向受拉钢筋为3C18。环境类别为一类。试进行斜截面受剪承载力计算。

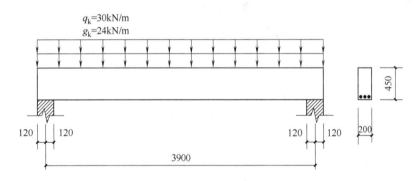

图5-16　例5-3图

**解：**（1）计算其剪力设计值$V$。

最危险截面发生在支座边缘处，剪力设计值如下：

基本组合剪力设计值

$$V = \frac{1}{2}(\gamma_G g_k + \gamma_Q q_k) \times l_n = \left[\frac{1}{2}(1.3 \times 30 + 1.5 \times 24) \times 3.66\right]\text{kN} = 137.25\text{kN}$$

（2）复核截面尺寸，如不满足则需加大截面尺寸或提高混凝土强度等级。

$$h_0 = h - a_s = (450 - 40)\text{mm} = 410\text{mm}$$

矩形截面，取$h_w = h_0$

$$\frac{h_w}{b} = \frac{h_0}{b} = \frac{410}{200} = 2.05 < 4$$

$0.25\beta_c f_c b\, h_0 = (0.25 \times 1.0 \times 1.43 \times 200 \times 410)\text{N} = 293150\text{N} = 293.2\text{kN} > 137.25\text{kN（满足要求）}$

（3）确定是否需配置箍筋。

$0.7 f_t b\, h_0 = (0.7 \times 1.43 \times 200 \times 410)\text{N} = 82082\text{N} = 82.1\text{kN} < 137.25\text{kN}$

需按计算配置腹筋

（4）配置箍筋

$$\frac{A_{sv}}{s} = \frac{n A_{sv1}}{s} \geqslant \frac{V - \alpha_{cv} f_t b h_0}{f_{yv} h_0} = \frac{137.25 \times 10^3 - 82082}{360 \times 410} = 0.374$$

取 C8 双肢箍，$A_{sv1} = 50.3 \text{mm}^2$，$A_{sv} = 2 \times A_{sv1} = (2 \times 50.3) \text{mm}^2 = 101 \text{mm}^2$

$$s = \frac{A_{sv}}{0.374} = \frac{101}{0.374} \text{mm} = 270 \text{mm}$$

取 $s = 250 \text{mm}$，即选配Φ8@250（2）

$$\rho_{sv} = \frac{A_{sv}}{bs} = \frac{n A_{sv1}}{bs} = \frac{101}{200 \times 250} = 0.202\% > 0.24 \frac{f_t}{f_{yv}} = 0.24 \times \frac{1.43}{360} = 0.095\%$$

满足最小配箍率要求。

**例 5-4** 如图 5-17 所示，钢筋混凝土 T 形截面简支梁，截面尺寸为 $b \times h = 180 \text{mm} \times 400 \text{mm}$，板厚 120mm，承受永久荷载标准值 $g_k = 24 \text{kN/m}$，可变荷载标准值 $q_k = 16 \text{kN/m}$，混凝土强度等级为 C30（$f_c = 14.3 \text{N/mm}^2$、$f_t = 1.43 \text{N/mm}^2$），采用 HPB400 级钢筋作箍筋（$f_{yv} = 360 \text{N/m}^2$），箍筋为Φ6@200（2），按正截面受弯承载力计算配置的纵向受拉钢筋为 3C16。环境类别为一类。试进行斜截面受剪承载力复核。

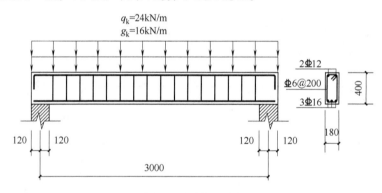

图 5-17　例 5-4 图

**解：**（1）计算剪力设计值 $V$

最危险截面发生在支座边缘处，基本组合剪力设计值

$$V = \frac{1}{2}(\gamma_G g_k + \gamma_Q q_k) \times l_n = \left[\frac{1}{2}(1.3 \times 24 + 1.5 \times 16) \times 2.76\right] \text{kN} = 76.176 \text{kN}$$

（2）复核截面尺寸，如不满足则需加大截面尺寸或提高混凝土强度等级。

$$h_0 = h - a_s = (400 - 40) \text{mm} = 360 \text{mm}$$
$$h_w = h_0 - h_f' = (360 - 120) \text{mm} = 240 \text{mm}$$
$$\frac{h_w}{b} = \frac{240}{180} = 1.33 < 4$$

$0.25 \beta_c f_c b h_0 = (0.25 \times 1.0 \times 14.3 \times 180 \times 360) \text{N} = 231660 \text{N} = 231.66 \text{kN} > 76.176 \text{kN}$
（满足要求）

箍筋的最小配箍率验算

$$\rho_{sv} = \frac{A_{sv}}{bs} = \frac{n A_{sv1}}{bs} = \frac{2 \times 28.3}{180 \times 200} = 0.157\% > 0.24 \frac{f_t}{f_{yv}} = 0.24 \times \frac{1.43}{360} = 0.095\%$$

（3）斜截面所能承受的剪力

$$V_u = V_{cs} = V_c + V_{sv} = \alpha_{cv}f_t b\,h_0 + f_{yv}\frac{A_{sv}}{s}h_0 = (0.7 \times 1.43 \times 180 \times 360 + 360 \times \frac{56.7}{200} \times 360)\,\mathrm{N}$$

$$= (64864.8 + 36741.6)\,\mathrm{N} = 101606.4\mathrm{N} = 101.6\mathrm{kN} > V = 76.176\mathrm{kN}$$

该梁斜截面承载力满足要求。

### （四）保证斜截面受弯承载力的构造措施

受弯构件斜截面受剪承载力的基本计算公式是根据竖向力的平衡条件而建立的，显然，满足这个基本公式是能够保证斜截面的受剪承载力的。但是，在实际工程中，纵筋有时要弯起，有时要截断，这就有可能影响构件的承载力，尤其是斜截面的受弯承载力。因此，除了计算斜截面受剪承载力外，还必须研究斜截面受弯承载力，以及纵筋弯起、截断和锚固对斜截面受剪承载力的不利影响。

在实际工程中，对于斜截面的受弯承载力，一般是采取构造措施来保证的，主要的构造措施有下述几方面。

#### 1. 纵向钢筋的弯起

在混凝土梁的受拉区中，弯起钢筋的弯起点可设在按正截面受弯承载力计算不需要该钢筋的截面之前，但弯起钢筋与梁中心线的交点应位于不需要该钢筋的截面之外（图5-18）；同时弯起点与按计算充分利用该钢筋的截面之间的距离不应小于$h_0/2$。

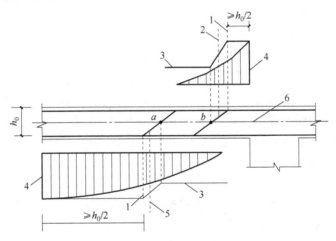

图5-18　弯起钢筋弯起点与弯矩图的关系

1—受拉区的弯起点　2—按计算不需要钢筋"$b$"的截面　3—正截面受弯承载力图　4—按计算充分利用钢筋"$a$"或"$b$"强度的截面　5—按计算不需要钢筋"$a$"的截面　6—梁中心线

#### 2. 纵向钢筋的截断

钢筋混凝土梁支座截面负弯矩纵向受拉钢筋不宜在受拉区截断，当需要截断时，应符合以下规定：

1）当$V$不大于$0.7f_t b\,h_0$时，应延伸至按正截面受弯承载力计算不需要该钢筋的截面以外不小于$20d$处截断，且从该钢筋强度充分利用截面伸出的长度不应小于$1.2\,l_a$，如图5-19所示。

2）当$V$大于$0.7f_t b\,h_0$时，应延伸至按正截面受弯承载力计算不需要该钢筋的截面以外不小于$h_0$且不小于$20d$处截断，且从该钢筋强度充分利用截面伸出的长度不应小于$1.2\,l_a$与

$h_0$ 之和，如图 5-19 所示。

3）若按本条第1)、2)款确定的截断点仍位于负弯矩对应的受拉区内，则应延伸至按正截面受弯承载力计算不需要该钢筋的截面以外不小于 $1.3 h_0$ 且不小于 $20d$ 处截断，且从该钢筋强度充分利用截面伸出的长度不应小于 $1.2 l_a$ 与 $1.7 h_0$ 之和。

在钢筋混凝土悬臂梁中，应有不少于 2 根上部钢筋伸至悬臂梁外端，并向下弯折不小于 $12d$，其余钢筋不应在梁的上部截断，而按钢筋弯起要求向下弯折，并在梁的下边锚固。

**3. 纵向钢筋的锚固**

伸入支座的纵向钢筋应有足够的锚固长度，以防止斜裂缝形成后纵向钢筋被拔出而导致构件的破坏。

钢筋混凝土简支梁和连续梁简支端的下部纵向受力钢筋，从支座边缘算起伸入支座内的锚固长度应符合下列规定：

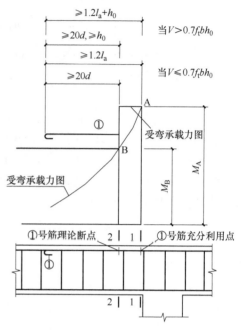

图 5-19　受弯纵向钢筋截断时的延伸长度

1）当 $V$ 不大于 $0.7 f_t b h_0$ 时，不小于 $5d$；当 $V$ 大于 $0.7 f_t b h_0$ 时，对带肋钢筋不小于 $12d$，对光圆钢筋不小于 $15d$，$d$ 为钢筋的最大直径。

2）如纵向受力钢筋伸入梁支座范围内的锚固长度不符合上述规定时，可采取弯钩或机械锚固措施。

3）支承在砌体结构上的钢筋混凝土独立梁，在纵向受力钢筋的锚固长度范围内应配置不少于 2 个箍筋，其直径不宜小于 $d/4$，$d$ 为纵向受力钢筋的最大直径；间距不宜大于 $10d$，当采取机械锚固措施时箍筋间距尚不宜大于 $5d$，$d$ 为纵向受力钢筋的最小直径。

**（五）箍筋和弯起钢筋的一般构造要求**

**1. 箍筋的构造要求**

（1）形式和肢数　如图 5-20 所示，箍筋通常有开口式和封闭式两种。开口箍不利于纵向钢筋的定位，且不能约束芯部混凝土。故除小过梁以外，一般构件不应采用开口箍。

如图 5-21 所示，箍筋的肢数有单肢、双肢和四肢等。当梁的截面宽度 $b < 350mm$ 时，一般采用双肢箍筋；当梁的截面宽度 $b \geq 350mm$ 时，宜采用四肢箍筋；只有在某些特殊情况下（如梁宽较小等）才采用单肢箍筋。

| 开口式 | 封闭式 | 单肢 | 双肢 | 四肢 |

图 5-20　箍筋的形式　　　　　　　图 5-21　箍筋的肢数

（2）设置 按承载力计算不需要箍筋的梁，当截面高度大于 300mm 时，应沿梁全长设置构造箍筋；当截面高度 $h = 150 \sim 300\text{mm}$ 时，可仅在构件端部 $l_0/4$ 范围内设置构造箍筋，$l_0$ 为跨度。但当在构件中部 $l_0/2$ 范围内有集中荷载作用时，则应沿梁全长设置箍筋。当截面高度小于 150mm 时，可以不设置箍筋。

（3）直径 箍筋除承受剪力外，尚能固定纵向钢筋的位置，与纵筋一起构成钢筋骨架。为了使钢筋骨架具有足够的刚度，截面高度大于 800mm 的梁，箍筋直径不宜小于 8mm；对截面高度不大于 800mm 的梁，不宜小于 6mm。梁中配有计算需要的纵向受压钢筋时，箍筋直径尚不应小于 $d/4$，$d$ 为受压钢筋最大直径。

（4）间距 箍筋的分布对斜裂缝扩展宽度有显著的影响。如果箍筋的间距过大，则斜裂缝可能不与箍筋相交，或者相交在箍筋不能充分发挥作用的位置，以致箍筋不能有效地抑制斜裂缝的扩展和提高梁的受剪承载力。因此，一般宜采用直径较小、间距较密的箍筋。箍筋的最大间距宜符合表 5-3 的要求，当 $V > 0.7 f_t b h_0$ 时，箍筋配箍率 $\rho_{sv}$ 尚不应小于 $0.24 f_t/f_{yv}$。

表 5-3 梁中箍筋的最大间距 （单位：mm）

| 梁高 $h$ | $V > 0.7 f_t b h_0$ | $V \leqslant 0.7 f_t b h_0$ |
|---|---|---|
| $150 < h \leqslant 300$ | 150 | 200 |
| $300 < h \leqslant 500$ | 200 | 300 |
| $500 < h \leqslant 800$ | 250 | 350 |
| $h > 800$ | 300 | 400 |

（5）当梁中配有按计算需要的纵向受压钢筋时，箍筋应符合以下规定

1）箍筋应做成封闭式，且弯钩直线段长度不应小于 $5d$，$d$ 为箍筋直径。

2）箍筋的间距不应大于 $15d$，并不应大于 400mm。当一层内的纵向受压钢筋多于 5 根且直径大于 18mm 时，箍筋间距不应大于 $10d$，$d$ 为纵向受压钢筋的最小直径。

3）当梁的宽度大于 400mm 且一层内的纵向受压钢筋多于 3 根时，或当梁的宽度不大于 400mm 但一层内的纵向受压钢筋多于 4 根时，应设置复合箍筋。

**2. 弯起钢筋的构造要求**

（1）弯起钢筋的锚固 为了防止弯起钢筋因锚固不善而发生滑动，导致斜裂缝扩展过大及弯起钢筋的强度不能充分发挥，弯起钢筋的弯终点以外应有足够的平行于梁轴向方向的锚固长度。当锚固在受压区时，其锚固长度不应小于 $10d$（图 5-22a）；锚固在受拉区时，其锚固长度不应小于 $20d$（图 5-22b、c），此处，$d$ 为弯起钢筋的直径。对于光面钢筋，在末端尚应设置弯钩。

（2）弯起钢筋间距 为了防止因弯筋间距过大，可能在相邻两排弯起钢筋之间出现斜裂缝，使弯起钢筋不能发挥抗剪作用，因此，当按抗剪计算需设置两排及两排以上弯起钢筋时，前一排（从支座算起）弯起钢筋的弯起点到后一排弯筋的弯终点之间的距离不应大于表 5-3 中 $V > 0.7 f_t b h_0$ 栏规定的箍筋的最大间距。

为了避免由于钢筋尺寸误差而使弯筋的弯终点进入梁的支座范围，以致不能充分发挥其作用，且不利于施工，靠近支座的第一排弯起钢筋的弯终点到支座边缘的距离不宜小于 50mm，但不应大于表 5-3 中 $V > 0.7 f_t b h_0$ 栏规定的箍筋的最大间距。

（3）弯起钢筋的设置 混凝土梁宜采用箍筋作为承受剪力的钢筋。当采用弯起钢筋时，

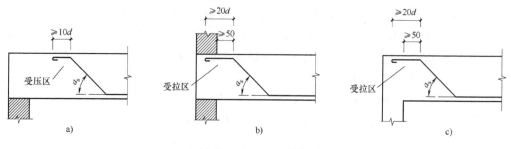

图 5-22　弯起钢筋的锚固

弯起角宜取 45°或 60°；在弯终点外应留有平行于梁轴线方向的锚固长度，且在受拉区不应小于 20$d$，在受压区不应小于 10$d$，$d$ 为弯起钢筋的直径；梁底层钢筋中的角部钢筋不应弯起，顶层钢筋中的角部钢筋不应弯下。

也可附加按抗剪计算所需的弯起钢筋，而不从纵向受力钢筋中弯起。这种专为抗剪而设置的弯起钢筋，一般称为"鸭筋"，如图 5-23a 所示，但决不可采用"浮筋"，如图 5-23b 所示。

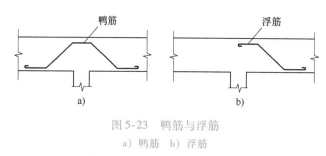

图 5-23　鸭筋与浮筋
a）鸭筋　b）浮筋

## 四、裂缝控制验算和受弯构件挠度验算简介

混凝土结构裂缝宽度过大会影响结构物的观瞻，引起使用者的不安，还可能使钢筋产生锈蚀，影响结构的耐久性。楼盖梁、板变形过大会影响支承在其上面的仪器，尤其是精密仪器的正常使用，引起非结构构件（如粉刷、吊顶和隔墙）的损坏；吊车梁的挠度过大，会影响吊车正常运行。

钢筋混凝土构件除了可能由于发生破坏而达到承载能力极限状态以外，还可能由于裂缝宽度和变形过大，超过了允许限值，使结构不能正常使用，达到正常使用极限状态。对于所有结构构件，都应进行承载力计算，对某些构件，还应根据其使用功能和外观要求，进行裂缝宽度和变形验算。

### （一）裂缝控制验算

钢筋混凝土构件产生裂缝的原因主要有两个类：一类是直接作用（荷载）引起的裂缝，如受弯、受拉等构件的垂直裂缝，受弯构件的斜裂缝；另一类是由于间接作用而引起的裂缝，如基础不均匀沉降，混凝土收缩或温度变化等。

对于由间接作用引起的裂缝，主要通过采用合理结构方案、构造措施来控制。对于直接作用（荷载）引起的裂缝，在分析其形成规律、影响因素的基础上，进行计算分析和采取必要的构造措施。

钢筋混凝土和预应力混凝土构件，正截面的受力裂缝控制等级分为三级：一级为严格要求不出现裂缝的构件；二级为一般要求不出现裂缝的构件；三级为允许出现裂缝的构件。其中一级和二级一般均为预应力混凝土构件。

一级裂缝控制等级构件按荷载标准组合计算时，构件受拉边缘混凝土不应产生拉应力。

二级裂缝控制等级构件按荷载标准组合计算时，构件受拉边缘混凝土拉应力不应大于混凝土抗拉强度的标准值。

三级裂缝控制等级时，钢筋混凝土构件的最大裂缝宽度可按荷载准永久组合并考虑长期作用影响的效应计算，预应力混凝土构件的最大裂缝宽度可按荷载标准组合并考虑长期作用影响的效应计算。最大裂缝宽度应符合下列规定：

$$w_{max} \leqslant w_{lim} \tag{5-27}$$

式中　$w_{max}$——按荷载的标准组合或准永久组合并考虑长期作用影响计算的最大裂缝宽度；

$w_{lim}$——最大裂缝宽度限值；

混凝土是一种非均质材料，其抗拉强度离散性较大，因而构件裂缝的出现和扩展宽度也有随机性，这使得裂缝计算问题变得复杂。规范给出了钢筋混凝土受拉、受弯和偏心受压构件及预应力混凝土轴心受拉和受弯构件，按荷载标准组合或准永久组合并考虑长期作用影响的最大裂缝宽度的计算公式。

关于最大裂缝宽度限值，除了考虑结构的观瞻外，主要是根据防止钢筋锈蚀，保证结构耐久性的要求确定的。结构构件应根据结构类型和环境类别，按表 5-4 的规定选用不同的裂缝控制等级及最大裂缝宽度限值 $w_{lim}$。

表 5-4　结构构件的裂缝控制等级及最大裂缝宽度的限值　　　　（单位：mm）

| 环境类别 | 钢筋混凝土结构 | | 预应力混凝土结构 | |
|---|---|---|---|---|
| | 裂缝控制等级 | $w_{lim}$ | 裂缝控制等级 | $w_{lim}$ |
| 一 | 三级 | 0.30（0.40） | 三级 | 0.20 |
| 二 $a$ | | 0.20 | | 0.10 |
| 二 $b$ | | | 二级 | — |
| 三 $a$、三 $b$ | | | 一级 | — |

注：对处于年平均相对湿度小于 60% 地区一类环境下的受弯构件，其最大裂缝宽度限值可采用括号内的数值。

## （二）受弯构件挠度验算

在建筑力学中，研究了弹性受弯构件挠度的计算方法，如简支梁挠度的计算公式为：

$$f = s \frac{M l_0^2}{B} \tag{5-28}$$

式中　$f$——梁跨中最大挠度；

$s$——与荷载形式有关的荷载效应系数，如均布荷载时 $s = \dfrac{5}{384}$；

$M$——梁跨中最大弯矩；

$l_0$——梁的计算跨度；

$B$——梁的抗弯刚度，$B = EI$。

钢筋混凝土属于弹塑性材料，梁的弯矩与挠度的关系是非线性的。钢筋混凝土梁的刚度

*EI* 是一个变量，它不仅随弯矩变化，而且随荷载持续作用的时间而变化。规范给出了受弯构件考虑荷载长期作用影响的刚度 *B* 的计算方法，将 *B* 代入力学公式即可求得最大挠度 Δ。

钢筋混凝土受弯构件的最大挠度应按荷载的准永久组合，预应力混凝土受弯构件的最大挠度应按荷载的标准组合，并均应考虑荷载长期作用的影响进行计算，最大挠度 Δ 不应超过规定的挠度限值 $\Delta_{\lim}$，即

$$\Delta \leqslant \Delta_{\lim} \tag{5-29}$$

受弯构件的挠度限值是根据以往经验确定的，其计算值不应超过表 5-5 规定的挠度限值。

表 5-5　受弯构件的挠度限值

| 构件类型 | | 挠度限值 |
| --- | --- | --- |
| 吊车梁 | 手动吊车 | $l_0/500$ |
| | 电动吊车 | $l_0/600$ |
| 屋盖、楼盖及楼梯构件 | 当 $l_0 < 7m$ 时 | $l_0/200$（$l_0/250$） |
| | 当 $7m \leqslant l_0 \leqslant 9m$ 时 | $l_0/250$（$l_0/300$） |
| | 当 $l_0 > 9m$ 时 | $l_0/300$（$l_0/400$） |

注：1. 表中 $l_0$ 为构件的计算跨度；计算悬臂构件的挠度限值时，其计算跨度 $l_0$ 按实际悬臂长度的 2 倍取用。

2. 表中括号内的数值适用于使用上对挠度有较高要求的构件。

3. 如果构件制作时预先起拱，且使用上也允许，则在验算挠度时，可将计算所得的挠度值减去起拱值；对预应力混凝土构件，尚可减去预加力所产生的反拱值。

4. 构件制作时的起拱值和预加力所产生的反拱值，不宜超过构件在相应荷载组合作用下的计算挠度值。

# 子单元二　受压构件

### 学习目标

1. 认识混凝土结构中的典型受压构件，熟悉柱的配筋构造

2. 了解轴心受压构件的受力全过程和破坏特征，理解配有纵筋和普通箍筋的轴心受压构件正截面承载力计算方法，能进行截面设计和复核

3. 了解偏心受压构件正截面的受力特点和破坏特征；了解偏心受压构件正截面承载力计算方法；理解纵向钢筋的作用。

4. 了解受压构件斜截面承载力计算方法和相应配筋构造

### 任务内容

1. 知识点

（1）轴心受压构件正截面受力全过程和破坏特征

（2）偏心受压构件正截面的受力特点和破坏特征

（3）受压构件斜截面承载力计算方法

（4）柱的配筋构造

2. 技能点

按照配有纵筋和普通箍筋的轴心受压构件正截面承载力计算方法，进行截面设计和复核

**知识解读**

## 一、受压构件

建筑结构中的受压构件以承受竖向荷载为主，同时，还会受到弯矩和剪力的作用。如钢筋混凝土屋架的受压腹杆、框架结构房屋中的柱，均为受压构件。

钢筋混凝土受压构件按纵向压力作用线是否作用于截面形心，分为轴心受压构件和偏心受压构件。在实际结构中，理想的轴心受压构件是几乎不存在的，由于材料本身的不均匀性、施工的尺寸误差以及荷载作用位置的偏差等原因，很难使轴向压力精确地作用在截面形心上。但是，由于轴心受压构件计算简单，有时可把偏心距较小的构件（如以承受恒载为主的等跨多层房屋的内柱、屋架中的受压腹杆）近似按轴心受压构件计算。当纵向压力作用线与构件形心轴线不重合时，这类构件称为偏心受压构件，偏心受压构件又可分为单向偏心受压构件和双向偏心受压构件。轴心受压构件和偏心受压构件如图 5-24 所示。

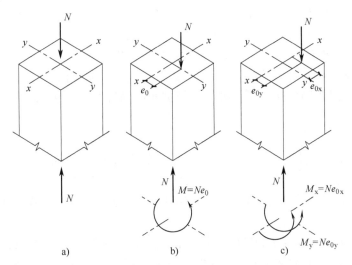

图 5-24　轴心受压构件与偏心受压构件
a）轴心受压　b）单向偏心受压　c）双向偏心受压

## 二、柱的构造要求

### （一）截面形状与尺寸

钢筋混凝土柱是典型的受压构件，承载力主要取决于混凝土，因此采用较高强度等级的混凝土是经济合理的。柱的截面多采用方形或矩形，有时也采用圆形。为了节省混凝土和减轻柱的自重，工业厂房中较大尺寸的柱常采用"I"字形截面。

为了充分利用材料强度，使柱的承载力不致因长细比过大而降低很多，截面尺寸不宜过小，多层钢筋混凝土框架结构中，柱截面一般不小于 $400mm \times 400mm$，同时截面长边尺寸与短边尺寸的比值不大于3。当柱的截面边长在800mm以下时，截面尺寸以50mm为模数；边长在800mm以上时，以100mm为模数。

### （二）纵向钢筋

轴心受压构件的纵向钢筋宜沿截面四周均匀布置，根数不得少于4根，并应取偶数。偏心受压构件的纵向钢筋设置在垂直于弯矩作用平面的两边。圆柱中纵向钢筋一般应沿周边均匀布置，根数不宜少于8根，不应少于6根。

受压构件纵向受力钢筋直径 $d$ 不宜小于12mm，通常在 $16 \sim 32mm$ 内选用。一般宜采用较粗的钢筋，以使在施工中可形成较刚劲的钢筋骨架，且受荷时钢筋不易压屈。

与受弯构件相类似，受压构件纵向钢筋的配筋率也应满足最小配筋率的要求，全部纵向钢筋的最小配筋率为0.6%，一侧纵向钢筋的最小配筋率为0.2%。在一般情况下，对于轴心受压构件，其配筋率可取0.5%~2.0%；对于轴向力偏心率较小的受压柱，其总配筋率建议采用0.5%~1.0%；对于轴向力偏心率较大的受压柱，其总配筋率建议采用1.0%~2.0%。在两种情况下，偏心受压柱的总配筋率均不宜超过5%。

受压柱中纵向钢筋的净距不应小于50mm，且不宜大于300mm，在水平位置浇筑的装配式柱，其纵向钢筋最小净距可参照梁的有关规定采用。

偏心受压柱的截面高度不小于600mm时，在柱的侧面上应设置直径不小于10mm的纵向构造钢筋，并相应设置复合箍筋或拉筋；偏心受压柱中，配置在垂直于弯矩作用平面的纵向受力钢筋以及轴心受压柱中各边的纵向受力钢筋，其中距不应大于300mm。

在多层现浇混凝土结构中，一般在楼盖顶面处设置施工缝，上下柱须做成接头。通常是将下层柱的纵筋伸出楼面一段距离，与上层柱纵筋连接。纵向受拉钢筋的接头的面积百分率不宜大于50%，但对预制构件的拼接处，可根据实际情况放宽。纵向受压钢筋的接头百分率可不受限制。

### （三）箍筋

为了防止纵向钢筋压屈，受压构件中的箍筋应做成封闭式；对圆柱中的箍筋，搭接长度不应小于钢筋的锚固长度 $l_a$，且末端应做成135°的弯钩，弯钩末端平直段长度不应小于箍筋直径的5倍。箍筋间距不应大于400mm及构件截面的短边尺寸，且不应大于15$d$，$d$ 为纵向钢筋的最小直径。

箍筋直径不应小于 $d/4$（$d$ 为纵向钢筋的最大直径），且不应小于6mm。

当柱中全部纵向钢筋配筋率超过3%时，箍筋直径不宜小于8mm，间距不应大于10$d$，（$d$ 为纵向钢筋的最小直径），且不应大于200mm。箍筋末端应做成135°的弯钩，弯钩末端平直段长度不应小于10倍箍筋直径。箍筋也可焊成封闭环式。

当柱截面短边大于400mm，且各边纵向钢筋多于3根时，或当柱的短边不大于400mm，但各边纵向钢筋多于4根时，为了防止中间纵向钢筋压屈，应设置复合箍筋。

## 三、配有纵向钢筋和普通箍筋的轴心受压构件承载力计算

### （一）受力特点和破坏形态

对于配有纵向钢筋（以下简称纵筋）和箍筋的短柱，在轴心荷载作用下，整个截面的

应变基本上是均匀分布的。当荷载较小时，纵向压应变的增加与荷载的增加成正比，钢筋和混凝土压应力增加也与荷载的增加成正比。当荷载较大时，由于混凝土的塑性变形，纵向压应变的增加速度加快，纵筋配筋率越小，这个现象越明显。同时，在相同荷载增量下，纵筋应力的增长加快，而混凝土应力的增长减缓。临近破坏时，纵筋屈服（当钢筋强度较高时，可能不会屈服），应力保持不变，混凝土压应力增长加快，最后，柱子出现与荷载平行的纵向裂缝，然后，箍筋间的纵筋压屈，向外鼓出，混凝土被压碎，构件即告破坏，如图 5-25 所示。

对于长细比较大的柱子，由于各种偶然因素造成的初始偏心距的影响，在荷载作用下，将产生附加弯曲和相应的侧向挠度，而侧向挠度又加大了荷载的偏心距。随着荷载的增加，附加弯矩和侧向挠度将不断增大。这样相互影响的结果，使长柱在轴力和弯矩的共同作用下破坏。破坏时，首先在凹侧出现纵向裂缝，然后，混凝土被压碎，纵筋被压屈，向外鼓出，凸侧混凝土出现垂直于纵轴方向的横向裂缝，侧向挠度急速增大，柱子即告破坏，如图 5-26 所示。长细比越大，由于各种偶然因素造成的初始偏心距将越大，在荷载作用下产生的附加弯曲和相应的侧向挠度也越大，因而，其承载力降低也越多。对于长细比很大的细长柱，还可能发生失稳破坏。

图 5-25 轴心受压短柱的破坏形态　　图 5-26 轴心受压长柱的破坏形态

### （二）正截面承载力计算

#### 1. 基本计算公式

由上面所述，混凝土应力达到其轴心抗压强度设计值，纵筋应力则与钢筋强度有关，对于热轧钢筋（如 HPB235、HRB335、HRB400 等），其应力均已达到屈服强度，而对于高强度钢筋，其应力则达不到屈服强度。设计时偏于安全地取混凝土极限压应变为 0.002，这时相应的纵筋应变也为 0.002，因此，其应力 $\sigma_s' = \varepsilon_s' E_s = (0.002 \times 2 \times 10^5) \text{N/mm}^2 = 400 \text{N/mm}^2$，即纵筋的抗压强度最多只能发挥 $400\text{N/mm}^2$。于是，短柱的承载力设计值 N 可按下列公式计算：

$$N \leqslant N_u = 0.9(f_c A + f_y' A_s') \tag{5-30}$$

式中　$f_c$——混凝土轴心抗压强度设计值；

　　　$A$——构件截面面积；

　　　$f_y'$——纵向钢筋的抗压强度设计值；

　　　$A_s'$——全部纵向钢筋的截面面积。

对于长柱，其承载力设计值可由短柱承载力设计值乘以降低系数 $\varphi$ 而得。换句话说，$\varphi$ 代表长柱承载力与短柱承载力之比，称为稳定系数。长柱的承载力设计值 $N$ 可按下列公式计算：

$$N \leq N_u = 0.9\varphi(f_cA + f'_yA'_s) \tag{5-31}$$

$\varphi$ 主要与柱的长细比 $l_0/b$ 有关。当 $l_0/b \leq 8$ 时，$\varphi = 1.0$，可视为短柱，随着 $l_0/b$ 的增大，$\varphi$ 逐渐减小，轴心受压构件和稳定系数 $\varphi$ 可按表5-6取值。

表5-6　轴心受压构件和稳定系数 $\varphi$

| $l_0/b$ | ≤8 | 10 | 12 | 14 | 16 | 18 | 20 | 22 | 24 | 26 | 28 |
|---|---|---|---|---|---|---|---|---|---|---|---|
| $l_0/d$ | ≤7 | 8.5 | 10.5 | 12 | 14 | 15.5 | 17 | 19 | 21 | 22.5 | 24 |
| $l_0/i$ | ≤28 | 35 | 42 | 48 | 55 | 62 | 69 | 76 | 83 | 90 | 96 |
| $\varphi$ | 1.0 | 0.98 | 0.95 | 0.92 | 0.87 | 0.81 | 0.75 | 0.70 | 0.65 | 0.60 | 0.56 |
| $l_0/b$ | 30 | 32 | 34 | 36 | 38 | 40 | 42 | 44 | 46 | 48 | 50 |
| $l_0/d$ | 26 | 28 | 29.5 | 31 | 33 | 34.5 | 36.5 | 38 | 40 | 41.5 | 43 |
| $l_0/i$ | 104 | 111 | 118 | 125 | 132 | 139 | 146 | 153 | 160 | 167 | 174 |
| $\varphi$ | 0.52 | 0.48 | 0.44 | 0.40 | 0.36 | 0.32 | 0.29 | 0.26 | 0.23 | 0.21 | 0.19 |

注：表中 $l_0$ 为构件计算长度；$b$ 为矩形截面短边尺寸；$d$ 为圆形截面直径；$i$ 为截面最小回转半径。

构件计算长度 $l_0$ 与构件两端支承情况有关。由材料力学可知，当两端不动铰支时，取 $l_0 = l$，（$l$ 为构件实际长度）；当两端固定时，取 $l_0 = 0.5l$；当一端固定，一端不动铰支时，取 $l_0 = 0.7l$；当一端固定，一端自由时，取 $l_0 = 2l$。但是，在实际结构中，构件端部的支承情况并非是理想的铰接或固定，因此，在确定构件计算长度 $l_0$ 时，应根据具体情况进行分析。规范给出了轴心受压和偏心受压构件 $l_0$ 的计算长度。一般多层房屋中梁柱为刚接的框架结构，各层柱的计算长度 $l_0$ 可按表5-7取用。

表5-7　框架结构各层柱的计算长度

| 楼盖类型 | 柱的类别 | $l_0$ |
|---|---|---|
| 现浇楼盖 | 底层柱 | 1.0H |
| | 其余各层柱 | 1.25H |
| 装配式楼盖 | 底层柱 | 1.25H |
| | 其余各层柱 | 1.5H |

**2. 计算方法与步骤**

轴心受压构件正截面承载力计算可分为两类问题：截面设计与截面复核。

（1）截面设计　截面设计是根据截面所需承担的轴力设计值和构件的长细比，选定材料、确定截面尺寸和配筋量。设计时应满足 $N \leq N_u$，为计算简便，一般按 $N = N_u$ 进行计算。

（2）截面复核　截面复核时一般已知截面尺寸，材料强度等级，纵向钢筋面积，求截面所能承受的轴心受压承载力 $N_u$，并与轴力设计值 $N$ 进行比较，以判断是否安全。

**例5-5**　某无侧移多层现浇混凝土框架结构第二层中柱，受轴心压力设计值 $N = 2600$kN，截面尺寸为400mm×400mm，楼层高 $H = 4.5$m，混凝土强度等级为C30，钢筋为HRB400级，试设计该截面。

**解:**(1)查表,C30混凝土,$f_c = 14.3\text{N/mm}^2$、$f_t = 1.43\text{N/mm}^2$、$\alpha_1 = 1.0$;

HRB400级钢筋,$f_y = 360\text{N/mm}^2$、$\xi_b = 0.518$

一类环境,保护层厚度$c = 20\text{mm}$,取$h_0 = h - 40 = (600 - 40)\text{mm} = 560\text{mm}$

(2)计算$l_0$及$\varphi$

由表5-7查得$l_0 = 1.25H = 1.25 \times 4.5\text{m} = 5.625\text{m}$

则$\dfrac{l_0}{b} = \dfrac{5.625}{0.4} = 14.1$

查表5-6,取$\varphi = 0.92$

(3)计算纵向受拉钢筋面积并判断是否少筋

由$N \leqslant N_u = 0.9\varphi\ (f_c A + f_y' A_s')$ 可得

$$A_s' = \frac{\dfrac{N}{0.9\varphi} - f_c A}{f_y'} = \frac{\dfrac{2600 \times 10^3}{0.9 \times 0.92} - 14.3 \times 400 \times 400}{360}\text{mm}^2 = 2367\text{mm}^2$$

选用8$\Phi$20,$A_s = 2512\text{mm}^2$

验算配筋率:$\rho = \dfrac{A_s}{bh} \times 100\% = \dfrac{2512}{400 \times 400} \times 100\% = 1.57\%$

**例5-6**　某无侧移多层现浇混凝土框架结构底层中柱,受轴心压力设计值$N = 2600\text{kN}$,截面尺寸为$400\text{mm} \times 400\text{mm}$,沿周边均匀配置8$\Phi$20,楼层高$H = 4.5\text{m}$,混凝土强度等级为C30,钢筋为HRB400级,试复核该截面。

**解:**(1)查表,C30混凝土,$f_c = 14.3\text{N/mm}^2$、$f_t = 1.43\text{N/mm}^2$、$\alpha_1 = 1.0$;

HRB400级钢筋,$f_y = 360\text{N/mm}^2$、$\xi_b = 0.518$

一类环境,保护层厚度$c = 20\text{mm}$,取$h_0 = \text{h} - 40 = (600 - 40)\text{mm} = 560\text{mm}$

(2)计算$l_0$及$\varphi$

由表5.2.2查得$l_0 = 1.25H = 1.25 \times 4.5\text{m} = 5.625\text{m}$

则$\dfrac{l_0}{b} = \dfrac{5.625}{0.4} = 14.1$

查表5-6,取$\varphi = 0.92$

(3)计算柱的轴心受压承载能力

验算配筋率:$\rho = \dfrac{A_s}{bh} \times 100\% = \dfrac{2512}{400 \times 400} \times 100\% = 1.57\%$

$$N \leqslant N_u = 0.9\varphi(f_c A + f_y' A_s') = [0.9 \times 0.92 \times (14.3 \times 400 \times 400 + 360 \times 2512)]\text{N}$$
$$= 2643241\text{N} = 2643\text{kN} > 2600\text{kN}$$

经验算,满足要求

## 四、配有纵向钢筋和螺旋箍筋焊接环筋的轴心受压构件简介

在实际结构中,当柱承受很大的轴向压力,而截面尺寸又受到限制时(由于建筑上或使用上的要求),若仍采用有纵筋和普通箍筋的柱,即使提高混凝土强度和增加纵筋配筋量,也不足以承受该荷载时,可考虑采用螺旋箍筋柱或焊接环筋柱,以提高构件的承载力。螺旋箍筋柱或焊接环筋柱的用钢量较多,施工复杂,造价较高,故一般

很少采用。螺旋箍筋柱或焊接环筋柱的截面形状一般为圆形或多边形，其构造形式如图 5-27 所示。

在螺旋箍筋或焊接环筋柱中，沿柱高连续缠绕的、间距很密的螺旋箍筋犹如一个套筒，将核心部分的混凝土包住，有力地限制了核心混凝土的横向变形，使核心混凝土处于三向受压状态，从而提高了柱的承载力，这种钢筋又称为"间接钢筋"。

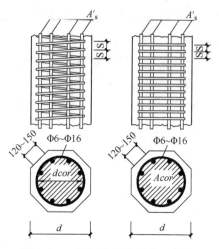

图 5-27 螺旋箍筋或焊接环筋柱

## 五、偏心受压构件正截面承载力计算

### （一）受力特点和破坏特征

钢筋混凝土偏心受压构件正截面的受力特点和破坏特征与轴向压力的偏心率（偏心距与截面有效高度的比值，又称为相对偏心距）、纵向钢筋的数量、钢筋强度和混凝土强度等因素有关。一般可分为大偏心受压破坏（又称为受拉破坏）和小偏心受压破坏（又称为受压破坏）两类。

#### 1. 大偏心受压破坏

当轴向压力的偏心率较大，在荷载作用下，靠近轴向压力的一侧受压，另一侧受拉。随荷载的增加，首先在受拉区产生横向裂缝；荷载继续增大，受拉区横向裂缝逐渐明显；临近破坏荷载时，受拉钢筋的应力首先达到屈服强度，受拉区横向裂缝迅速扩展，并向受压区延伸，从而导致混凝土受压区面积迅速减小，混凝土压应力迅速增大，在压应力较大的混凝土受压边缘附近出现纵向裂缝；当受压区边缘混凝土的应变达到其极限值，受压区混凝土被压碎，构件即告破坏。破坏时，受压区的纵筋应力一般会达到其受压屈服强度。破坏时的情况如图 5-28 所示。

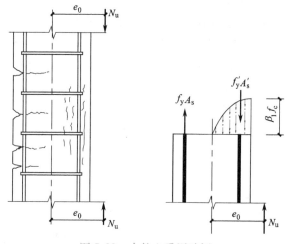

图 5-28 大偏心受压破坏

这种破坏的过程和特征有明显的预兆，为延性破坏。由于这种破坏特征一般是发生于轴向压力的偏心率较大的情况，故习惯上称为大偏心受压破坏。又由于其破坏是始于受拉钢筋先屈服，故又称为受拉破坏。

#### 2. 小偏心受压破坏

当轴向压力的偏心率较小，或者偏心率虽不太小，但配置的受拉钢筋很多时，在荷载作用下，截面大部分受压或全部受压。当截面大部分受压时，其受拉区虽然也可能出现横向裂缝，但出现较迟，扩展也不大；临近破坏荷载时，在压应力较大的混凝土受压边缘附近出现纵向裂缝；当受压区边缘混凝土的应变达到其极限值，受压区混凝土被压碎，构件即告破坏。破坏时，靠近轴向压力一侧的受压钢筋达到其抗压屈服强度，而另一侧的钢筋受拉，但应力未达到其抗拉屈服强度，破坏时的情况如图 5-29a 所示。当轴向压力的偏心率更小时，截面将全部受压，构件不出现横向裂缝。一般是靠近轴向压力一侧的混凝土的压应力较大，由于靠近轴向压力一侧边缘混凝土的应变达到极限值，混凝土被压碎而破坏。破坏时，靠近轴向压力一侧的钢筋应力达到其抗压屈服强度，而离轴向压力较远一侧的钢筋可能达到其抗压屈服强度，也可能未达到其抗压屈服强度，破坏时的情况如图 5-29b 所示。

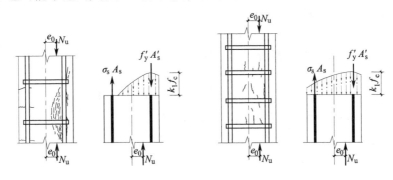

图 5-29　小偏心受压破坏

这种破坏过程和特征无明显的预兆，为脆性破坏。由于这种破坏特征是发生于轴向压力的偏心率较小的情况，故称为小偏心受压破坏；又由于其破坏是由混凝土先被压碎而引起的，故又称为受压破坏。

### （二）偏心受压构件正截面承载力计算的基本原则

#### 1. 基本假定

由于偏心受压构件正截面破坏特征与受弯构件破坏特征是相似的。因此，对于偏心受压构件正截面承载力计算可采用与受弯构件正截面承载力计算相同的假定。同样地，受压区混凝土的曲线应力图形也可以用等效矩形应力图形来代替，并且取受压区高度 $x = \beta_1 x_a$ 和等效混凝土抗压强度设计值 $\alpha_1 f_c$。

#### 2. 两种破坏形态的界限

偏心受压构件正截面界限破坏与受弯构件正截面界限破坏是相似的。因此，与受弯构件正截面承载力计算一样，也可用界限受压区高度 $x_b$ 或界限相对受压区高度 $\xi_b$ 来判别两种不同的破坏形态。当符合下列条件时，截面为大偏心受压破坏，即

$$\xi \leqslant \xi_b \tag{5-32}$$

反之，截面为小偏心受压破坏。

#### 3. 轴向力的初始偏心距

在设计计算时，按照一般力学方法求得作用于截面上的弯矩 $M$ 和轴向力 $N$ 后，即可求轴向力的偏心距 $e_0 = M/N$。但是，由于荷载作用位置和大小的不定性，混凝土质量的不均匀性以及施工造成的截面尺寸偏差等因素，将使轴向力产生附加偏心距 $e_a$。因此，轴向力的计算初始偏心距 $e_i$（以下简称初始偏心距）可按下列公式计算：

$$e_i = e_0 + e_a \tag{5-33}$$

对于附加偏心距 $e_a$，其值应取 20mm 和偏心方向截面尺寸的 1/30 两者中的较大值。

#### 4. 偏心受压构件的挠曲二阶效应

钢筋混凝土偏心受压构件在偏心轴向力的作用下将产生弯曲变形，从而导致临界截面的

轴向力偏心距增大。图 5-30 所示为一两端铰支柱，在其两端于对称平面内作用有偏心距为 $e_i$ 的轴向压力 $N$。因此，在弯矩作用平面内将产生弯曲变形，在临界截面处将产生挠度 $\delta$，从而使临界截面上轴向压力的偏心距由 $e_i$ 增大为 $(e_i + \delta)$。因而，最大弯矩也由 $N e_i$ 增大为 $N(e_i + \delta)$，这种现象称为二阶效应，又称为纵向弯曲。对于长细比小的构件，即所谓"短柱"，由于二阶效应的影响小，一般可忽略不计；对于长细比较大的构件，即所谓"长柱"，二阶效应的影响较大，必须予以考虑。

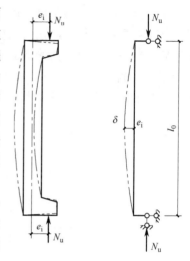

为了确定极限状态下临界截面上轴向压力的实际偏心距，可在轴向力偏心距 $e_i$ 上叠加构件弯曲产生的偏心距增大值，也就是临界截面处的构件挠度 $\delta$。因此，轴向力实际偏心距 $e_i'$ 可表示为：

$$e_i' = e_i + \delta = \left(1 + \frac{\delta}{e_i}\right)e_i = \eta e_i \qquad (5\text{-}34)$$

图 5-30　偏心受压构件的二阶效应

式中　$\eta$——偏心距增大系数。

规范给出了偏心受压构件中考虑 $p\text{-}\delta$ 效应的具体方法，即 $C_m\text{-}\eta_{ns}$ 法。可查阅有关资料。

**（三）矩形截面偏心受压构件正截面承载力计算公式**

对于矩形截面偏心受压构件的两种不同破坏形态，其破坏时截面的应力状态是不同的。现分别叙述如下：

**1. 大偏心受压破坏**

（1）计算公式　当截面为大偏心受压破坏时，在承载能力极限状态下截面计算应力图形如图 5-31 所示。这时，受拉区混凝土不承担拉力，全部拉力由钢筋承担，钢筋的拉应力达到其抗拉强度设计值 $f_y$，受压区混凝土应力图形可简化为矩形分布，其应力达到等效混凝土抗压强度设计值 $\alpha_1 f_c$。在一般情况下，受压钢筋应力也达到其抗压强度设计值 $f_y'$。由轴向内、外力之和为零，以及对受拉钢筋合力点的力矩之和为零的条件可得：

$$\begin{cases} N_u = \alpha_1 f_c bx + f_y' A_s' - f_y A_s \\ N_u e = \alpha_1 f_c bx \left(h_0 - \dfrac{x}{2}\right) + f_y' A_s' (h_0 - a_s') \end{cases} \qquad (5\text{-}35)$$

（2）适用条件　为了保证受压钢筋 $A_s'$ 应力达到 $f_y$，受拉钢筋 $A_s$ 应力达到 $f_y$，上式需满足下列条件

$$x \geqslant 2 a_s' \qquad (5\text{-}36)$$

$$x \leqslant \xi_b h_0 \qquad (5\text{-}37)$$

**2. 小偏心受压破坏**

（1）计算公式　当截面为小偏心受压破坏时，一般情况下，靠近轴向力一侧的混凝土先被压碎。这时截面可能部分受压，也可能全部受压。当部分截面受压，部分截面受拉时，其计算应力图形如图 5-32a 所示，受压区混凝土应力图形可简化为矩形分布，其应力达到等效混凝土抗压强度设计值

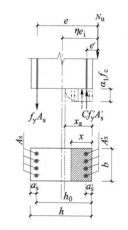

图 5-31　大偏心受压破坏承载能力极限状态截面计算应力图

$\alpha_1 f_c$，受压钢筋应力达到其抗压强度设计值$f'_y$，而受拉钢筋应力$\sigma_s$小于其抗拉强度设计值，其值由变形协调条件确定。当全截面受压时，在一般情况下，靠近轴向力一侧的混凝土先被压碎，其计算应力图形如图 5-32b 所示。这时，受压区混凝土应力图形也可简化为矩形分布，其应力达到等效混凝土抗压强度设计值$\alpha_1 f_c$。靠近轴向力一侧的受压钢筋应力达到其抗压强度设计值，而离轴向力较远一侧的钢筋应力可能未达到其抗压强度设计值，也可能达到其抗压强度设计值。离轴向力较远一侧的钢筋$A_s$的应力$\sigma_s$也可根据平截面假定，由变形协调条件确定。

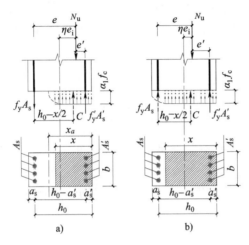

图 5-32　矩形截面小偏心受压承载能力计算应力图形

小偏心受压构件，距轴力较远一侧纵筋的应力 $-f'_y \leqslant \sigma \leqslant f_y$，由轴向内、外力之和为零，以及对受拉钢筋合力点的力矩之和为零的条件可得：

$$\begin{cases} N = \alpha_1 f_c bx + f'_y A'_s - \sigma_s A_s \\ Ne = \alpha_1 f_c bx \left( h_0 - \dfrac{x}{2} \right) + f'_y A'_s \ (h_0 - a'_s) \end{cases} \tag{5-38}$$

（2）适用条件　为了保证受压钢筋$A'_s$应力达到$f_y$，受拉钢筋$A_s$应力达到$f_y$，上式需满足下列条件

$$x > \xi_b h_0 \tag{5-39}$$

$$x \leqslant \left( 1 + \frac{a_s}{h_0} \right) h_0 \tag{5-40}$$

**3. 两种偏心受压情况的判断**

判断两种偏心受压情况的基本条件是：$\xi \leqslant \xi_b$为大偏心受压构件；$\xi > \xi_b$为小偏心受压构件。

但在开始进行截面配筋计算时，$A'_s$和$A_s$未知，将无法计算相对受压区高度，因此也就不能利用$\xi$来判别。此时可按近似方法判别，即当$e_i \leqslant 0.3 h_0$时，为小偏心受压情况；当$e_i > 0.3 h_0$时，按大偏心受压计算。

（四）偏心受压构件的配筋计算

在实际工程中，偏心受压构件在各种不同荷载效应组合作用下可能承受相反方向的弯矩，当两种方向的弯矩相差不大时，应设计成对称配筋截面，即$A_s = A'_s$。

**1. 截面设计**

当作用于构件正截面上的轴向压力设计值 $N$ 和弯矩设计值 $M$（或轴向力偏心距$e_0$）为已知，欲设计截面时，一般可先选择混凝土强度等级和钢筋级别，确定截面尺寸，计算钢筋用量。

计算时，由于是对称配筋，$A_s = A_s'$，$f_y = f_y'$，则由公式可得：

$$x = \frac{N}{\alpha_1 f_c b}$$

当 $x \leqslant \xi_b h_0$ 时，按大偏心受压破坏计算；当 $x > \xi_b h_0$ 时，按小偏心受压破坏计算。

（1）大偏心受压破坏　若 $2 a_s' \leqslant x \leqslant \xi_b h_0$，由式（5-35）可得

$$A_s = A_s' = \frac{Ne - N（h_0 - 0.5x）}{f_y（h_0 - a_s'）}$$

若 $x < 2 a_s'$，由式（5-35）可得

$$A_s = A_s' = \frac{Ne - N（h_0 - 0.5x）}{f_y（h_0 - a_s'）}$$

必须注意，若求得的$A_s$、$A_s'$不能满足最小配筋率的要求，应按最小配筋率的要求配置钢筋。

（2）小偏心受压破坏　按小偏心受压破坏计算时，须联立三个公式，计算较为复杂。实际计算常采用迭代法。

**2. 截面复核**

复核截面时，一般已知截面尺寸 $b \times h$、混凝土强度等级、钢筋级别、钢筋截面面积$A_s$和$A_s'$以及构件计算长度$l_0$、轴向力设计值 $N$ 及其偏心距$e_i$，需验算截面是否能承担该轴向力。

复核时，一般需先确定偏心距增大系数 $\eta$，判断大小偏心，

此时可按近似方法判别，即当$\eta e_i \leqslant 0.3 h_0$时，按小偏心受压情况计算$N_u$；当$\eta e_i > 0.3 h_0$时，按大偏心受压计算$N_u$。

## 六、偏心受压构件斜截面承载力计算

偏心受压构件斜截面受剪承载力除了与受弯构件一样，受剪跨比、混凝土强度、配箍率和纵向钢筋配筋率等因素影响外，还将受轴向压力的影响。

轴向压力对受剪承载力起着有利的作用，受剪承载力一般随着轴向压力的增大而增大，但是，轴向压力对受剪承载力的有利作用是有限度的。

矩形、T形和I形截面的钢筋混凝土偏心受压构件，其斜截面受剪承载力按下式计算：

$$V \leqslant \frac{1.75}{\lambda + 1} f_t b h_0 + f_{yv} \frac{A_{sv}}{s} h_0 + 0.07N \tag{5-41}$$

式中　$\lambda$——偏心受压构件计算截面的剪跨比，取为 $M/（V h_0）$；

$\quad\quad N$——与剪力设计值 $V$ 相应的轴向压力设计值，当大于 $0.3 f_c A$ 时，取 $0.3 f_c A$，此处，

$\quad\quad\quad A$ 为构件的截面面积。

矩形、T形和I形截面的钢筋混凝土偏心受压构件，当符合下列要求时，可不进行斜截面受剪承载力计算，但应满足箍筋构造要求。

$$V \leqslant \frac{1.75}{\lambda + 1} f_t b h_0 + 0.07N \tag{5-42}$$

矩形、T形和I形截面的钢筋混凝土偏心受压构件，其受剪截面应符合下列条件。

$$V \leqslant 0.25 \beta_c f_c b h_0 \tag{5-43}$$

# 子单元三　受拉构件

## 学习目标

1. 认识钢筋混凝土受拉构件
2. 了解轴心受拉构件的破坏特征，掌握计算方法和配筋构造
3. 了解小偏心、大偏心受拉构件的破坏特征
4. 了解轴向拉力对构件斜截面承载力的影响

## 任务内容

1. 知识点
（1）混凝土结构受拉构件
（2）轴心受拉构件的破坏特征、计算方法和配筋构造
（3）小偏心、大偏心受拉构件的破坏特征
（4）轴向拉力降低了构件的斜截面承载力
2. 技能点
识读受拉构件施工图

## 知识解读

### 一、受拉构件

在钢筋混凝土结构中，几乎没有真正的轴心受拉构件，在实际工程中，对于拱和桁架中的拉杆，各种悬杆以及有内压力的圆管和圆形水池的环向池壁等，一般简化为轴心受拉构件；偏心受拉构件通常有单层厂房双肢柱的某些肢杆、矩形水池池壁、浅仓仓壁以及带有节间荷载的桁架和拱的下弦杆等。

### 二、轴心受拉构件正截面承载力计算

对于轴心受拉构件，在开裂以前，混凝土和钢筋共同承担拉力；在开裂以后，裂缝截面处的混凝土已完全退出工作，全部拉力由钢筋承担。当钢筋应力达到屈服强度时，构件即告破坏。轴心受拉构件正截面承载力设计值 $N_u$ 按式（5-44）计算：

$$N_u \leqslant N = f_y A_s \tag{5-44}$$

式中　$N$——轴心拉力设计值；

$A_s$——纵向受拉钢筋截面面积；

$f_y$——纵向受拉钢筋抗拉强度设计值。

为了保证轴心受拉构件不发生少筋破坏，纵向钢筋的配筋率应满足式（5-45）要求：

$$\rho > \frac{f_t}{f_y} \qquad (5\text{-}45)$$

式中　$\rho$——轴心受拉构件的配筋率；

　　　$f_t$——混凝土抗拉强度设计值；

　　　$f_y$——纵向受拉钢筋抗拉强度设计值。

**例 5-7**　某钢筋混凝土屋屋架下弦，其节间最大轴心拉力设计值 $N = 280\text{kN}$，截面尺寸 $b \times h = 200\text{mm} \times 200\text{mm}$，混凝土强度等级 C30，钢筋用 HRB400 级钢筋，试由正截面抗拉承载力确定的纵筋数量 $A_s$。

**解：** HRB400 级钢筋，$f_y = 360\text{N/mm}^2$；C30 混凝土，$f_t = 1.43\text{N/mm}^2$

由 $N_u \leqslant N = f_y A_s$ 可得：

$$A_s \geqslant \frac{N_u}{f_y} = \frac{280}{360}\text{mm}^2 = 778\text{mm}^2$$

选用 4 $\Phi$ 16（$A_s = 804\text{mm}^2$）

配筋率 $\rho = \dfrac{A_s}{b \times h} \times 100\% = \dfrac{804}{200 \times 200} \times 100\% = 2.0\% > \dfrac{f_t}{f_y} = \dfrac{1.43}{360} = 0.40\%$

满足最小配筋率要求。

### 三、偏心受拉构件正截面承载力

按轴向力作用点位置的不同，偏心受拉构件正截面承载力计算可分为两种情况：①小偏心受拉构件，轴向力作用在钢筋 $A_s$ 合力点和钢筋 $A_s'$ 合力点之间。②大偏心受拉构件，轴向力作用在钢筋 $A_s$ 合力点和钢筋 $A_s'$ 合力点范围以外。

#### 1. 矩形截面小偏心受拉构件正截面承载力

对于小偏心受拉，也就是轴向力作用在钢筋 $A_s$ 合力点和钢筋 $A_s'$ 合力点之间的情况，临破坏前，截面已裂通，拉力全部由钢筋承受，距离偏心拉力较近一侧的钢筋 $A_s$ 受到更大的拉力，破坏时，钢筋 $A_s$ 和 $A_s'$ 的应力与轴向力作用点的位置及钢筋 $A_s$ 和 $A_s'$ 的比值有关，或者均达到其抗拉强度，或者仅一侧钢筋达到其抗拉强度，而另一侧钢筋的应力未能达到其抗拉强度。这种破坏特征称为小偏心受拉破坏。

矩形截面小偏心受拉构件正截面承载力受力分析如图 5-33 所示。

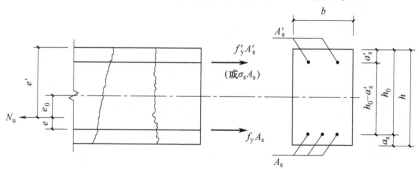

图 5-33　矩形截面小偏心受拉构件正截面上的受力分析

**2. 矩形截面大偏心受拉构件正截面承载力**

当轴向力作用在钢筋$A_s$合力点和钢筋$A_s'$合力点范围以外时，离轴向力较近一侧将产生裂缝，而离轴向力较远一侧的混凝土仍然受压。因此，裂缝不会贯通整个截面。破坏时，钢筋$A_s$的应力达到其抗拉强度，裂缝扩展很大，受压区混凝土被压碎。当受拉钢筋配筋率不很大时，受压区混凝土压碎程度往往不明显。在这种情况下，一般以裂缝扩展宽度超过某一限值（例如，取1.5mm）作为截面破坏的标志。这种破坏特征称为大偏心受拉破坏。

矩形截面大偏心受拉构件正截面承载力受力分析如图5-34所示。

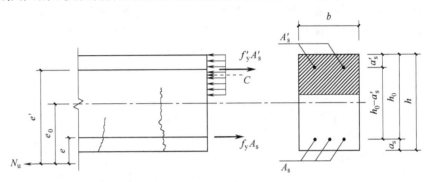

图5-34　矩形截面大偏心受拉构件正截面承载力受力分析

## 四、轴向拉力对构件斜截面承载力的影响

受拉构件的斜截面受剪承载力与受弯构件一样，将受到剪跨比、混凝土强度、配箍率和纵向钢筋配筋率等因素的影响，此外，还会受到轴向拉力的影响。试验表明，轴向拉力降低了构件的受剪承载力，且拉力越大，降低越多。

# 子单元四　受扭构件

## 学习目标

1. 认识受扭构件
2. 了解受扭构件的破坏特征
3. 了解受扭构件的配筋构造

## 任务内容

1. 知识点
（1）受扭构件的破坏特征
（2）受扭构件的配筋构造
2. 技能点
识读受扭构件施工图

 知识解读

## 一、受扭构件

凡是在构件截面中有扭矩作用的构件，统称为受扭构件。悬臂梁，如仅在悬臂端承受一扭矩，这种构件称为纯扭构件。在实际钢筋混凝土结构中，纯扭构件是很少见的，一般都是扭转、剪切和弯曲的共同作用。例如，平面典梁或折梁，钢筋混凝土雨篷梁、钢筋混凝土现浇框架的边梁等均为弯矩、剪力、扭矩共同作用的构件。钢筋混凝土柱或拉杆除受到轴向拉压力外，有时还同是受到弯矩、剪力、扭矩的共同作用。

## 二、受扭构件的破坏特征

钢筋混凝土受扭构件中配置适量的受扭钢筋，当混凝土开裂后，可由钢筋继续承受拉力，这对提高构件的受扭承载力有很大的帮助。由于扭矩在构件中产生的主拉应力与构件轴线成45°角，因此从受力合理的观点考虑，受扭钢筋应采用与轴线成45°的螺旋钢筋。但是，这样会给施工带来很多不便，而且当扭矩改变方向后，将失去作用。在实际工程中，一般都采用由靠近构件表面设置的横向箍筋和沿构件周边均匀对称布置的纵向钢筋共同组成的受扭钢筋骨架。这恰好与构件中受弯钢筋和受剪钢筋的配置方式相协调。

试验表明，按照受扭钢筋配筋率的不同，钢筋混凝土纯扭构件的破坏形态可分为以下4种：

### 1. 少筋破坏

当构件受扭箍筋和纵向钢筋的配置数量均过少时，构件在扭矩作用下，首先在剪应力最大的长边中点处形成45°斜裂缝，裂缝迅速发展贯通，构件随即破坏，这种破坏属于脆性破坏。

### 2. 适筋破坏

随着扭矩的增加，与主裂缝相交的受扭箍筋和纵向钢筋均达到屈服强度，这条裂缝不断扩展，并向相邻的两个面延展，直到第四个面上的受压混凝土被压碎而破坏。这种破坏形态与受弯构件的适筋梁相类似，属于塑性破坏，钢筋混凝土受扭构件的承载力即以这种破坏形态为计算依据。

### 3. 部分超筋破坏

当构件中的受扭箍筋和受扭纵筋有一种配置过多时，破坏时配置适量的一种钢筋首先达到屈服强度，然后受压区混凝土被压碎，此时，配置过多的钢筋尚未达到屈服强度，破坏时具有一定的塑性性能。

### 4. 完全超筋破坏

当构件的受扭箍筋和受扭纵筋配置均过多时，构件破坏时受扭箍筋和受扭纵筋均未达到屈服强度，而受压区混凝土被压碎，构件突然破坏，属于脆性破坏，设计中必须避免。

为了防止出现少筋破坏，受扭箍筋和受扭纵筋均有最小配筋率要求和相应构造要求。为了防止超筋破坏，采取限制构件截面尺寸和混凝土强度等级，也即相当于限制受扭钢筋的最大可配筋率来防止超筋破坏。为了防止部分超筋破坏，受用控制受扭纵向钢筋和受扭箍筋的

配筋强度比来达到目的。

### 三、受扭构件的构造要求

受扭构件的抗扭纵向钢筋沿截面周边均匀对称布置，在截面的四角必须设有纵向钢筋，也可以利用架立钢筋或侧面纵向构造钢筋作为抗扭钢筋。抗扭纵向钢筋间距不应大于200mm 构件截面短边尺寸，纵向钢筋直径不应小于6mm。抗扭纵向钢筋的接头和锚固长度与纵向受拉钢筋相同。当构件支座边作用有较大的扭矩时，抗扭纵向钢筋应按受拉钢筋锚固在支座内。

抗扭箍筋沿周边全长各肢所受拉力基本相同，为保证抗扭箍筋的可靠工作，箍筋应制成封闭式。当采用绑扎骨架时，箍筋的末端应做成不小于135°弯钩，弯钩末端的直线长度不应小于10$d$（$d$ 为箍筋直径）和50mm。当箍筋间距较小时，这种弯钩位置宜错开。抗扭箍筋间距不应大于300mm，也不应大于构件截面的宽度。

## 子单元五　受冲切构件

### 学习目标

1. 了解冲切破坏的特征
2. 了解需进行受冲切验算的常见构件
3. 了解影响受冲切承载力的主要因素

### 任务内容

1. 知识点
（1）冲切破坏的特征
（2）混凝土结构需进行受冲切验算的常见构件
（3）影响受冲切承载力的主要因素
2. 技能点
识别受冲切构件

### 知识解读

### 一、冲切破坏的特征

如图 5-35 所示，厚板上设置一柱，在荷载作用下，板的受拉面首先沿柱的周边出现一圈环状裂缝，然后，裂缝沿柱角向外发展。当达到某一荷载时，在荷载作用处附近的混凝土受拉区出现了斜裂缝，斜裂缝向着荷载作用范围的周边倾斜，与板底面的倾斜角一般为30°~45°（图5-35a），而当荷载距板的支承边较近时，倾斜角可大于45°。随着荷载增加，斜裂缝向混凝土受压区发展，最后在荷载作用范围周边处，混凝土受压区突然破坏，形成一截锥体（图 5-35b），并与板的其他部分相分离，这种破坏即为冲切破坏。冲切破坏无预兆，非常突然，往往伴随有剧烈的响声。因此，冲切破坏属于脆性破坏。

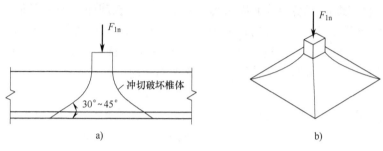

图 5-35　板的冲切破坏

## 二、需进行受冲切验算的常见构件

在实际工程中经常会遇到起双向作用的钢筋混凝土板承受集中荷载或集中反力的情况。例如：支承在柱上的无梁楼盖、柱下基础、桩基承台等。这些构件不仅需进行抗弯验算，还须验算受冲切承载力的验算。

基础在传递上部结构的荷载给地基的过程中，可能会发生柱和部分基础组成的锥体穿过底板的冲切破坏（图 5-36）。冲切破坏锥体可能始于柱边，也可能始于基础变阶处。

## 三、影响受冲切承载力的主要因素

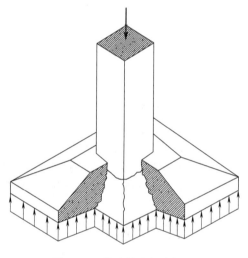

图 5-36　基础的冲切破坏

影响板的受冲切承载力的主要因素有如下几方面。

1）混凝土强度。板的受冲切承载力随混凝土强度的提高而增大。

2）板的有效高度和集中荷载作用面积。当其他情况相同时，板的受冲切承载力基本上随板的有效高度 $h_0$ 的增大而线性增大。但当板的高度较大（大约为大于 800mm）时，其增大的速度略有减缓。当集中荷载作用面积的周边长度越长时，受冲切承载力越大。

3）受拉钢筋配筋率。受拉钢筋配筋率越高，其销栓作用越大，因而对受冲切承载力的提高越多。

4）抗冲切箍筋。配置抗冲切箍筋能显著地提高板的受冲切承载力。如图 5-37a 为无梁楼盖配置抗冲切箍筋的做法。

5）抗冲切弯起钢筋。在集中荷载作用面积附近配置弯起钢筋可有效地提高板的受冲切承载力。如图 5-37b 为无梁楼盖配置抗冲切弯起钢筋的做法。

6）板的支承条件和集中荷载作用的位置。周边嵌固板比四边简支板的受冲切承载力大，集中荷载作用于板的支承附近时，受冲切承载力也较大。

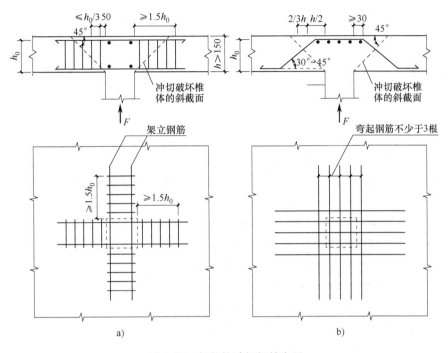

图 5-37　板的抗冲切钢筋布置

## 学习检测

1. 什么是受弯构件？

2. 梁的截面尺寸如何估算？

3. 板的截面尺寸如何估算？

4. 保护层厚度是根据什么条件确定的？它的作用是什么？截面有效高度是如何确定的？

5. 梁中一般有几种钢筋？分别起什么作用？梁内受力钢筋和架立钢筋应满足哪些构造要求？

6. 板中一般有几种钢筋？分别起什么作用？应满足哪些构造要求？

7. 试述少筋梁、适筋梁和超筋梁的破坏特征。在设计中如何防止少筋梁和超筋梁破坏？

8. 正截面承载力计算的基本假定是什么？为什么要做出这些假定？

9. 什么是界限相对受压区高度 $\xi_b$？它有什么意义？

10. 钢筋混凝土的最小配筋率 $\rho_{min}$ 是如何确定的？

11. 在适筋梁的正截面设计中，如何将混凝土受压区的实际曲线应力分布图形化为等效矩形应力分布图形？

12. 在什么情况下采用双筋梁？双筋梁的纵向受压钢筋与单筋梁中的架立筋有何区别？

13. $A_s$ 和 $A_s'$ 均未知时，为什么令 $x = \xi_b h_0$ 使双筋梁的总用钢量最少？

14. 受弯构件为什么会出现斜向裂缝？

15. 梁内箍筋有哪些方面的作用？

16. 什么是配箍率？它对梁的破坏形态有什么影响？

17. 为了保证斜截面受弯承载力，对纵向受力钢筋的弯起点、截断点及锚固有什么基本要求？

18. 钢筋如何搭接？

19. 箍筋除满足间距和直径的构造要求外，还需要满足哪些构造要求？

20. 当弯起钢筋不能满足抗剪要求时，可放置单独的抗剪弯起钢筋，对此钢筋有何要求？

21. 受弯构件中，斜截面有哪几种破坏形态？它们的特点是什么？

22. 什么是剪跨比？它对梁的斜截面破坏有何影响？

23. 斜截面受剪承载力为什么要规定上、下限？为什么要限制梁的截面尺寸？

24. 引起钢筋混凝土构件开裂的主要原因有哪些？

25. 减小钢筋混凝土受弯构件的挠度和裂缝宽度的主要措施有哪些？

26. 钢筋混凝土纯扭构件中有哪几种破坏形式？各有何特点？

27. 在抗扭计算中如何避免少筋破坏和超筋破坏？

28. 什么是受压构件？钢筋混凝土受压构件按受力情况可分为几类？

29. 在受压构件中对截面形式及尺寸有哪些要求？

30. 在受压构件中对材料强度有哪些要求？

31. 在受压构件中对纵向钢筋有哪些要求？

32. 在受压构件中对箍筋有哪些要求？

33. 按照箍筋作用和配置方式的不同，钢筋混凝土轴心受压柱可分为几类？

34. 如何根据长细比对轴心受压柱进行分类？

35. 轴心受压普通箍筋短柱与长柱的破坏形态有何不同？

36. 轴心受压长柱的稳定系数 $\varphi$ 如何确定？

37. 偏心受压构件正截面有哪两种破坏形态？怎样区分？

38. 什么是受拉构件？钢筋混凝土受拉构件按受力情况可分为几类？

39. 什么是冲切破坏？常见的钢筋混凝土受冲切构件有哪些？

40. 影响冲切承载力的因素有哪些？

## 能力训练

1. 已知梁的截面尺寸为 $b \times h = 200\text{mm} \times 500\text{mm}$，混凝土强度等级为 C25，$f_c = 11.9\text{N/mm}^2$，$f_t = 1.27\text{N/mm}^2$，钢筋采用 HRB335，$f_y = 300\text{N/mm}^2$ 截面弯矩设计值 $M = 165\text{kN} \cdot \text{m}$。环境类别为一类。求：受拉钢筋截面面积。

2. 已知某多层多跨现浇钢筋混凝土框架结构，底层中柱近似按轴心受压构件计算。该柱安全等级为二级，轴向压力设计值 $N = 1400\text{kN}$，计算长度 $l_0 = 5\text{m}$，纵向钢筋采用 HRB335 级，混凝土强度等级为 C30。求该柱截面尺寸及纵筋截面面积。

# 单元六　结构抗震基本知识

地震是一种自然灾害，强烈地震在瞬间就可摧毁建筑物，造成严重破坏的大地震，全世界平均每年大约发生18次。地震会造成地表破坏和工程结构的破坏，图6-1为近20年来的一些大地震引起的地震灾害。我国是多地震国家，地震区分布广，历次大地震使人民生命财产遭受巨大损失。为了抵御震害，减轻损失，世界各国进行了一系列减轻震害的研究和实践，其中工程抗震是一项最有效地减轻震害的措施，其目的是寻求合理的抗震设计，使在地震时能够保证结构的安全。我国自1976年唐山大地震后，结构抗震问题得到了普遍重视，科研部门大力开展结构抗震理论与试验研究，抗震设防能力与地震安全水平不断提升。

通过本学习单元的学习，学生应了解地震基本知识和结构抗震设防基本概念，理解多层和高层钢筋混凝土房屋、多层砌体房屋以及非结构构件的抗震一般规定。

图6-1　地震灾害
a）智利地震（2010年2月27日，8.5级）　b）日本阪神地震（1995年1月17日，7.3级）
c）集集地震（1999年9月21日，7.6级）　d）汶川地震（2008年5月12日，8.0级）

# 子单元一　地震基本知识

 **学习目标**

1. 了解地震及其成因
2. 熟悉常用地震术语
3. 理解地震的破坏作用
4. 理解震级和地震烈度的概念
5. 了解震级和地震烈度之间的关系

 **任务内容**

知识点
1. 地震的类型
2. 主震、前震、余震
3. 震源、震中、震源距、震中距、震源深度
4. 浅源地震、中源地震、深源地震
5. 地震的破坏作用
6. 震级、地震烈度
7. 震级与地震烈度之间的关系

 **知识解读**

## 一、地震及其破坏作用

### （一）地震及其成因

地震是地球内部构造运动的产物，是一种自然灾害，强烈地震瞬息间就可对地面建筑物造成严重破坏。全世界每年大约发生 500 万次地震，其中绝大多数地震都很小，只有用非常灵敏的仪器才能测量到，这样的小地震约占一年中地震总数的 99%，剩下的 1% 才是人们能够感觉到的，而能够造成严重破坏的大地震，全世界平均每年大约发生 18 次。

地震给人类带来灾难，造成不同程度的人身伤亡和经济损失。为了减轻和避免这种损失，就需要对地震有一定的了解，作为建筑工程技术人员，其主要任务就是研究如何防止或减小建（构）筑物由于地震而造成的破坏，这就是建（构）筑物的抗震。

为了防御地震灾害，减轻地震损失，20 世纪初一些国家对地震预报、工程抗震、地震控制等方面进行了一系列的研究。我国是多地震国家，地震区分布广，历次地震人民生命财产遭受巨大损失。自 1976 年唐山大地震后，结构抗震问题得到了普遍重视，科学研究部门大力开展结构抗震理论与试验研究，而且随着震害经验的不断积累、抗震研究的不断深入而

迅速发展，抗震设防能力和地震安全水平不断提升。

根据地震的成因，可以把地震划分为五种类型：构造地震、火山地震、塌陷地震、诱发地震和人工地震。由于地壳运动，推挤地壳岩层使其在薄弱部位发生断裂错动而引起的地震叫构造地震。构造地震分布最广，危害最大，约占全世界地震的90%以上。由于火山爆发，岩浆猛烈冲出地面而引起的地震叫火山地震。火山地震在我国很少见。由于地下岩洞或矿井顶部塌陷而引起的地震称为塌陷地震。塌陷地震的规模比较小，次数也很少，即使有，也往往发生在溶洞密布的石灰岩地区或大规模地下开采的矿区。由于水库蓄水、油田注水等活动而引发的地震称为诱发地震。这类地震仅仅在某些特定的水库库区或油田地区发生。地下核爆炸、炸药爆破等人为引起的地面振动称为人工地震。人工地震是由人为活动引起的地震。

一般每次大地震的发生都不是孤立的。当某地发生一个较大的地震时，在一段时间内，往往会发生一系列的地震，其中最大的一个地震叫主震，主震之前发生的地震叫前震，主震之后发生的地震叫余震。

（二）常用地震术语

如图6-2所示，地质构造运动中，在断层形成的地方大量释放能量，产生剧烈振动，此处叫震源。震源不是一个点，而是有一定深度和范围的。震源正上方地面的位置叫震中，地面上某点至震源的距离称为震源距，地面某点至震中的距离称为震中距，震中到震源的深度叫震源深度。

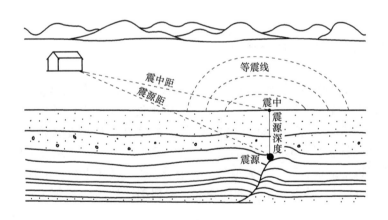

图6-2　地震术语示意图

通常将震源深度小于70km的地震叫浅源地震，深度为70~300km的叫中源地震，深度大于300km的叫深源地震。对于同样大小的地震，由于震源深度不一样，对地面造成的破坏程度也不一样。震源越浅，破坏越大，但波及范围也越小，反之亦然。破坏性地震一般是浅源地震。如1976年唐山地震的震源深度为12km，2008年汶川地震的震源深度为14km，1999年台湾集集地震的震源深度仅为7.0km。由于震源不是一个点，震源深度也可能是一定的深度范围。

地震引起的振动以波的形式从震源向各个方向传播并释放能量，称为地震波。其包括在地球内部传播的体波和只限于在地球表面传播的面波。

（三）地震的破坏作用

**1. 地表破坏**

地震造成的地表破坏主要有地面裂缝、地陷、喷水冒砂、山石崩裂和滑坡等。

**2. 工程结构的破坏**

工程结构在地震时所遭到的破坏是造成人民生命财产损失的主要原因，其破坏情况与结构类型和抗震措施等有关，结构破坏情况主要有以下几种：

1）承重结构承载力不足或变形过大而造成的破坏。地震时，地震作用附加于建筑物或构筑物上，使其内力和变形增大较多，并且往往改变受力形式，导致建筑物或构筑物因承载能力不足或变形过大而破坏。如墙体出现裂缝、钢筋混凝土柱剪断或混凝土被压酥裂，房屋倒塌，桥面塌落等。

2）结构丧失整体性而造成的破坏。结构构件的共同工作主要是依靠各构件之间的连接及构件之间的支撑来保证的。然而，在地震作用下，若节点强度不足、延性不够、锚固质量差会使结构丧失整体性而造成破坏。

3）地基失效引起的破坏。在强烈地震作用下，一些建筑物上部结构本身无损坏，但由于地基承载能力的下降或地基土液化造成建筑物倾斜、倒塌而破坏。

**3. 次生灾害**

地震造成的次生灾害主要有水灾、火灾、毒气污染、滑坡、泥石流和海啸等，由此引起的破坏相当严重。

## 二、地震强度

地震强度通常用震级和烈度等来表示。

（一）震级

地震震级表示一次地震释放能量的大小，目前国际上比较通用的是里氏震级，其原始定义是在 1935 年由里克特（C. F. Richter）给出。一般来说，小于 2 级的地震，人们是感觉不到的，只有仪器才能记录下来，因此称为微震；2~4 级地震人就能感觉到了，称为有感地震；5 级以上的地震就能引起不同程度的破坏，称为破坏性地震；7 级以上的地震称为强烈地震或大震；8 级以上的地震称为特大地震。有记录以来，历史上最大的地震是发生在 1960 年 5 月 22 日 19 时 11 分，地点在南美洲的智利，根据美国地质调查所的监测，里氏震级达 9.5 级。

（二）烈度

相同震级的地震，造成的破坏不一定是相同的；同一次地震，在不同的地方造成的破坏也不一样。为了衡量地震的破坏程度，科学家又制作了另一把尺子——"地震烈度"，指地震时某一地区的地面和各类建筑物遭受到一次地震影响的强弱程度。影响地震烈度的因素有震级、震源深度、距震源的远近、地面状况和地层构造等。世界各国使用几种不同的烈度表。中国地震烈度表（表6-1）对人的感觉、一般房屋震害程度和其他震害现象做了描述，可以作为确定烈度的基本依据。

一般情况下，震级越大，震源越浅、烈度也越大。一次地震发生后，震中区的破坏最重，烈度最高，这个烈度称为震中烈度。从震中向四周扩展，地震烈度逐渐减小。一次地震只有一个震级，但它所造成的破坏在不同的地区是不同的，可以划分出多个烈度不同的地区。

比如汶川地震震级是 8.0 级，震级只有一个，但烈度就因地而异了，北川县城曲山镇是 11 度，汶川县映秀镇是 11 度，汶川县威州镇是 10 度，青川县大部分地区是 9 度，成都是 7 度，西安是 6 度，太原是 5 度，北京是 2 度。唐山大地震时震级是 7.8 级，唐山市区的烈度是 11 度，天津市区是 8 度，北京市区是 6 度。

**知识拓展**

表 6-1　中国地震烈度表

| 地震烈度 | 人的感觉 | 房屋震害 | | | 其他震害现象 | 水平向地面运动 | |
|---|---|---|---|---|---|---|---|
| | | 类型 | 震害程度 | 平均震害指数 | | 峰值加速度/(m/s²) | 峰值速度/(m/s) |
| I | 无感 | — | — | — | — | — | — |
| II | 室内个别静止中人有感觉 | — | — | — | — | — | — |
| III | 室内少数静止中人有感觉 | — | 门、窗轻微作响 | — | 悬挂物微动 | — | — |
| IV | 室内多数人、室外少数人有感觉，少数人梦中惊醒 | — | 门、窗作响 | — | 悬挂物明显摆动，器皿作响 | — | — |
| V | 室内绝大多数、室外多数人有感觉，多数人梦中惊醒 | | 门窗、屋顶、屋架颤动作响，灰土掉落，个别房屋抹灰出现细微细裂缝，个别有檐瓦掉落，个别屋顶烟囱掉砖 | — | 悬挂物大幅度晃动，不稳定器物摇动或翻倒 | 0.31 (0.22 ~ 0.44) | 0.03 (0.02 ~ 0.04) |
| VI | 多数人站立不稳，少数人惊逃户外 | A | 少数中等破坏，多数轻微破坏和/或基本完好 | 0.00 ~ 0.11 | 家具和物品移动；河岸和松软土出现裂缝，饱和砂层出现喷砂冒水；个别独立砖烟囱轻度裂缝 | 0.63 (0.45 ~ 0.89) | 0.06 (0.05 ~ 0.09) |
| | | B | 个别中等破坏，少数轻微破坏，多数基本完好 | | | | |
| | | C | 个别轻微破坏，大多数基本完好 | 0.00 ~ 0.08 | | | |
| VII | 大多数人惊逃户外，骑自行车的人有感觉，行驶中的汽车驾乘人员有感觉 | A | 少数毁坏和/或严重破坏，多数中等和/或轻微破坏 | 0.09 ~ 0.31 | 物体从架子上掉落；河岸出现塌方，饱和砂层常见喷水冒砂，松软土地上地裂缝较多；大多数独立砖烟囱中等破坏 | 1.25 (0.90 ~ 1.77) | 0.13 (0.10 ~ 0.18) |
| | | B | 少数毁坏，多数严重和/或中等破坏 | | | | |
| | | C | 个别毁坏，少数严重破坏，多数中等和/或轻微破坏 | 0.07 ~ 0.22 | | | |

（续）

| 地震烈度 | 人的感觉 | 房屋震害 | | | 其他震害现象 | 水平向地面运动 | |
|---|---|---|---|---|---|---|---|
| | | 类型 | 震害程度 | 平均震害指数 | | 峰值加速度/(m/s²) | 峰值速度/(m/s) |
| Ⅷ | 多数人摇晃颠簸，行走困难 | A | 少数毁坏，多数严重和/或中等破坏 | 0.29 ~ 0.51 | 干硬土上出现裂缝，饱和砂层绝大多数喷砂冒水；大多数独立砖烟囱严重破坏 | 2.50 (1.78 ~ 3.53) | 0.25 (0.19 ~ 0.35) |
| | | B | 个别毁坏，少数严重破坏，多数中等和/或轻微破坏 | | | | |
| | | C | 少数严重和/或中等破坏，多数轻微破坏 | 0.20 ~ 0.40 | | | |
| Ⅸ | 行动的人摔倒 | A | 多数严重破坏或/和毁坏 | 0.49 ~ 0.71 | 干硬土上多处出现裂缝，可见基岩裂缝、错动，滑坡、塌方常见；独立砖烟囱多数倒塌 | 5.00 (3.54 ~ 7.07) | 0.50 (0.36 ~ 0.71) |
| | | B | 少数毁坏，多数严重和/或中等破坏 | | | | |
| | | C | 少数毁坏和/或严重破坏，多数中等和/或轻微破坏 | 0.38 ~ 0.60 | | | |
| Ⅹ | 骑自行车的人会摔倒，处不稳状态的人会摔离原地，有抛起感 | A | 绝大多数毁坏 | 0.69 ~ 0.91 | 山崩和地震断裂出现；基岩上拱桥破坏；大多数独立砖烟囱从根部破坏或倒毁 | 10.00 (7.08 ~ 14.14) | 1.00 (0.72 ~ 1.41) |
| | | B | 大多数毁坏 | | | | |
| | | C | 多数毁坏和/或严重破坏 | 0.58 ~ 0.80 | | | |
| Ⅺ | — | A | 绝大多数毁坏 | 0.89 ~ 1.00 | 地震断裂延续很大，大量山崩滑坡 | — | — |
| | | B | | | | | |
| | | C | | 0.78 ~ 1.00 | | | |
| Ⅻ | — | A | 几乎全部毁坏 | 1.00 | 地面剧烈变化，山河改观 | — | — |
| | | B | | | | | |
| | | C | | | | | |

注：1. 表中的数量词："个别"为10%以下；"少数"为10% ~45%；"多数"为40% ~70%；"大多数"为60% ~ 90%；"绝大多数"为80%以上。

2. 表中给出的"峰值加速度"和"峰值速度"是参考值，括弧内给出的是变动范围。

# 子单元二　结构抗震设防基本概念

 学习目标

1. 了解地震影响的概念

2. 理解抗震设防目标
3. 了解建筑抗震设计方法
4. 熟悉抗震设防分类和抗震设防标准
5. 了解抗震设计的基本要求

 **任务内容**

知识点
1. 地震基本烈度，抗震设防烈度、设计基本地震加速度、设计地震分组、特征周期
2. 小震、中震、大震
3. 抗震设防目标
4. 二阶段抗震设计方法
5. 抗震设防分类
6. 抗震设防标准
7. 概念设计、抗震计算和构造措施
8. 抗震措施与抗震构造措施

 **知识解读**

## 一、地震影响

建筑所在地区遭受的地震影响，应采用相应于抗震设防烈度的设计基本地震加速度和特征周期表征。

### （一）地震基本烈度

一个地区的基本烈度是指该地区在今后 50 年期限内，在一般场地条件下可能遭遇的超越概率为 10% 的地震烈度。

### （二）抗震设防烈度

按国家规定的权限批准作为一个地区抗震设防依据的地震烈度。一般情况，取 50 年内超越概率 10% 的地震烈度。通常，建筑的抗震设防烈度应采用根据中国地震动参数区划图确定的地震基本烈度。

### （三）设计基本地震加速度

设计基本地震加速度是指 50 年设计基准期超越概率 10% 的地震加速度的设计取值。抗震设防烈度和设计基本地震加速度值的对应关系按表 6-2 的规定。其中，设计基本地震加速度 0.10g 和 0.15g 地区内的建筑，按抗震设防烈度 7 度进行抗震设计；设计基本地震加速度 0.20g 和 0.30g 地区内的建筑，按抗震设防烈度 8 度进行抗震设计。

表 6-2 抗震设防烈度和设计基本地震加速度值的对应关系

| 抗震设防烈度 | 6 | 7 | 8 | 9 |
|---|---|---|---|---|
| 设计基本地震加速度 | 0.05g | 0.10（0.15g） | 0.20（0.30g） | 0.40g |

注：g 为地震加速度。

### （四）设计地震分组

震害表明，在宏观烈度相似的情况下，处在大震级、远震中距的柔性结构，其震害要比中、小震级，近震中距的情况重得多；理论分析也验证了这一现象。为了体现震级和震中距的影响，建筑工程的设计地震分为三组。在场地类别相同的情况下，第三组对应的特征周期值最大，在抗震设防烈度、设计基本地震加速度相同的情况下，对于高柔结构，地震作用计算值更大。

《建筑抗震设计规范》（GB 50011—2010）在附录 A 给出了县级及县级以上城镇的中心地区的抗震设防烈度、设计基本地震加速度和所属的设计地震分组，表 6-3 列出了几个城市的抗震设防烈度、设计基本地震加速度和所属的设计地震分组。

表 6-3　城市抗震设防烈度、设计基本地震加速度和设计地震分组

| 城市 | 烈度 | 加速度 | 分组 | 县级及县级以上城镇 |
|---|---|---|---|---|
| 北京市 | 8 度 | 0.20g | 第二组 | 东城区、西城区、朝阳区、丰台区、石景山区、海淀区、门头沟区、房山区、通州区、顺义区、昌平区、大兴区、怀柔区、平谷区、密云区、延庆区 |
| 天津市 | 8 度 | 0.20g | 第二组 | 和平区、河东区、河西区、南开区、河北区、红桥区、东丽区、津南区、北辰区、武清区、宝坻区、滨海新区、宁河区 |
| 天津市 | 7 度 | 0.15g | 第二组 | 西青区、静海区、蓟县 |
| 上海市 | 7 度 | 0.10g | 第二组 | 黄浦区、徐汇区、长宁区、静安区、普陀区、闸北区、虹口区、杨浦区、闵行区、宝山区、嘉定区、浦东新区、金山区、松江区、青浦区、奉贤区、崇明县 |
| 南京市 | 7 度 | 0.10g | 第二组 | 六合区 |
| 南京市 | 7 度 | 0.10g | 第一组 | 玄武区、秦淮区、建邺区、鼓楼区、浦口区、栖霞区、雨花台区、江宁区、溧水区 |
| 南京市 | 6 度 | 0.05g | 第一组 | 高淳区 |

## 二、抗震设防目标

### （一）小震、中震和大震

50 年内超越概率约为 63.2% 的地震烈度为对应于统计"众值"的烈度，比基本烈度约低一度半，规范取为第一水准烈度，称为"多遇地震"（小震）；

50 年超越概率约 10% 的地震烈度，即中国地震区划图规定的"地震基本烈度"或中国地震动参数区划图规定的峰值加速度所对应的烈度，规范取为第二水准烈度，称为"设防地震"（中震）；

50 年超越概率 2%~3% 的地震烈度，规范取为第三水准烈度，称为"罕遇地震"（大震），当基本烈度 6 度时为 7 度强，7 度时为 8 度强，8 度时为 9 度弱，9 度时为 9 度强。

### （二）抗震设防目标

我国建筑抗震设防目标是：当遭受低于本地区抗震设防烈度的多遇地震（小震）影响时，主体结构不受损坏或不需进行修理可继续使用；当遭受相当于本地区抗震设防烈

度的设防地震（中震）影响时，可能发生损坏，但经一般性修理仍可继续使用；当遭受高于本地区抗震设防烈度的罕遇地震（大震）影响时，不致倒塌或发生危及生命的严重破坏。使用功能或其他方面有专门要求的建筑，当采用抗震性能化设计时，具有更具体或更高的抗震设防目标。这就是"三水准的设防目标"，即"小震不坏，中震可修，大震不倒"。

### 三、建筑抗震设计方法

抗震设防烈度为 6 度及以上地区的建筑，必须进行抗震设计。我国目前采用二阶段设计方法实现上述 3 个烈度水准的抗震设防要求。

第一阶段设计是在方案布置符合抗震设计原则的前提下，按与基本烈度相对应的众值烈度（相当于小震）的地震动参数，用弹性反应谱法求得结构在弹性状态下的地震作用标准值和相应的地震作用效应，然后与其他荷载效应按一定的组合系数进行组合，并对结构构件截面进行承载力验算，对于较高的建筑物还要进行变形验算，以控制其侧向变形不要过大。这样，既满足了第一水准下必要的承载力可靠度，又可满足第二水准的设防要求，然后再通过概念设计和构造措施来满足第三水准的设防要求。对于大多数结构，一般可只进行第一阶段的设计，但对于少数结构，如有特殊要求的建筑和地震中易倒塌的结构，除了应进行第一阶段的设计外，还要进行第二阶段的设计，即按与基本烈度相对应的罕遇烈度（相当于大震）验算结构的弹塑性层间变形是否满足规范要求（不发生倒塌），如果有变形过大的薄弱层（或部位），则应修改设计或采取相应的构造措施，以使其能够满足第三水准的设防要求（大震不倒）。

### 四、抗震设防分类和抗震设防标准

#### （一）建筑抗震设防类别

我国抗震减灾政策的一个特点就是按照遭受地震破坏后可能产生的后果，即造成人员伤亡、经济损失的大小、对社会造成的影响程度，以及建筑物在抗震救灾中的作用等，将建筑工程划分为不同的类别，对各类建筑所做的设防类别划分，采取不同的设计要求，达到既能减轻地震灾害，又能合理控制建设投资的目的。根据建筑使用功能的重要性，按其受地震破坏时产生的后果，将建筑工程分为以下四个抗震设防类别：

1）特殊设防类：指使用上有特殊设施，涉及国家公共安全的重大建筑工程和地震时可能发生严重次生灾害等特别重大灾害后果，需要进行特殊设防的建筑。简称甲类。

2）重点设防类：指地震时使用功能不能中断或需尽快恢复的生命线相关建筑，以及地震时可能导致大量人员伤亡等重大灾害后果，需要提高设防标准的建筑。简称乙类。

3）标准设防类：指大量的除 1）、2）、4）款以外按标准要求进行设防的建筑。简称丙类。

4）适度设防类：指使用上人员稀少且震损不致产生次生灾害，允许在一定条件下适度降低要求的建筑。简称丁类。

抗震设防地区的所有建筑都应确定其抗震设防类别。新建、改建、扩建的建筑工程其抗震设防类别不应低于《建筑工程抗震设防分类标准》（GB 50223—2008）的规定。

**（二）各类建筑抗震设防类别**

《建筑工程抗震设防分类标准》（GB 50223—2008）分别对防灾救灾建筑、基础设施建筑、公共建筑和居住建筑、工业建筑、仓库类建筑的抗震设防类别做出了明确的规定。其中，防灾救灾建筑、公共建筑和居住建筑规定如下：

**1. 防灾救灾建筑**

1）医疗建筑的抗震设防类别，应符合下列规定：

① 三级医院中承担特别重要医疗任务的门诊、医技、住院用房，抗震设防类别应划为特殊设防类。

② 二、三级医院的门诊、医技、住院用房，具有外科手术室或急诊科的乡镇卫生院的医疗用房，县级及以上急救中心的指挥、通信、运输系统的重要建筑，县级及以上的独立采供血机构的建筑，抗震设防类别应划为重点设防类。

③ 工矿企业的医疗建筑，可比照城市的医疗建筑示例确定其抗震设防类别。

2）消防车库及其值班用房，抗震设防类别应划为重点设防类。

3）20万人口以上的城镇和县及县级市防灾应急指挥中心的主要建筑，抗震设防类别不应低于重点设防类。工矿企业的防灾应急指挥系统建筑，可比照城市防灾应急指挥系统建筑示例确定其抗震设防类别。

4）疾病预防与控制中心建筑的抗震设防类别，应符合下列规定：

① 承担研究、中试和存放剧毒的高危险传染病病毒任务的疾病预防与控制中心的建筑或其区段，抗震设防类别应划为特殊设防类。

② 不属于①款的县、县级市及以上的疾病预防与控制中心的主要建筑，抗震设防类别应划为重点设防类。

5）作为应急避难场所的建筑，其抗震设防类别不应低于重点设防类。

**2. 公共建筑和居住建筑**

1）体育建筑中，规模分级为特大型的体育场，大型、观众席容量很多的中型体育场和体育馆（含游泳馆），抗震设防类别应划为重点设防类。

2）文化娱乐建筑中，大型的电影院、剧场、礼堂、图书馆的视听室和报告厅、文化馆的观演厅和展览厅、娱乐中心建筑，抗震设防类别应划为重点设防类。

3）商业建筑中，人流密集的大型的多层商场抗震设防类别应划为重点设防类。当商业建筑与其他建筑合建时应分别判断，并按区段确定其抗震设防类别。

4）博物馆和档案馆中，大型博物馆，存放国家一级文物的博物馆，特级、甲级档案馆，抗震设防类别应划为重点设防类。

5）会展建筑中，大型展览馆、会展中心，抗震设防类别应划为重点设防类。

6）教育建筑中，幼儿园、小学、中学的教学用房以及学生宿舍和食堂，抗震设防类别应不低于重点设防类。

7）科学试验建筑中，研究、中试生产和存放具有高放射性物品以及剧毒的生物制品、化学制品、天然和人工细菌、病毒（如鼠疫、霍乱、伤寒和新发高危险传染病等）的建筑，抗震设防类别应划为特殊设防类。

8）电子信息中心的建筑中，省部级编制和贮存重要信息的建筑，抗震设防类别应划为重点设防类。国家级信息中心建筑的抗震设防标准应高于重点设防类。

9）高层建筑中，当结构单元内经常使用人数超过8000人时，抗震设防类别宜划为重点设防类。

10）居住建筑的抗震设防类别不应低于标准设防类。

（三）抗震设防标准

抗震设防标准是我国抗震规范中的另一个重要概念，用来衡量抗震设防要求高低的尺度，由抗震设防烈度或设计地震动参数及建筑抗震设防类别确定。我国规范针对不同建筑，根据其重要性程度，采取提高抗震措施或同时提高抗震措施和地震作用的方法来保证结构的抗震性能。提高地震作用和提高抗震措施都可以达到提高结构抗震性能的目的，但提高抗震措施，包括地震内力调整和构造措施，是针对结构重要部位或薄弱部位，将有限的材料和资源优先用到加强抗震重要部位和薄弱部位上。与只提高地震作用相比，对提高建筑结构的抗震性能更经济和有效。当然，同时提高地震作用和抗震措施，会大大提高结构的抗震安全性。

各抗震设防类别建筑的抗震设防标准，应符合下列要求：

1）标准设防类，应按本地区抗震设防烈度确定其抗震措施和地震作用，达到在遭遇高于当地抗震设防烈度的预估罕遇地震影响时不致倒塌或发生危及生命安全的严重破坏的抗震设防目标。

2）重点设防类，应按高于本地区抗震设防烈度一度的要求加强其抗震措施；但抗震设防烈度为9度时应按比9度更高的要求采取抗震措施；地基基础的抗震措施，应符合有关规定。同时，应按本地区抗震设防烈度确定其地震作用。

3）特殊设防类，应按高于本地区抗震设防烈度提高一度的要求加强其抗震措施；但抗震设防烈度为9度时应按比9度更高的要求采取抗震措施。同时，应按批准的地震安全性评价的结果且高于本地区抗震设防烈度的要求确定其地震作用。

4）适度设防类，允许比本地区抗震设防烈度的要求适当降低其抗震措施，但抗震设防烈度为6度时不应降低。一般情况下，仍应按本地区抗震设防烈度确定其地震作用。

对于划为重点设防类而规模很小的工业建筑，当改用抗震性能较好的材料且符合抗震设计规范对结构体系的要求时，允许按标准设防类设防。

## 五、抗震设计的基本要求

抗震设计主要包括三个方面：概念设计、抗震计算和构造措施。

（一）概念设计

由于地震的不确定性，结构承受的地震作用的规律，以目前的科技水平还无法全面认知。我们现在的抗震设计理念和设计方法很大程度上来源于历次大地震灾害的经验总结。虽然没有一次地震是相同的，但建筑物在强震作用下的一些破坏特点，对抗震设计工作是有很好的指导意义的。

国内外历次大地震灾难的经验教训使人们越来越认识到建筑物抗震概念设计的重要性，概念设计对结构抗震性能起着决定性的作用。结构设计不能仅凭计算，按目前的结构设计计算水平，若结构严重不规则、整体性差，难以仅靠计算来保证结构的抗震性能。结构概念设计主要目的是使整个结构具有整体性，结构整体能共同发挥作用，耗散地震能量，避免出现薄弱部位，地震能量不至于集中在个别构件和薄弱部位，因而产生"各个击破"的现象，导致结构过早破坏。现有的建筑结构抗震设计方法的前提条件就是结构能够整体发挥作用，耗散地震能量。以此为前提，才能通过以"小震"的地震作用进行结构计算分析、构件设计，并通过抗震措施和抗震构造措施，满足"大震不倒"的设防目标。

根据多年来房屋建筑地震灾害特点的启示，建筑抗震设计的基本要求有以下几点：

1）建筑场地要选择对抗震有利的地段，避开对抗震不利地段。

2）建筑设计上平面力求简单、规则，质量和刚度分布均匀。竖向不要有过大的悬挑和收进，避免质量、承载力和刚度沿竖向产生突变。

3）选择合理的抗震结构体系。合理的结构体系应具有合理的、直接的传递竖向力和地震作用的途径。

4）建筑结构要具有整体性和尽量多的冗余度，保证结构的防倒塌性能。

5）结构设有多道抗震防线。

6）非结构构件的布置要考虑对结构的不利影响，非结构构件本身应有足够的抗震性能，并与主体结构有可靠的连接。

（二）抗震计算

抗震计算是指选取合适的参数，计算结构的地震作用，然后求出结构和构件的地震作用效应。结构的地震作用效应就是指地震作用在结构中产生的内力和变形，主要有弯矩、剪力、轴向力和位移等，最后将地震作用效应与其他荷载效应进行组合，并验算结构和构件的抗震承载力和变形。

（三）构造措施

这里所说构造措施即抗震构造措施，是指根据抗震概念设计原则，一般不需计算而对结构和非结构各部分必须采取的各种细部要求。比如，对于混凝土结构而言，其抗震构造措施有构件尺寸、高厚比、轴压比、纵筋配筋率、钢筋直径、间距等构造要求。

需要注意的是抗震构造措施和抗震措施是两个既有联系又有区别的概念，抗震措施是指除地震作用计算和抗力计算以外的抗震设计内容，包括抗震构造措施。

<h1 style="text-align:center">子单元三　房屋抗震一般规定</h1>

## 学习目标

1. 了解多层和高层钢筋混凝土房屋抗震一般规定
2. 了解多层砌体房屋抗震一般规定
3. 了解多非结构构件抗震一般规定

## 任务内容

知识点

1. 多层及高层钢筋混凝土房屋：现浇钢筋混凝土房屋的最大高度；现浇钢筋混凝土房

屋的最大高宽比；现浇钢筋混凝土房屋抗震等级的确定；防震缝的设置要求；结构布置要求。

2. 多层砌体房屋和底部框架砌体房屋：多层房屋的层数和高度要求；多层砌体承重房屋的层高限值；多层砌体承重房屋的高宽比限值；房屋抗震横墙间距要求；房屋中砌体墙段的局部尺寸限值；多层砌体房屋的建筑布置和结构体系要求。

3. 非结构构件抗震设计要求。

 **知识解读**

## 一、多层和高层钢筋混凝土房屋

### （一）现浇钢筋混凝土房屋的最大高度

对采用钢筋混凝土材料的高层建筑，从安全和经济诸方面综合考虑，其适用最大高度应有限制。当钢筋混凝土结构的房屋高度超过最大适用高度时，应通过专门研究，采取有效加强措施，如采用型钢混凝土构件、钢管混凝土构件等，并按有关规定进行专项审查。现浇钢筋混凝土房屋的结构类型和最大高度应符合表6-4的要求。平面和竖向均不规则的结构，适用的最大高度宜适当降低。

表6-4 现浇钢筋混凝土房屋适用的最大高度 （单位：m）

| 结构类型 | | 烈　度 | | | | |
|---|---|---|---|---|---|---|
| | | 6 | 7 | 8 (0.2g) | 8 (0.3g) | 9 |
| 框架 | | 60 | 50 | 40 | 35 | 24 |
| 框架-抗震墙 | | 130 | 120 | 100 | 80 | 50 |
| 抗震墙 | | 140 | 120 | 100 | 80 | 60 |
| 部分框支抗震墙 | | 120 | 100 | 80 | 50 | 不应采用 |
| 筒体 | 框架-核心筒 | 150 | 130 | 100 | 90 | 70 |
| | 筒中筒 | 180 | 150 | 120 | 100 | 80 |
| 板柱-抗震墙 | | 80 | 70 | 55 | 40 | 不应采用 |

注：1. 房屋高度指室外地面到主要屋面板板顶的高度（不包括局部突出屋顶部分）。

2. 框架-核心筒结构指周边稀柱框架与核心筒组成的结构。

3. 部分框支抗震墙结构指首层或底部两层为框支层的结构，不包括仅个别框支墙的情况。

4. 表中框架，不包括异形柱框架。

5. 板柱-抗震墙结构指板柱、框架和抗震墙组成抗侧力体系的结构。

6. 乙类建筑可按本地区抗震设防烈度确定其适用的最大高度。

7. 超过表内高度的房屋，应进行专门研究和论证，采取有效的加强措施。

### （二）现浇钢筋混凝土房屋的最大高宽比

高层建筑的高宽比是对结构刚度、整体稳定、承载能力和经济合理性的宏观控制；在结构设计满足规定的承载力、稳定、抗倾覆、变形和舒适度等基本要求后，仅从结构安全角度讲高宽比限值不是必须满足的，主要影响结构设计的经济性。钢筋混凝土高层建筑结构的高宽比不宜超过表6-5的规定。

表6-5　钢筋混凝土高层建筑结构适用的最大高宽比

| 结构体系 | 抗震设防烈度 | | |
|---|---|---|---|
| | 6度、7度 | 8度 | 9度 |
| 框架 | 4 | 3 | — |
| 板柱-剪力墙 | 5 | 4 | |
| 框架-剪力墙、剪力墙 | 6 | 5 | 4 |
| 框架-核心筒 | 7 | 6 | 4 |
| 筒中筒 | 8 | 7 | 5 |

### （三）现浇钢筋混凝土房屋的抗震等级

　　钢筋混凝土房屋的抗震等级是重要的设计参数，应根据设防类别、烈度、结构类型和房屋高度采用不同的抗震等级，并应符合相应的计算和构造措施要求。丙类建筑的抗震等级应按表6-6确定。抗震等级的划分，体现了对不同抗震设防类别、不同结构类型、不同烈度、同一烈度但不同高度的钢筋混凝土房屋结构延性要求的不同，以及同一种构件在不同结构类型中的延性要求的不同。钢筋混凝土房屋结构应根据抗震等级采取相应的抗震措施，这里，抗震措施包括抗震计算时的内力调整措施和各种抗震构造措施。

表6-6　现浇钢筋混凝土房屋的抗震等级（丙类建筑）

| 结构类型 | | | 设防烈度 | | | | | | | |
|---|---|---|---|---|---|---|---|---|---|---|
| | | | 6 | | 7 | | | 8 | | 9 |
| 框架结构 | | 高度 | ≤24 | >24 | ≤24 | >24 | ≤24 | >24 | ≤24 | |
| | | 框架 | 四 | 三 | 三 | 二 | 二 | 一 | 一 | |
| | | 大跨度框架 | 三 | | 二 | | 一 | | 一 | |
| 框架-抗震墙结构 | | 高度/m | ≤60 | >60 | ≤24 | 25~60 | >60 | ≤24 | 25~60 | >60 | ≤24 | 25~50 |
| | | 框架 | 四 | 三 | 四 | 三 | 二 | 三 | 二 | 一 | 二 | 一 |
| | | 抗震墙 | 三 | | 三 | 二 | | 二 | 一 | | 一 | |
| 抗震墙结构 | | 高度/m | ≤80 | >80 | ≤24 | 25~80 | >80 | ≤24 | 25~80 | >80 | ≤24 | 25~60 |
| | | 抗震墙 | 四 | 三 | 四 | 三 | 二 | 三 | 二 | 一 | 二 | 一 |
| 部分框支抗震墙结构 | | 高度/m | ≤80 | >80 | ≤24 | 25~80 | >80 | ≤24 | 25~80 | | |
| | 抗震墙 | 一般部位 | 四 | 三 | 四 | 三 | 二 | 三 | 二 | | |
| | | 加强部位 | 三 | 二 | 三 | 二 | 一 | 二 | 一 | | |
| | | 框支层框架 | 二 | | 二 | | 一 | | | |
| 框架-核心筒结构 | | 框架 | 三 | | 二 | | 一 | | 一 | |
| | | 核心筒 | 二 | | 二 | | 一 | | 一 | |

（续）

| 结 构 类 型 | | 设防烈度 | | | | | | |
|---|---|---|---|---|---|---|---|---|
| | | 6 | | 7 | | 8 | | 9 |
| 简中筒结构 | 外筒 | 三 | | 二 | | 一 | | 一 |
| | 内筒 | 三 | | 二 | | 一 | | 一 |
| 板柱-抗震墙结构 | 高度/m | ≤35 | >35 | ≤35 | >35 | ≤35 | >35 | |
| | 框架、板柱的柱 | 三 | 二 | 二 | 二 | 一 | | |
| | 抗震墙 | 二 | 二 | 二 | 二 | 二 | 一 | |

注：1. 建筑场地为Ⅰ类时，除6度外应允许按表内降低一度所对应的抗震构造措施采取抗震构造措施，但相应的计算要求不应降低。

2. 接近或等于高度分界时，应允许结合房屋不规则程度及场地、地基条件确定抗震等级。

3. 大跨度框架指跨度不小于18m的框架。

4. 高度不超过60m的框架-核心筒结构按框架-抗震墙的要求设计时，应按表中框架-抗震墙结构的规定确定其抗震等级。

此外，钢筋混凝土房屋抗震等级的确定，尚应符合下列要求：

1) 设置少量抗震墙的框架结构，在规定的水平力作用下，底层框架部分所承担的地震倾覆力矩大于结构总地震倾覆力矩的50%时，其框架的抗震等级应按框架结构确定，抗震墙的抗震等级可与其框架的抗震等级相同。这里的底层指计算嵌固端所在的层。

2) 裙房与主楼相连，除应按裙房本身确定抗震等级外，相关范围不应低于主楼的抗震等级；主楼结构在裙房顶板对应的相邻上下各一层应适当加强抗震构造措施。裙房与主楼分离时，应按裙房本身确定抗震等级。

3) 当地下室顶板作为上部结构的嵌固部位时，地下一层的抗震等级应与上部结构相同，地下一层以下抗震构造措施的抗震等级可逐层降低一级，但不应低于四级。地下室中无上部结构的部分，抗震构造措施的抗震等级可根据具体情况采用三级或四级。

4) 当甲乙类建筑按规定提高一度确定其抗震等级而房屋的高度超过表6-6相应规定的上界时，应采取比一级更有效的抗震构造措施。

### （四）防震缝

体形复杂、平立面不规则的建筑，应根据不规则程度、地基基础条件和技术经济等因素的比较分析，确定是否设置防震缝。当不设置防震缝时，应采用符合实际的计算模型，分析判明其应力集中、变形集中或地震扭转效应等导致的易损部位，采取相应的加强措施；当在适当部位设置防震缝时，宜形成多个较规则的抗侧力结构单元。防震缝应根据抗震设防烈度、结构材料种类、结构类型、结构单元的高度和高差以及可能的地震扭转效应的情况，留有足够的宽度，其两侧的上部结构应完全分开。当设置伸缩缝和沉降缝时，其宽度应符合防震缝的要求。

防震缝可以结合沉降缝要求贯通到地基，当无沉降问题时也可以从基础或地下室以上贯通。当有多层地下室，上部结构为带裙房的单塔或多塔结构时，可将裙房用防震缝自地下室以上分隔，地下室顶板应有良好的整体性和刚度，能将地震剪力分布到整个地下室结构。

防震缝宽度应分别符合下列要求：

1) 框架结构（包括设置少置抗震墙的框架结构）房屋的防震缝宽度，当高度不超过15m时不应小于100mm；高度超过15m时，6度、7度、8度和9度分别每增加高度5m、

4m、3m 和 2m，宜加宽 20mm。

2）框架-抗震墙结构房屋的防震缝宽度不应小于框架结构规定数值的 70%，抗震墙结构房屋的防震缝宽度不应小于框架结构规定数值的 50%，且均不宜小于 100mm。

3）防震缝两侧结构类型不同时，宜按需要较宽防震缝的结构类型和较低房屋高度确定缝宽。

8、9 度框架结构房屋防震缝两侧结构层高相差较大时，防震缝两侧框架柱的箍筋应沿房屋全高加密，并可根据需要在缝两侧沿房屋全高各设置不少于两道垂直于防震缝的抗撞墙。

### （五）结构布置

1）框架结构和框架-抗震墙结构中，框架和抗震墙均应双向设置，柱中线与抗震墙中线、梁中线与柱中线之间偏心距大于柱宽的 1/4 时，应计入偏心的影响。

2）甲、乙类建筑以及高度大于 24m 的丙类建筑，不应采用单跨框架结构；高度不大于 24m 的丙类建筑不宜采用单跨框架结构。

3）框架-抗震墙、板柱-抗震墙结构以及框支层中，抗震墙之间无大洞口的楼、屋盖的长宽比，不宜超过表 6-7 的规定；超过时，应计入楼盖平面内变形的影响。

表 6-7　抗震墙之间楼屋盖的长宽比

| 楼、屋盖类型 | | 设防烈度 | | | |
|---|---|---|---|---|---|
| | | 6 | 7 | 8 | 9 |
| 框架-抗震墙结构 | 现浇或叠合楼、屋盖 | 4 | 4 | 3 | 2 |
| | 装配整体式楼、屋盖 | 3 | 3 | 2 | 不宜采用 |
| 板柱-抗震墙结构的现浇楼、屋盖 | | 3 | 3 | 2 | — |
| 框支层的现浇楼、屋盖 | | 2.5 | 2.5 | 2 | — |

4）采用装配整体式楼、屋盖时，应采取措施保证楼、屋盖的整体性及其与抗震墙的可靠连接。装配整体式楼、屋盖采用配筋现浇面层加强时，其厚度不应小于 50mm。

5）框架-抗震墙结构和板柱-抗震墙结构中的抗震墙设置，宜符合下列要求：

① 抗震墙宜贯通房屋全高。

② 楼梯间宜设置抗震墙，但不宜造成较大的扭转效应。

③ 抗震墙的两端（不包括洞口两侧）宜设置端柱或与另一方向的抗震墙相连。

④ 房屋较长时，刚度较大的纵向抗震墙不宜设置在房屋的端开间。

⑤ 抗震墙洞口宜上下对齐；洞边距端柱不宜小于 300mm。

6）抗震墙结构和部分框支抗震墙结构中的抗震墙设置，应符合下列要求：

① 抗震墙的两端（不包括洞口两侧）宜设置端柱或与另一方向的抗震墙相连；框支部分落地墙的两端（不包括洞口两侧）应设置端柱或与另一方向的抗震墙相连。

② 较长的抗震墙宜设置跨高比大于 6 的连梁形成洞口，将一道抗震墙分成长度较均匀的若干墙段，各墙段的高宽比不宜小于 3。

③ 墙肢的长度沿结构全高不宜有突变；抗震墙有较大洞口时，以及一、二级抗震墙的底部加强部位，洞口宜上下对齐。

## 二、多层砌体房屋

多层砌体房屋一般指普通砖（包括烧结、蒸压、混凝土普通砖）、多孔砖（包括烧结、混凝土多孔砖）和混凝土小型空心砌块等砌体承重的多层房屋，分为多层砖砌体房屋和多层砌块房屋。

### （一）多层房屋的层数和高度规定

多层房屋的抗震能力，除依赖于横墙间距、砖和砂浆强度等级、结构的整体性和施工质量等因素外，还与房屋的总高度有直接的联系。

历次地震的宏观调查资料说明：二、三层砖房在不同烈度区的震害，比四、五层的震害轻得多，六层及六层以上的砖房在地震时震害明显加重。海城和唐山地震中，相邻的砖房，四、五层的比二、三层的破坏严重，倒塌的百分比也高得多。国外在地震区对砖结构房屋的高度限制较严。不少国家在7度及以上地震区不允许采用无筋砖结构，苏联等国对配筋和无筋砖结构的高度和层数做了相应的限制。结合我国具体情况，砌体房屋的高度限制是指设置了构造柱的房屋高度。

1）一般情况下，房屋的层数和总高度不应超过表6-8的规定。

表6-8　多层砌体房屋的层数和总高度限值　　　　　　　　　　（单位：m）

| 房屋类别 | | 最小抗震墙厚度/mm | 烈度和设计基本地震加速度 | | | | | | | | | | |
|---|---|---|---|---|---|---|---|---|---|---|---|---|---|
| | | | 6 | | 7 | | | | 8 | | | | 9 | |
| | | | 0.05g | | 0.10g | | 0.15g | | 0.20g | | 0.30g | | 0.40g | |
| | | | 高度 | 层数 | 高度 | 层数 | 高度 | 层数 | 高度 | 层数 | 高度 | 层数 | 高度 | 层数 |
| 多层砌体房屋 | 普通砖 | 240 | 21 | 7 | 21 | 7 | 21 | 7 | 18 | 6 | 15 | 5 | 12 | 4 |
| | 多孔砖 | 240 | 21 | 7 | 21 | 7 | 18 | 6 | 18 | 6 | 15 | 5 | 9 | 3 |
| | 多孔砖 | 190 | 21 | 7 | 18 | 6 | 15 | 5 | 15 | 5 | 12 | 4 | — | — |
| | 小砌块 | 190 | 21 | 7 | 21 | 7 | 18 | 6 | 18 | 6 | 15 | 5 | 9 | 3 |

注：1. 房屋的总高度是指室外地面到主要屋面板板顶或檐口的高度，半地下室从地下室室内地面算起，全地下室和嵌固条件好的半地下室应允许从室外地面算起；对带阁楼的坡屋面应算到山尖墙的1/2高度处。

　　2. 室内外高差大于0.6m时，房屋总高度应允许比表中的数据适当增加，但增加量应少于1.0m。

　　3. 乙类的多层砌体房屋仍按本地区设防烈度查表，其层数应减少一层且总高度应降低3m；不应采用底部框架-抗震墙砌体房屋。

　　4. 本表小砌块砌体房屋不包括配筋混凝土小型空心砌块砌体房屋。

2）横墙较少的多层砌体房屋，总高度应比表6-8的规定降低3m，层数相应减少一层；各层横墙很少的多层砌体房屋，还应再减少一层。"横墙较少"是指同一楼层内开间大于4.2m的房间占该层总面积的40%以上；其中，开间不大于4.2m的房间占该层总面积不到20%且开间大于4.8m的房间占该层总面积的50%以上为横墙很少。

3）6、7度时，横墙较少的丙类多层砌体房屋，当按规定采取加强措施并满足抗震承载力要求时，其高度和层数应允许仍按表6-8的规定采用。

4）采用蒸压灰砂砖和蒸压粉煤灰砖的砌体的房屋，当砌体的抗剪强度仅达到普通黏土砖砌体的70%时，房屋的层数应比普通砖房减少一层，总高度应减少3m；当砌体的抗剪强度达到普通黏土砖砌体的取值时，房屋层数和总高度的要求同普通砖房屋。

**（二）多层砌体承重房屋的层高限值**

多层砌体承重房屋的层高，一般不应超过3.6m。底部框架-抗震墙砌体房屋的底部，层高不应超过4.5m；当底层采用约束砌体抗震墙时，底层的层高不应超过4.2m。当使用功能确有需要时，采用约束砌体等加强措施的普通砖房屋，层高不应超过3.9m。

**（三）多层砌体承重房屋的高宽比限值**

多层砌体房屋一般可以不做整体弯曲验算，但为了保证房屋的稳定性，限制了其高宽比。多层砌体房屋总高度与总宽度的最大比值，宜符合表6-9的要求。

表6-9　房屋最大高宽比

| 烈度 | 6 | 7 | 8 | 9 |
|---|---|---|---|---|
| 最大高宽比 | 2.5 | 2.5 | 2 | 1.5 |

注：1. 单面走廊房屋的总宽度不包括走廊宽度。

　　2. 建筑平面接近正方形时，其高宽比宜适当减小。

**（四）房屋抗震横墙间距要求**

多层砌体房屋的横向地震力主要由横墙承担，地震中横墙间距大小对房屋倒塌影响很大，不仅横墙需具有足够的承载力，而且楼盖须具有传递地震力给横墙的水平刚度，为了满足楼盖对传递水平地震力所需的刚度要求，房屋抗震横墙的间距，不应超过表6-10的要求：

表6-10　房屋抗震横墙的间距　　　　　　　　　　（单位：m）

| 房屋类型 | | 烈　度 | | | |
|---|---|---|---|---|---|
| | | 6 | 7 | 8 | 9 |
| 多层砌体房屋 | 现浇或装配整体式钢筋混凝土楼、屋盖 | 15 | 15 | 11 | 7 |
| | 装配式钢筋混凝土楼、屋盖 | 11 | 11 | 9 | 4 |
| | 木屋盖 | 9 | 9 | 4 | — |

注：1. 多层砌体房屋的顶层，除木屋盖外的最大横墙间距应允许适当放宽，但应采取相应加强措施。

　　2. 多孔砖抗震横墙厚度为190mm时，最大横墙间距应比表中数值减少3m。

**（五）房屋中砌体墙段的局部尺寸限值**

砌体房屋局部尺寸的限制，在于防止因这些部位的失效，而造成整栋结构的破坏甚至倒塌，多层砌体房屋中砌体墙段的局部尺寸限值，宜符合表6-11的要求，如采用另增设构造柱等措施，可适当放宽。

表6-11　房屋的局部尺寸限值　　　　　　　　　　（单位：m）

| 部　　位 | 6度 | 7度 | 8度 | 9度 |
|---|---|---|---|---|
| 承重窗间墙最小宽度 | 1.0 | 1.0 | 1.2 | 1.5 |
| 承重外墙尽端至门窗洞边的最小距离 | 1.0 | 1.0 | 1.2 | 1.5 |
| 非承重外墙尽端至门窗洞边的最小距离 | 1.0 | 1.0 | 1.0 | 1.0 |
| 内墙阳角至门窗洞边的最小距离 | 1.0 | 1.0 | 1.5 | 2.0 |
| 无锚固女儿墙（非出入口处）的最大高度 | 0.5 | 0.5 | 0.5 | 0.0 |

注：1. 局部尺寸不足时，应采取局部加强措施弥补，且最小宽度不宜小于1/4层高和表列数据的80%。

　　2. 出入口处的女儿墙应有锚固。

（六）多层砌体房屋的建筑布置和结构体系

多层砌体房屋的建筑布置和结构体系，应符合下列要求：

1）应优先采用横墙承重或纵横墙共同承重的结构体系。不应采用砌体墙和混凝土墙混合承重的结构体系。

2）纵横向砌体抗震墙的布置应符合下列要求：

① 宜均匀对称，沿平面内宜对齐，沿竖向应上下连续；且纵横向墙体的数量不宜相差过大。

② 平面轮廓凹凸尺寸，不应超过典型尺寸的50%；当超过典型尺寸的25%时，房屋转角处应采取加强措施。

③ 楼板局部大洞口的尺寸不宜超过楼板宽度的30%，且不应在墙体两侧同时开洞。

④ 房屋错层的楼板高差超过500mm时，应按两层计算；错层部位的墙体应采取加强措施。

⑤ 同一轴线上的窗间墙宽度宜均匀；墙面洞口的面积，6、7度时不宜大于墙面总面积的55%，8、9度时不宜大于50%。

⑥ 在房屋宽度方向的中部应设置内纵墙，其累计长度不宜小于房屋总长度的60%（高宽比大于4的墙段不计入）。

3）房屋有下列情况之一时宜设置防震缝，缝两侧均应设置墙体，缝宽应根据烈度和房屋高度确定，可采用70～100mm：

① 房屋立面高差在6m以上。

② 房屋有错层，且楼板高差大于层高的1/4。

③ 各部分结构刚度、质量截然不同。

4）楼梯间不宜设置在房屋的尽端或转角处。

5）不应在房屋转角处设置转角窗。

6）横墙较少、跨度较大的房屋，宜采用现浇钢筋混凝土楼、屋盖。

## 三、非结构构件

非结构构件包括持久性的建筑非结构构件和支承于建筑结构的附属机电设备。非结构构件的抗震包括非结构构件与主体结构的连接件及其锚固和非结构构件（如墙板、幕墙、广告牌、机电设备等）自身的抗震。

非结构构件的抗震设防目标应与主体结构体系的三水准设防目标相协调衔接，容许非结构构件的损坏程度略大于主体结构，但不得危及生命。我国现行规范采用不同的计算系数和抗震措施，把非结构构件的抗震设防要求大致分为高、中、低三个层次：高要求时，外观可能损坏而不影响使用功能和防火能力，安全玻璃可能裂缝，可经受相连结构构件出现1.4倍以上设计挠度的变形；中等要求时，使用功能基本正常或可很快恢复，耐火时间减少1/4，强化玻璃破碎，其他玻璃无下落，可经受相连结构构件出现设计挠度的变形；一般要求，多数构件基本处于原位，但系统可能损坏，需修理才能恢复功能，耐火时间明显降低，容许玻璃破碎下落，只能经受相连结构构件出现0.6倍设计挠度的变形。

世界各国的抗震规范、规定中，要求对非结构的地震作用进行计算的有60%，而仅有28%对非结构的构造做出规定。考虑到我国设计人员的习惯，首先要求采取抗震措施，对于抗震计算的范围由相关标准规定，一般情况下，除了有明确规定的非结构构件，如出屋面女儿墙、长悬臂构件（雨篷等）外，尽量减少非结构构件地震作用计算和构件抗震验算的范围。

当抗震要求不同的两个非结构构件连接在一起时，要求低的构件也需按较高的要求设计，以确保较高设防要求的构件能满足规定。其中一个非结构构件连接损坏时，应不致引起与之相连接的有较高要求的非结构构件失效。很多情况下，同一部位有多个非结构构件，如出入口通道可包括非承重墙体、悬吊天棚、应急照明和出入信号四个非结构构件，电气转换开关可能安装在非承重墙上等。

 **学习思考**

1. 地震按其成因分为哪几种类型？按其震源深浅又分为哪几种类型？
2. 地震的破坏作用包括哪几个方面？其中建筑结构的破坏有哪几种？
3. 什么是地震震级？什么是地震烈度？它们之间有什么关系？
4. 如何获取建筑所在地区的抗震设防烈度、设计基本地震加速度和设计地震分组？
5. 什么是小震、中震和大震？我国建筑抗震设防的目标是什么？
6. 说明二阶段设计方法如何实现 3 个烈度水准的抗震设防要求？
7. 建筑抗震设防类别分为哪几类？如何确定各类建筑的抗震设防标准？
8. 抗震设计的基本要求主要包括哪三个方面？
9. 怎么确定现浇钢筋混凝土房屋的抗震等级？
10. 防震缝的缝宽应符合什么要求？
11. 多层砌体房屋抗震一般规定主要包括哪些内容？
12. 非结构构件包括哪些？非结构构件的抗震包括哪两方面的抗震？

 **学习检测**

**一、单项选择题**

1. 世界上破坏性地震总量的 90% 以上是下列（　　）地震引起的？
A. 构造地震　　　B. 水库诱发地震　　　C. 陷落地震　　　D. 火山爆发

2. 以下关于地震震级和地震烈度的叙述，（　　）是错误的？
A. 一次地震的震级用基本烈度表示
B. 地震烈度表示一次地震对各个不同地区的地表和各类建筑物影响的强弱程度
C. 里氏震级表示一次地震释放能量的大小
D. 2008 年我国汶川地震为里氏 8.0 级，震中烈度为 11 度

3. 唐山地震影响到北京，下列叙述（　　）是正确的。
A. 唐山发生 7.8 级地震，影响到北京为 6 度
B. 唐山发生 7.8 级地震，影响到北京为 6 级
C. 唐山发生 7.8 度地震，影响到北京为 6 度
D. 唐山发生 7.8 度地震，影响到北京为 6 级

4. 抗震设防烈度为（ ）及以上地区的建筑必须进行抗震设计？

A. 5 度      B. 6 度      C. 7 度      D. 8 度

5. 抗震设防烈度为 6 度的地区，其对应的设计基本地震加速度是（ ）。

A. 0.05g      B. 0.10g      C. 0.20g      D. 0.30g

6. 为了体现震级和震中距的影响，建筑工程的设计地震分为三组。在场地类别相同的情况下，（ ）组对应的特征周期值最大，在抗震设防烈度、设计基本地震加速度相同的情况下，对于高柔结构，地震作用计算值更大。

A. 第一      B. 第二      C. 第三

7. "小震"表示的地震烈度含义为（ ）。

A. 比基本烈度低 2 度      B. 比基本烈度低 1.5 度

C. 比基本烈度低 1 度      D. 与基本烈度一致

8. 进行抗震设计的建筑应达到的抗震设防目标是（ ）。

Ⅰ. 当遭受低于本地区抗震设防烈度的多遇地震（小震）影响时，主体结构不受损坏或不需进行修理可继续使用

Ⅱ. 当遭受相当于本地区抗震设防烈度的设防地震（中震）影响时，可能发生损坏，但经一般性修理仍可继续使用

Ⅲ. 当遭受高于本地区抗震设防烈度的罕遇地震（大震）影响时，不致倒塌或发生危及生命的严重破坏。比基本烈度低 1 度

A. Ⅰ、Ⅱ      B. Ⅰ、Ⅲ      C. Ⅱ、Ⅲ      D. Ⅰ、Ⅱ、Ⅲ

9. 建筑应根据其重要性进行抗震设防类别划分，北京市三级医院的住院部应划分为（ ）类。你所就读的中学教学楼应划分为（ ）类。大学宿舍楼应划分为（ ）类。

A. 甲      B. 乙      C. 丙      D. 丁

10. "应按高于本地区抗震设防烈度一度的要求加强其抗震措施；但抗震设防烈度为 9 度时应按比 9 度更高的要求采取抗震措施；地基基础的抗震措施，应符合有关规定。同时，应按本地区抗震设防烈度确定其地震作用。"适用于下列（ ）抗震设防类别。

A. 特殊设防类      B. 重点设防类

C. 标准设防类      D. 适度设防类

11. 某高校（7 度、0.10g、第二组）拟建一幢高层学生宿舍楼，如采用现浇钢筋混凝土框架结构，最大高度不应超过（ ）。

A. 60m      B. 50m      C. 40m      D. 24m

12. 某高校（7 度、0.10g、第二组）拟建一幢高层学生宿舍楼，如采用现浇钢筋混凝土框架-剪力墙结构，最大高宽比度不宜超过（ ）。

A. 4      B. 5      C. 6      D. 7

13. 某高校（7 度、0.10g、第二组）拟建一幢教学楼，如采用现浇钢筋混凝土框架结构，高度 22.8m，抗震等级为（ ）。

A. 一级      B. 二级      C. 三级      D. 四级

14. 某高校（7 度、0.10g、第二组）拟建一幢成人教育培训中心，如采用现浇钢筋混凝土框架-剪力墙结构，高度 55m，框架部分抗震等级为（ ）、抗震墙部分抗震等级为（ ）。

A. 一级　　　　　　B. 二级　　　　　　C. 三级　　　　　　D. 四级

15. 某中学（7度、0.10g、第二组）拟建一幢实验楼，如采用现浇钢筋混凝土框架结构，高度21m，抗震等级为（　　　）。

A. 一级　　　　　　B. 二级　　　　　　C. 三级　　　　　　D. 四级

16. 某高校（7度、0.10g、第二组）拟建一幢教学楼，高度22.8m，因房屋总长度较长，需设置温度伸缩缝，缝宽宜取（　　　）。

A. 70mm　　　　　B. 100mm　　　　　C. 120mm　　　　　D. 140mm

17. 某高校（7度、0.10g、第二组）拟建一幢成人教育培训中心，如采用现浇钢筋混凝土框架-剪力墙结构，高度55m，因房屋总长度较长，需设置温度伸缩缝，缝宽宜取（　　　）。

A. 100mm　　　　　B. 150mm　　　　　C. 210mm　　　　　D. 300mm

18. 钢筋混凝土框架-剪力墙结构，在抵御地震作用时应具有多道防线，按结构或构件屈服的先后次序排列，下列哪个次序是正确的（　　　）？

A. 框架、连梁、剪力墙　　　　　　　　B. 框架梁、框架柱、剪力墙

C. 连梁、剪力墙、框架　　　　　　　　D. 剪力墙、连梁、框架

19. 某高校（7度、0.10g、第二组）拟建一幢教师公寓，结构形式为砌体结构，承重墙均为240mm厚普通砖，则房屋的层数和总高度限值分别为（　　　）。

A. 7层、21m　　　B. 6层、18m　　　C. 5层、15m　　　D. 6层、21.6m

20. 多层砌体承重房屋的层高，一般不应超过（　　　）。

A. 3.0m　　　　　B. 3.6m　　　　　C. 3.9m　　　　　D. 4.2m

21. 某高校（7度、0.10g、第二组）拟建一幢教师公寓，结构形式为砌体结构，承重墙均为240mm厚普通砖，房屋总高度18m，则房屋总宽度不宜小于（　　　）。

A. 6m　　　　　　B. 7.2m　　　　　C. 9m　　　　　　D. 12m

22. 某高校（7度、0.10g、第二组）拟建一幢教师公寓，结构形式为砌体结构，承重墙均为240mm厚普通砖，房屋总高度18m，按照房屋的局部尺寸限值要求，承重窗间墙最小宽度不宜小于（　　　），承重外墙尽端至门窗洞边的最小距离不宜小于（　　　），内墙阳角至门窗洞边的最小距离不宜小于（　　　），无锚固女儿墙（非出入口处）的最大高度不宜小于（　　　）。

A. 0.5m　　　　　B. 1.0m　　　　　C. 1.2m　　　　　D. 1.5m

# 单元七　结构构件受力特点及标准构造

多层和高层混凝土房屋中的结构构件主要包括板、梁、柱、墙、楼梯、基础；多层砌体房屋中的结构构件包括墙体、构造柱、圈梁、过梁、挑梁等；此外，非结构构件也是涉及房屋安全的重要组成部分。近二十多年来，国家编制了相对统一的结构构件标准构造图集并不断更新，推进了结构构件的标准化设计，在工程技术领域发挥着重要的作用，产生巨大的经济效益和社会效益。

本单元介绍多层和高层混凝土房屋、多层砌体房屋中结构构件和非结构构件的受力特点与构造措施，结合国家建筑标准设计图集《混凝土结构施工图平面整体表示方法制图规则和构造详图》（16G101系列图集）、《混凝土结构施工钢筋排布规则与构造详图》（12G901系列图集）和《砌体结构设计与构造》（12SG620），侧重说明标准构造，并通过具体构件的钢筋工程量计算强化读者对标准构造的理解。图7-1为部分构件或节点的钢筋构造。

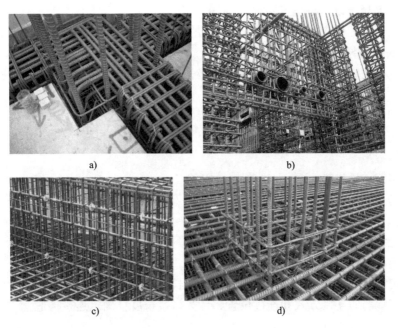

图7-1　钢筋构造

a）梁柱节点　b）剪力墙　c）基础梁　d）柱锚入基础

# 子单元一　通用构造规则

 **学习目标**

1. 熟悉混凝土耐久性要求
2. 熟悉防水混凝土设计与施工要求
3. 理解钢筋的锚固的作用，掌握锚固长度的计算
4. 掌握钢筋的连接方式及连接构造
5. 掌握结构构件纵向钢筋净距的要求
6. 掌握封闭箍筋及拉筋弯钩构造
7. 了解伸缩缝设置要求
8. 了解施工缝及后浇带设置要求
9. 掌握钢筋计算基本原理

**任务内容**

1. 知识点
（1）混凝土结构的环境类别、混凝土保护层的最小厚度
（2）防水混凝土设计与施工要求
（3）钢筋锚固的概念及黏结机理分析，受拉钢筋基本锚固长度 $l_{ab}$、抗震基本锚固长度 $l_{abE}$、受拉钢筋锚固长度 $l_a$、抗震锚固长度 $l_{aE}$
（4）纵向受拉钢筋的连接构造，绑扎搭接长度 $l_l$、$l_{lE}$，纵向受拉钢筋机械连接、焊接接头要求
（5）结构构件中纵向钢筋净距的要求
（6）封闭箍筋及拉筋弯钩构造
（7）伸缩缝
（8）施工缝、后浇带
（9）钢筋计算基本原理

2. 技能点
（1）判定混凝土结构的环境类别
（2）确定混凝土保护层厚度
（3）确定钢筋的锚固方式，计算钢筋的锚固长度
（4）确定钢筋的连接方式和连接位置，计算搭接长度，确定连接构造
（5）选取后浇带位置
（6）计算钢筋图示长度与下料长度

 **知识解读**

## 一、混凝土耐久性设计

混凝土结构的耐久性按正常使用极限状态控制，特点是随时间发展因材料劣化而引起性能衰减。耐久性极限状态表现为：钢筋混凝土构件表面出现锈胀裂缝；预应力筋开始锈蚀；结构表面混凝土出现可见的耐久性损伤（酥裂、粉化等）。材料劣化进一步发展还可能引起构件承载力问题，甚至发生破坏。由于影响混凝土结构材料性能劣化的因素比较复杂，其规律不确定性很大，一般建筑结构的耐久性设计只能采用经验性的定性方法解决。混凝土结构应根据设计使用年限和环境类别进行耐久性设计。对临时性的混凝土结构，可不考虑混凝土的耐久性要求。耐久性设计包括下列内容：

1）确定结构所处的环境类别。

2）提出对混凝土材料的耐久性基本要求。

3）确定构件中钢筋的混凝土保护层厚度。

4）不同环境条件下的耐久性技术措施。

5）提出结构使用阶段的检测与维护要求。

### （一）混凝土结构的环境类别

结构所处环境是影响其耐久性的外因，环境类别是指混凝土暴露表面所处的环境条件，混凝土结构的环境类别划分见表7-1，设计可根据实际情况确定适当的环境类别。结构所处的环境类别的确定，直接影响着耐久性设计，也是结构构件最大裂缝宽度限值的依据。

表7-1 混凝土结构的环境类别

| 环境类别 | 条 件 |
|---|---|
| 一 | 室内干燥环境；无侵蚀性静水浸没环境 |
| 二 a | 室内潮湿环境；非严寒和非寒冷地区的露天环境；非严寒和非寒冷地区与无侵蚀性的水或土壤直接接触的环境；严寒和寒冷地区的冰冻线以下与无侵蚀性的水或土壤直接接触的环境 |
| 二 b | 干湿交替环境；水位频繁变动环境；严寒和寒冷地区的露天环境；严寒和寒冷地区的冰冻线以上与无侵蚀性的水或土壤直接接触的环境 |
| 三 a | 严寒和寒冷地区冬季水位冰冻区环境；受除冰盐影响环境；海风环境 |
| 三 b | 盐渍土环境；受除冰盐作用环境；海岸环境 |
| 四 | 海水环境 |
| 五 | 受人为或自然的侵蚀性物质影响的环境 |

注：1. 室内潮湿环境是指构件表面经常处于结露或湿润状态的环境。

2. 严寒和寒冷地区的划分应符合国家现行标准《民用建筑热工设计规范》（GB 50176—2016）的有关规定。

3. 海岸环境和海风环境宜根据当地情况，考虑主导风向及结构所处迎风、背风部位等因素的影响，由调查研究和工程经验确定。

4. 受除冰盐影响环境是指受到除冰盐盐雾影响的环境；受除冰盐作用环境是指被除冰盐溶液溅射的环境以及使用除冰盐地区的洗车房、停车楼等建筑。

5. 暴露的环境是指混凝土结构表面所处的环境。

## （二）结构混凝土材料的耐久性基本要求

混凝土材料的质量是影响结构耐久性的内因，影响耐久性的主要因素是：混凝土的水胶比、强度等级、氯离子含量和碱含量。设计使用年限为 50 年的混凝土结构，其混凝土材料宜符合表 7-2 的规定。

表 7-2　结构混凝土材料的耐久性基本要求

| 环境等级 | 最大水胶比 | 最低强度等级 | 最大氯离子含量（%） | 最大碱含量/（kg/m³） |
|---|---|---|---|---|
| 一 | 0.60 | C20 | 0.30 | 不限制 |
| 二 a | 0.55 | C25 | 0.20 | 0 |
| 二 b | 0.50（0.55） | C30（C25） | 0.15 | |
| 三 a | 0.45（0.50） | C35（C30） | 0.15 | |
| 三 b | 0.40 | C40 | 0.10 | |

注：1. 氯离子含量是指其占胶凝材料总量的百分比。

2. 预应力构件混凝土中的最大氯离子含量为 0.06%；其最低混凝土强度等级宜按表中的规定提高两个等级。

3. 素混凝土构件的水胶比及最低强度等级的要求可适当放松。

4. 有可靠工程经验时，二类环境中的最低混凝土强度等级可降低一个等级。

5. 处于严寒和寒冷地区二 b、三 a 类环境中的混凝土应使用引气剂，并可采用括号中的有关参数。

6. 当使用非碱活性骨料时，对混凝土中的碱含量可不作限制。

## （三）构件中钢筋的混凝土保护层厚度

钢筋裸露在大气或者其他介质中，容易受蚀生锈，使得钢筋的有效截面减少，影响结构受力，因此需要根据耐久性要求规定不同使用环境的混凝土保护层最小厚度，以保证构件在设计使用年限内钢筋不发生降低结构可靠度的锈蚀。对有防火要求的钢筋混凝土梁、板及预应力构件，对混凝土保护层提出要求是为了保证构件在火灾中按建筑物的耐火等级确定的耐火极限的这段时间里，构件不会失去支持能力。此外，钢筋混凝土是由钢筋和混凝土两种不同材料组成的复合材料，两种材料具有良好的黏结性能是它们共同工作的基础，从钢筋黏结锚固角度对混凝土保护层提出要求，是为了保证钢筋与其周围混凝土能共同工作，并使钢筋充分发挥计算所需强度。

混凝土保护层厚度是指最外层钢筋外边缘至混凝土表面的距离。构件中受力钢筋的保护层厚度不应小于钢筋的公称直径。考虑碳化速度的影响，设计使用年限为 50 年的混凝土结构，最外层钢筋的保护层厚度应符合表 7-3 的规定。设计使用年限为 100 年的混凝土结构，最外层钢筋的保护层厚度不应小于表中数值的 1.4 倍。

表 7-3　混凝土保护层最小厚度 c　　　　　　　　（单位：mm）

| 环　境　类　别 | 板、梁、壳 | 梁、柱、杆 |
|---|---|---|
| 一 | 15 | 20 |
| 二 a | 20 | 25 |
| 二 b | 25 | 35 |
| 三 a | 30 | 40 |
| 三 b | 40 | 50 |

注：1. 混凝土强度等级不大于 C25 时，表中混凝土保护层厚度应增加 5mm。

2. 钢筋混凝土基础宜设置混凝土垫层，基础钢筋的保护层厚度应从垫层顶面算起，且不应小于 40mm。

根据工程经验及具体情况采取有效的综合措施，可以提高构件的耐久性性能，当有充分依据并采取专门措施后，可适当减少混凝土保护层厚度。

当梁、柱、墙中纵向受力钢筋的保护层厚度大于50mm时，宜对保护层采取有效的构造措施。当在保护层内配置防裂、防剥落的焊接钢筋网片，网片钢筋的保护层厚度不应小于25mm。

### （四）耐久性技术措施

对不良环境及耐久性有特殊要求的混凝土结构构件应采取针对性的耐久性保护措施。对结构表面采用保护层及表面处理的防护措施，形成有利的混凝土表面小环境是提高耐久性的有效措施。预应力混凝土结构中的预应力筋应根据具体情况采取表面防护、孔道灌浆、加大混凝土保护层厚度等措施；外露的锚固端应采取封锚和混凝土表面处理等有效措施。有抗渗要求的混凝土结构，混凝土的抗渗等级应符合有关标准的要求。严寒及寒冷地区的潮湿环境中，结构混凝土应满足抗冻要求，混凝土抗冻等级应符合有关标准的要求。处于二、三类环境中的悬臂构件宜采用悬臂梁-板的结构形式，或在其上表面增设防护层。处于二、三类环境中的结构构件，其表面的预埋件、吊钩、连接件等金属部件应采取可靠的防锈措施。处在三类环境中的混凝土结构构件，可采用阻锈剂、环氧树脂涂层钢筋或其他具有耐腐蚀性能的钢筋、采取阴极保护措施或采用可更换的构件等措施。

### （五）结构使用阶段的检测与维护要求

设计应提出设计使用年限内房屋建筑使用维护的要求，使用者应按规定的功能正常使用并定期检查、维修或者更换。

## 二、防水混凝土

防水混凝土通过调整配合比，或掺加外加剂、掺合料等措施配制而成，其抗渗等级不得小于P6。混凝土的抗渗等级划分为P6、P8、P10、P12等四个等级，相应表示能抵抗0.6MPa、0.8MPa、1.0MPa及1.2MPa的静水压力而不渗水。防水混凝土的施工配合比通过试验确定，试配混凝土的抗渗等级应比设计要求提高0.2MPa。防水混凝土应满足抗渗等级要求，并应根据地下工程所处的环境和工作条件，满足抗压、抗冻和抗侵蚀性等耐久性要求。

### （一）设计要求

防水混凝土的设计抗渗等级，应符合表7-4的规定。

表7-4　防水混凝土的设计抗渗等级

| 工程埋置深度 H/m | 设计抗渗等级 |
| --- | --- |
| $H < 10$ | P6 |
| $10 \leqslant H < 20$ | P8 |
| $20 \leqslant H < 30$ | P10 |
| $H \geqslant 30$ | P12 |

防水混凝土结构底板的混凝土垫层，强度等级不应小于C15，厚度不应小于100mm，在软弱土层中不应小于150mm。防水混凝土结构厚度不应小于250mm；裂缝宽度不得大于

0.2mm，并不得贯通；钢筋保护层厚度应根据结构的耐久性和工程环境选用，迎水面钢筋保护层厚度不应小于50mm。

（二）施工要求

防水混凝土施工前应做好降排水工作，不得在有积水的环境中浇筑。防水混凝土应分层连续浇筑，分层厚度不得大于500mm。用于防水混凝土的模板应拼缝严密、支撑牢固。防水混凝土终凝后应立即进行养护，养护时间不得少于14d。大体积防水混凝土的施工还应符合有关规定。

防水混凝土应连续浇筑，宜少留施工缝。当留设施工缝时，应符合下列规定：墙体水平施工缝不应留在剪力最大处或底板与侧墙的交接处，应留在高出底板表面不小于300mm的墙体上。拱（板）墙结合的水平施工缝，宜留在拱（板）墙接缝线以下150~300mm处。墙体有顶留孔洞时，施工缝距孔洞边缘不应小于300mm。垂直施工缝应避开地下水和裂隙水较多的地段，并宜与变形缝相结合。

施工缝防水构造形式宜选用图7-2所示的形式，当采用两种以上构造措施时可进行有效组合。

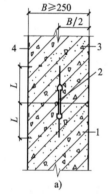

a)

钢板止水带$L \geqslant 150$　橡胶止水带$L \geqslant 200$
钢边橡胶止水带$L \geqslant 120$
1—先浇混凝土　2—中埋止水带
3—后浇混凝土　4—结构迎水面

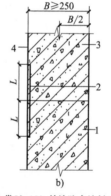

b)

外贴止水带$L \geqslant 150$　外涂防水涂料$L=200$
外抹防水砂浆$L=200$
1—先浇混凝土　2—外贴止水带
3—后浇混凝土　4—结构迎水面

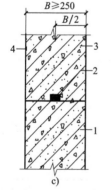

c)

1—先浇混凝土　2—遇水膨胀止水条（胶）
3—后浇混凝土　4—结构迎水面

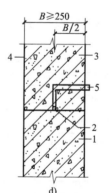

d)

1—先浇混凝土　2—预埋注浆管　3—后浇混凝土
4—结构迎水面　5—注浆导管

图7-2　施工缝防水构造

施工缝的施工应符合下列规定：

1）水平施工缝浇筑混凝土前，应将其表面浮浆和杂物清除，然后铺设净浆或涂刷混凝土界面处理剂、水泥基渗透结晶型防水涂料等材料，再铺 30 ~ 50mm 厚的 1:1 水泥砂浆，并应及时浇筑混凝土。

2）垂直施工缝浇筑混凝土前，应将其表面清理干净，再涂刷混凝土界面处理剂或水泥基渗透结晶型防水涂料，并应及时浇筑混凝土。

3）遇水膨胀止水条（胶）应与接缝表面密贴。

4）选用的遇水膨胀止水条（胶）应具有缓胀性能，7d 的净膨胀率不宜大于最终膨胀率的 60%，最终膨胀率宜大于 220%。

5）采用中埋式止水带或预埋式注浆管时，应定位准确、固定牢靠。

防水混凝土结构内部设置的各种钢筋或绑扎铁丝，不得接触模板。用于固定模板的螺栓必须穿过混凝土结构时，可采用工具式螺栓或螺栓加堵头，螺栓上应加焊方形止水环，如图 7-3 所示。拆模后应将留下的凹槽用密封材料封堵密实，并应用聚合物水泥砂浆抹平。

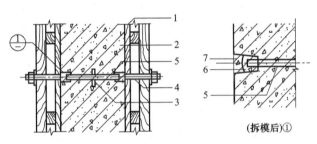

图 7-3　固定模板用螺栓的防水构造

1—模板　2—结构混凝土　3—止水环　4—工具式螺栓
5—固定模板用螺栓　6—密封材料　7—聚合物水泥砂浆

## 三、钢筋的锚固

### （一）钢筋端部锚固的概念

如图 7-4 所示，某钢筋混凝土悬臂构件，在端部受到集中荷载 $P$ 的作用，需在构件的上部（受拉区）配置受力钢筋。如当钢筋在节点中锚入的长度较小时，如图 7-4a 所示，在拉力作用下，由于混凝土和钢筋之间的黏结力不够，钢筋将从混凝土中拔出而产生锚固破坏；当钢筋在混凝土中锚入的长度较大时，如图 7-4b 所示，锚入支座部分的钢筋与混凝土之间存在足够的黏结力，保证钢筋在外部拉力下屈服而不至于钢筋从节点中拔出。有时，由于节点的宽度不足，还须将受力钢筋弯折，如图 7-4c 所示，形成弯锚，加强锚固效果。为了保证钢筋在混凝土中的可靠锚固，钢筋应有足够的锚固长度，必要时采用弯锚方式。

### （二）黏结机理分析

钢筋和混凝土的黏结力主要由三部分组成。第一部分是钢筋和混凝土接触面上的黏结——化学吸附力，也称为胶结力。这来源于浇注时水泥浆体向钢筋表面氧化层的渗透和养护过程中水泥晶体的生长和硬化，从而使水泥胶体与钢筋表面产生吸附胶着作用。这种化学吸附力只能在钢筋和混凝土的界面处于原生状态时才存在，一旦发生滑移，它就

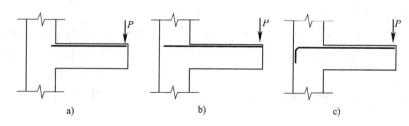

图7-4 受力钢筋锚固示意图
a）锚固不足 b）直锚 c）弯锚

失去作用。第二部分是钢筋与混凝土之间的摩阻力。由于混凝土凝固时收缩，使钢筋与混凝土接触面上产生正应力，因此，当钢筋和混凝土产生相对滑移时（或有相对滑移的趋势时），在钢筋和混凝土的界面上将产生摩阻力。摩阻力的大小取决于垂直于摩擦面上的压应力和摩擦系数，压应力与混凝土的弹性模量和收缩率有关，摩擦系数与钢筋与混凝土接触面的粗糙程度有关。光面钢筋与混凝土的黏结力主要靠摩阻力。第三部分是钢筋与混凝土的咬合力。对于光面钢筋，咬合力是指表面粗糙不平而产生的咬合作用；对于带肋钢筋，咬合力是指带肋钢筋肋间嵌入混凝土而形成的机械咬合作用，这是带肋钢筋与混凝土黏结力的主要来源。

（三）影响黏结强度的因素

**1. 钢筋表面形状**

试验表明，变形钢筋的黏结力比光面钢筋高出 2~3 倍，因此变形钢筋所需的锚固长度比光面钢筋要短，而光面钢筋的锚固端头则需要做弯钩以提高黏结强度。

**2. 混凝土强度**

变形钢筋和光面钢筋的黏结强度均随混凝土强度的提高而提高，但不与立方体抗压强度 $f_{cu}$ 成正比，黏结强度与混凝土的抗拉强度 $f_t$ 大致成正比关系。

**3. 保护层厚度和钢筋净距**

混凝土保护层和钢筋间距对黏结强度也有重要影响。对于高强度的变形钢筋，当混凝土保护层厚度较小时，外围混凝土可能发生劈裂黏结强度降低；当钢筋之间净距过小时，将可能出现水平劈裂而导致整个保护层崩落，从而使黏结强度显著降低。

**4. 钢筋浇筑位置**

黏结强度与浇筑混凝土时钢筋所处的位置也有明显的关系。对于混凝土浇筑深度过大的"顶部"水平钢筋，其底面的混凝土由于水分、气泡的逸出和骨料泌水下沉，与钢筋间形成了空隙层，从而削弱了钢筋与混凝土的黏结作用。

**5. 横向钢筋**

横向钢筋（如梁中的箍筋）可以延缓径向劈裂裂缝的发展或限制裂缝的宽度，从而可以提高黏结强度。在较大直径钢筋的锚固区或钢筋搭接长度范围内，以及当一排并列的钢筋根数较多时，均应设置一定数量的附加箍筋，以防止保护层的劈裂崩落。

**6. 侧向压力**

当钢筋的锚固区作用有侧向压应力时，可增强钢筋与混凝土之间的摩阻作用，使黏结强度提高。因此在直接支承的支座处，如梁的简支端，考虑支座压力的有利影响，伸入支座的钢筋锚固长度可适当减少。

（四）受拉钢筋的基本锚固长度

为了使钢筋和混凝土能可靠地共同工作，钢筋在混凝土中必须有可靠的锚固，当计算中充分利用钢筋的抗拉强度时，受拉普通钢筋的锚固应符合下列要求：

$$l_{ab} = \alpha \frac{f_y}{f_t} d \qquad (7-1)$$

式中　$l_{ab}$——受拉钢筋的基本锚固长度；

　　　$f_y$——普通钢筋的抗拉强度设计值；

　　　$f_t$——混凝土轴心抗拉强度设计值，当混凝土强度等级高于 C60 时，按 C60 取值；

　　　$d$——锚固钢筋的直径；

　　　$\alpha$——锚固钢筋的外形系数，按表 7-5 取用。

表 7-5　锚固钢筋的外形系数 $\alpha$

| 钢筋类型 | 光面钢筋 | 带肋钢筋 | 螺旋肋钢丝 | 三股钢绞线 | 七股钢绞线 |
| --- | --- | --- | --- | --- | --- |
| $\alpha$ | 0.16 | 0.14 | 0.13 | 0.16 | 0.17 |

注：光圆钢筋末端应做 180°弯钩，弯后平直段长度不应小于 3$d$，但做受压钢筋时可不做弯钩。

（五）受拉钢筋的锚固长度

受拉钢筋的锚固长度应根据锚固条件按下列公式计算，且不应小于 200mm。

$$l_a = \zeta_a l_{ab} \qquad (7-2)$$

式中　$l_a$——受拉钢筋的锚固长度；

　　　$\zeta_a$——锚固长度修正系数，对于普通钢筋，具体数值如下：

1）当带肋钢筋的公称直径大于 25mm 时取 1.10。

2）环氧树脂涂层带肋钢筋取 1.25。

3）施工过程中易受扰动的钢筋取 1.10。

4）当纵向受力钢筋的实际配筋面积大于其设计计算面积时，修正系数取设计计算面积与实际配筋面积的比值，但对有抗震设防要求及直接承受动力荷载的结构构件，不应考虑此项修正。

5）锚固钢筋的保护层厚度为 3$d$ 时修正系数可取 0.80，保护层厚度为 5$d$ 时修正系数可取 0.70，中间按内插取值，此处 $d$ 为锚固钢筋的直径。

锚固长度修正系数多于一项时，可按连乘计算，但不应小于 0.6。

（六）锚固范围内的横向构造钢筋

当锚固钢筋的保护层厚度不大于 5$d$，锚固长度范围内应配置横向附加构造钢筋，其直径不应小于 $d/4$；对梁、柱、斜撑等构件间距不应大于 5$d$，对板、墙等平面构件间距不应大于 10$d$，且均不应大于 100mm，此处 $d$ 为锚固钢筋的直径。

（七）纵向钢筋弯钩与机械锚固形式

当纵向受拉普通钢筋末端采用弯钩或机械锚固措施时，包括弯钩或锚固端头在内的锚固长度（投影长度）可取为基本锚固长度 $l_{ab}$ 的 60%。钢筋弯钩和机械锚固的形式（图 7-5）和技术要求应符合表 7-6 的规定。

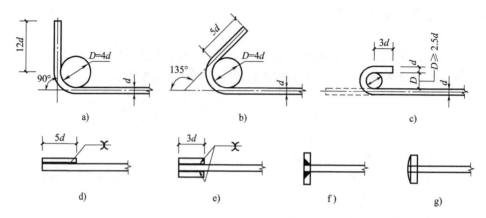

图 7-5　纵向钢筋弯钩与机械锚固形式

a）90°弯钩　b）135°弯钩　c）光圆钢筋末端 135°弯钩　d）一侧贴焊锚筋
e）两侧贴焊锚筋　f）穿孔塞焊锚筋　g）螺栓锚头

表 7-6　钢筋弯钩和机械锚固的形式和技术要求

| 锚固形式 | 技术要求 |
|---|---|
| 90°弯钩 | 末端 90°弯钩，弯钩内径 4$d$，弯后直段长度 12$d$ |
| 135°弯钩 | 末端 135°弯钩，弯钩内径 4$d$，弯后直段长度 5$d$ |
| 光圆钢筋 180°弯钩 | 末端 180°弯钩，弯钩内径 2.5$d$，弯后直段长度 3$d$ |
| 一侧贴焊锚筋 | 末端一侧贴焊长 5$d$ 同直径钢筋 |
| 两侧贴焊锚筋 | 末端两侧贴焊长 3$d$ 同直径钢筋 |
| 焊端锚板 | 末端与厚度 $d$ 的锚板穿孔塞焊 |
| 螺栓锚头 | 末端旋入螺栓锚头 |

注：1. 焊缝和螺纹长度应满足承载力要求。
　　2. 螺栓锚头和焊接锚板的承压净面积不应小于锚固钢筋截面积的 4 倍。
　　3. 螺栓锚头的规格应符合相关标准的要求。
　　4. 螺栓锚头和焊接锚板的钢筋净间距不宜小于 4$d$，否则应考虑群锚效应的不利影响。
　　5. 截面角部的弯钩和一侧贴焊锚筋的布筋方向宜向截面内侧偏置。

钢筋弯折的弯弧内直径 $D$ 还应符合下列规定：

1）光圆钢筋，不应小于钢筋直径的 2.5 倍。

2）335MPa 级、400MPa 级带肋钢筋，不应小于钢筋直径的 4 倍。

3）500MPa 级带肋钢筋，当直径 $d \leqslant 25$ 时，不应小于钢筋直径的 6 倍；当直径 $d > 25$ 时，不应小于钢筋直径的 7 倍。

4）位于框架结构顶层端节点处的梁上部纵向钢筋和柱外侧纵向钢筋，在节点角部弯折处，当钢筋直径 $d \leqslant 25$ 时，不应小于钢筋直径的 12 倍；当直径 $d > 25$ 时，不应小于钢筋直径的 16 倍。

5）箍筋弯折处尚不应小于纵向受力钢筋直径；箍筋弯折处纵向受力钢筋为搭接或并筋时，应按钢筋实际排布情况确定箍筋弯弧内直径。

（八）受压钢筋的锚固长度

混凝土结构中的纵向受压钢筋，当计算中充分利用其抗压强度时，锚固长度不应小于相应受拉锚固长度的 70%。受压钢筋锚固长度范围内的横向构造钢筋与受拉钢筋的配置要求相同。

### （九）抗震设计时受拉钢筋基本锚固长度

抗震设计时受拉钢筋基本锚固长度 $l_{abE}$ 应按下式计算：

$$l_{abE} = \zeta_{aE} l_{ab} \tag{7-3}$$

式中   $l_{abE}$——受拉钢筋的抗震基本锚固长度；

      $\zeta_{aE}$——纵向受拉钢筋抗震锚固长度修正系数，对一、二级抗震等级取 1.15，对三级抗震等级取 1.05，对四级抗震等级取 1.00。

### （十）纵向受拉钢筋的抗震锚固长度 $l_{aE}$

抗震构件纵向受拉钢筋的抗震锚固长度 $l_{aE}$ 应按下式计算：

$$l_{aE} = \zeta_{aE} l_a \tag{7-4}$$

式中   $l_{aE}$——受拉钢筋的抗震锚固长度。

### （十一）受拉钢筋的基本锚固长度 $l_{ab}$、$l_{abE}$ 的表格

为方便施工人员查用，将混凝土结构中常用的热轧钢筋与各级混凝土配合时的受拉钢筋锚固长度值，分别计算为钢筋直径 $d$ 的整倍数后编制成表，见表 7-7。

表 7-7 受拉钢筋的基本锚固长度 $l_{ab}$、$l_{abE}$

| 钢筋种类 | 抗 震 等 级 | 混凝土强度等级 | | | | | | | | |
|---|---|---|---|---|---|---|---|---|---|---|
| | | C20 | C25 | C30 | C35 | C40 | C45 | C50 | C55 | C60 |
| HPB300 | 一、二级（$l_{abE}$） | 45$d$ | 39$d$ | 35$d$ | 32$d$ | 29$d$ | 28$d$ | 26$d$ | 25$d$ | 24$d$ |
| | 三级（$l_{abE}$） | 41$d$ | 36$d$ | 32$d$ | 29$d$ | 26$d$ | 25$d$ | 24$d$ | 23$d$ | 22$d$ |
| | 四级（$l_{abE}$）、非抗震（$l_{abV}$） | 39d | 34d | 30d | 28d | 25d | 24d | 23d | 22d | 21d |
| HRB335 HRBF335 | 一、二级（$l_{abE}$） | 44$d$ | 38$d$ | 33$d$ | 31$d$ | 29$d$ | 26$d$ | 25$d$ | 24$d$ | 24$d$ |
| | 三级（$l_{abE}$） | 40$d$ | 35$d$ | 31$d$ | 28$d$ | 26$d$ | 24$d$ | 23$d$ | 22$d$ | 22$d$ |
| | 四级（$l_{abE}$）、非抗震（$l_{ab}$） | 38$d$ | 33$d$ | 29$d$ | 27$d$ | 25$d$ | 23$d$ | 22$d$ | 21$d$ | 21$d$ |
| HRB400 HRBF400 RRB400 | 一、二级（$l_{abE}$） | — | 46$d$ | 40$d$ | 37$d$ | 33$d$ | 32$d$ | 31$d$ | 30$d$ | 29$d$ |
| | 三级（$l_{abE}$） | — | 42$d$ | 37$d$ | 34$d$ | 30$d$ | 29$d$ | 28$d$ | 27$d$ | 26$d$ |
| | 四级（$l_{abE}$）、非抗震（$l_{ab}$） | — | 40$d$ | 35$d$ | 32$d$ | 29$d$ | 28$d$ | 27$d$ | 26$d$ | 25$d$ |
| HRB500 HRBF500 | 一、二级（$l_{abE}$） | — | 55$d$ | 49$d$ | 45$d$ | 41$d$ | 39$d$ | 37$d$ | 36$d$ | 35$d$ |
| | 三级（$l_{abE}$） | — | 50$d$ | 45$d$ | 41$d$ | 38$d$ | 36$d$ | 34$d$ | 33$d$ | 32$d$ |
| | 四级（$l_{abE}$）、非抗震（$l_{ab}$） | — | 48$d$ | 43$d$ | 39$d$ | 36$d$ | 34$d$ | 32$d$ | 31$d$ | 30$d$ |

## 四、钢筋的连接

钢筋的连接可采用绑扎搭接、机械连接或焊接，如图 7-6 所示。

混凝土结构中的受力钢筋的连接接头宜设置在受力较小处。如钢筋混凝土柱钢筋的连接接头一般设置在柱的中间部位，梁上部钢筋的连接接头设置在跨中 1/3 处。在同一根受力钢筋上宜少设接头。在结构的重要构件和关键传力部位，纵向受力钢筋不宜设置连接接头。

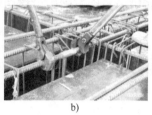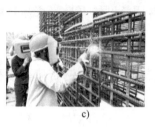

图 7-6  钢筋的连接

a）绑扎搭接  b）机械连接  c）焊接

轴心受拉及小偏心受拉杆件的纵向受力钢筋不得采用绑扎搭接；其他构件中的钢筋采用绑扎搭接时，受拉钢筋直径不宜大于 25mm，受压钢筋直径不宜大于 28mm。

（一）绑扎搭接

同一构件中相邻纵向受力钢筋的绑扎搭接接头宜互相错开。钢筋绑扎搭接接头连接区段的长度为 1.3 倍搭接长度，凡搭接接头中点位于该连接区段长度内的搭接接头均属于同一连接区段，如图 7-7 所示，同一连接区段内纵向受力钢筋搭接接头面积百分率为该区段内有搭接接头的纵向受力钢筋与全部纵向受力钢筋截面面积的比值。当直径不同的钢筋搭接时，按直径较小的钢筋计算。

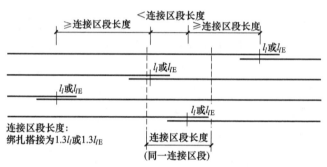

图 7-7  同一连接区段内纵向受拉钢筋绑扎搭接接头

位于同一连接区段内的受拉钢筋搭接接头面积百分率：对梁类、板类及墙类构件，不宜大于 25%；对柱类构件，不宜大于 50%。当工程中确有必要增大受拉钢筋搭接接头面积百分率时，对梁类构件，不宜大于 50%；对板、墙、柱及预制构件的拼接处，可根据实际情况放宽。

1）纵向受拉钢筋绑扎搭接接头的搭接长度，应根据位于同一连接区段内的钢筋搭接接头面积百分率按下列公式计算，且不应小于 300mm。

$$l_l = \zeta_l l_a \qquad (7-5)$$

式中　$l_l$——纵向受拉钢筋的搭接长度

　　　$\zeta_l$——纵向受拉钢筋的搭接长度修正系数，按表 7-8 取用。当纵向搭接钢筋接头面积百分率为表中间值时，修正系数可按内插取值。

表 7-8  纵向受拉钢筋的搭接长度修正系数

| 纵向搭接钢筋接头面积百分率（%） | ≤25 | 50 | 100 |
| --- | --- | --- | --- |
| $\zeta_l$ | 1.2 | 1.4 | 1.6 |

2）纵向受压钢筋绑扎搭接接头的搭接长度。构件中的纵向受压钢筋当采用搭接连接时，其受压搭接长度不应小于本规范纵向受拉钢筋搭接长度的 70%，且不应小

于200mm。

3）纵向受力钢筋搭接区箍筋构造。在梁、柱类构件的纵向受力钢筋搭接长度范围内的横向构造钢筋，应按图7-8设置，搭接区内箍筋直径不小于 $d/4$（ $d$ 为搭接钢筋最大直径），间距不应大于100mm及 $5d$（ $d$ 为搭接钢筋最小直径）；当受压钢筋直径大于25mm时，尚应在搭接接头两个端面外100mm的范围内各设置两道箍筋。

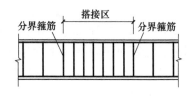

图7-8 纵向受力钢筋搭接区箍筋构造

4）纵向受拉钢筋的抗震搭接长度。当采用搭接连接时，纵向受拉钢筋的抗震搭接长度 $l_{lE}$ 应按下列公式计算：

$$l_{lE} = \zeta_l l_{aE}$$ (7-6)

式中 $l_{lE}$——纵向受拉钢筋的搭接长度。

纵向受力钢筋连接的位置宜避开梁端、柱端箍筋加密区；如必须在此连接时，应采用机械连接或焊接。混凝土构件位于同一连接区段内的纵向受力钢筋接头面积百分率不宜超过50%。

（二）机械连接

如图7-9所示，纵向受力钢筋的机械连接接头宜相互错开。钢筋机械连接区段的长度为 $35d$， $d$ 为连接钢筋的较小直径。凡接头中点位于该连接区段长度内的机械连接接头均属于同一连接区段。

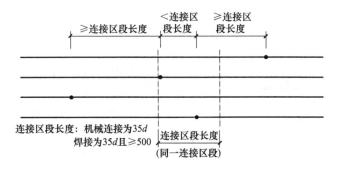

图7-9 同一连接区段内纵向受拉钢筋机械连接、焊接接头

位于同一连接区段内的纵向受拉钢筋接头面积百分率不宜大于50%；对板、墙、柱及预制构件的拼接处，可根据实际情况放宽。纵向压钢筋的接头百分率可不受限制。

机械连接套筒的保护层厚度宜满足有关钢筋最小保护层厚度的规定。机械连接套筒的横向净间距不宜小于25mm；套筒处箍筋的间距仍应满足相应的构造要求，宜采取在机械连接套筒两侧减小箍筋布置间距，避开套筒的解决办法。

（三）焊接接头

如图7-7所示，纵向受力钢筋的焊接接头应相互错开。钢筋焊接接头连接区段的长度为 $35d$ 且不小于500mm， $d$ 为连接钢筋的较小直径，凡接头中点位于该连接区段长度内的焊接接头均属于同一连接区段。

纵向受拉钢筋的接头面积百分率不宜大于50%，但对预制构件的拼接处，可根据实际情况放宽。纵向受压钢筋的接头百分率可不受限制。

### 五、板、梁、柱钢筋的间距

为了保证混凝土能很好地将钢筋包裹住，使钢筋应力能可靠地传递到混凝土，以及避免因钢筋过密而妨碍混凝土的捣实，梁上部钢筋水平方向的净间距不应小于 30mm 和 1.5$d$；梁下部钢筋水平方向的净间距不应小于 25mm 和 $d$。当下部钢筋多于 2 层时，2 层以上钢筋水平方向的中距应比下面 2 层的中距增大一倍；各层钢筋之间的净间距不应小于 25mm 和 $d$，$d$ 为钢筋的最大直径，如图 7-10 所示。

为解决粗钢筋及配筋密集引起设计、施工的困难，构件中的钢筋可采用并筋的配置形式。直径 28mm 及以下的钢筋并筋数量不应超过 3 根；直径 32mm 的钢筋并筋数量宜为 2 根；直径 36mm 及以上的钢筋不应采用并筋。并筋应按单根等效钢筋进行计算，等效钢筋的等效直径应按截面面积相等的原则换算确定。并筋等效直径的概念适用于本规范中钢筋间距、保护层厚度、裂缝宽度验算、钢筋锚固长度、搭接接头面积百分率及搭接长度等有关条文的计算及构造规定。并筋梁钢筋净距如图 7-11 所示。

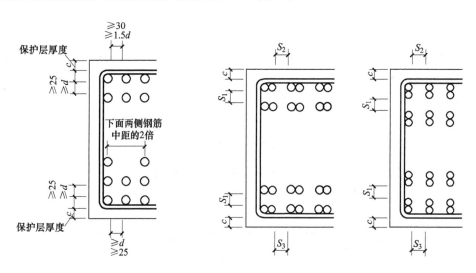

图 7-10　梁钢筋的间距　　　　　　　　图 7-11　并筋梁钢筋净距

为了便于浇注混凝土，保证钢筋周围混凝土的密实性，板内钢筋间距不宜太密。为了使板正常地承受外荷载，钢筋间距也不宜过稀。板中受力钢筋的间距，当板厚不大于 150mm 时不宜大于 200mm，一般为 70~200mm；当板厚大于 150mm 时不宜大于板厚的 1.5 倍，且不宜大于 250mm。

柱中纵向钢筋的净间距不应小于 50mm，且不宜大于 300mm，由于箍筋肢距的要求，抗震框架柱纵筋间距不宜大于 200mm。

### 六、封闭箍筋及拉筋弯钩构造

通常情况下，箍筋应做成封闭式，可在工厂加工焊接封闭箍筋，或设置弯钩勾住钢筋，如图 7-12a、b 所示。拉筋可采用同时勾住纵筋和箍筋的形式，如图 7-12c 所示；也可采用拉筋紧靠纵向钢筋并勾住箍筋，或拉筋紧靠箍筋并勾住纵筋的形式。

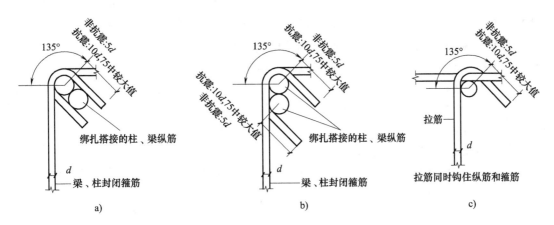

图 7-12　封闭箍筋及拉筋弯钩构造

## 七、伸缩缝

混凝土结构的伸（膨胀）缩（收缩）缝是结构缝的一种，目的是为减小由于温差（早期水化热或使用期季节温差）和体积变化（施工期或使用早期的混凝土收缩）等间接作用效应积累的影响，将混凝土结构分割为较小的单元，避免引起较大的约束应力和开裂。通俗地说，伸缩缝的设置是为了防止温度变化和混凝土收缩而引起结构过大的附加内应力，从而避免当受拉的内应力超过混凝土的抗拉强度时引起结构产生裂缝。

由于水泥强度等级提高、水化热大、凝固时间缩短；混凝土强度等级提高、拌合物流动性加大、结构的体量越来越大；加之为满足混凝土泵送、免振等工艺，混凝土的组分变化造成收缩增加，近年由此而引起的混凝土体积收缩呈增大趋势，现浇混凝土结构的裂缝问题比较普遍。工程实践表明，超长结构采取有效措施后也可以减少和避免发生裂缝。

钢筋混凝土结构伸缩缝的最大间距可按表 7-9 确定。

表 7-9　钢筋混凝土结构伸缩缝的最大间距　　　　　　　　（单位：m）

| 结构类别 | | 室内或土中 | 露　天 |
|---|---|---|---|
| 排架结构 | 装配式 | 100 | |
| 框架结构 | 装配式 | 75 | 50 |
| | 现浇式 | 55 | 35 |
| 剪力墙结构 | 装配式 | 65 | 40 |
| | 现浇式 | 45 | 30 |
| 挡土墙、地下室墙壁等类结构 | 装配式 | 40 | 30 |
| | 现浇式 | 30 | 20 |

注：1. 装配整体式结构的伸缩缝间距，可根据结构的具体情况取表中装配式结构与现浇式结构之间的数值。

2. 框架-剪力墙结构或框架-核心筒结构房屋的伸缩缝间距，可根据结构的具体情况取表中框架结构与剪力墙结构之间的数值。

3. 当屋面无保温或隔热措施时，框架结构、剪力墙结构的伸缩缝间距宜按表中露天栏的数值取用。

4. 现浇挑檐、雨罩等外露结构的局部伸缩缝间距不宜大于 12m。

对于某些间接作用效应较大的不利情况，伸缩缝间距宜适当减小：如柱高（从基础顶面算起）低于8m的排架结构；屋面无保温、隔热措施的排架结构；位于气候干燥地区、夏季炎热且暴雨频繁地区的结构或经常处于高温作用下的结构；采用滑模类工艺施工的各类墙体结构；混凝土材料收缩较大，施工期外露时间较长的结构。

采取有效的综合措施，伸缩缝的间距可适当增大：如采取减小混凝土收缩或温度变化的措施；采用专门的预加应力或增配构造钢筋的措施；采用低收缩混凝土材料，采取跳仓浇筑、后浇带、控制缝等施工方法，并加强施工养护。当伸缩缝间距增大较多时，尚应考虑温度变化和混凝土收缩对结构的影响。

由于在混凝土结构的地下部分，温度变化和混凝土收缩能够得到有效的控制，规范规定有关结构在地下可以不设伸缩缝。

## 八、施工缝与后浇带

### （一）施工缝

施工缝指的是在混凝土浇筑过程中，因设计要求或施工需要分段浇筑，而在先、后浇筑的混凝土之间所形成的接缝。施工缝并不是一种真实存在的"缝"，它只是因先浇筑混凝土超过初凝时间，而与后浇筑的混凝土之间存在一个结合面。

施工缝的留设位置应在混凝土浇筑之前确定。施工缝宜留设在结构受剪力较小且便于施工的位置。受力复杂的结构构件或有防水抗渗要求的结构构件，施工缝留设位置应经设计单位认可。

柱、墙水平施工缝可留设在基础、楼层结构顶面，柱施工缝与结构上表面的距离宜为0～100mm，墙施工缝与结构上表面的距离宜为0～300mm；也可留设在楼层结构底面，施工缝与结构下表面的距离宜为0～50mm；高度较大的柱、墙、梁以及厚度较大的基础可根据施工需要在其中部留设水平施工缝。

不同构件垂直施工缝的留设位置有所不同。有主次梁的楼板施工缝应留设在次梁跨度中间的1/3范围内；单向板施工缝应留设在平行于板短边的任何位置；楼梯梯段施工缝宜设置在梯段板跨度端部的1/3范围内；墙的施工缝宜设置在门洞口过梁跨中1/3范围内，也可留设在纵横交接处。

施工缝留设界面应垂直于结构构件和纵向受力钢筋。结构构件厚度或高度较大时，施工缝或后浇带界面宜采用专用材料封挡。混凝土浇筑过程中，因特殊原因需临时设置施工缝时，施工缝留设应规整，并宜垂直于构件表面，必要时可采取增加插筋、事后修凿等技术措施。施工缝应采取钢筋防锈或阻锈等保护措施。

### （二）后浇带

为适应环境温度变化、混凝土收缩、结构不均匀沉降等因素影响，在梁、板（包括基础底板）、墙等结构中预留的具有一定宽度且经过一定时间后再浇筑的混凝土带称为后浇带。后浇带是在建筑施工中为防止现浇钢筋混凝土结构由于自身收缩不均或沉降不均可能产生的有害裂缝，按照设计或施工规范要求，在基础底板、墙、梁相应位置留设的临时施工缝，如图7-13所示。后浇带将结构暂时划分为若干部分，经过构件内部收缩，在若干时间后再浇捣该施工缝混凝土，将结构连成整体的地带。后浇带的浇筑时间宜选择气温较低时，可用浇筑水泥或水泥中掺微量铝粉的混凝土，其强度等级应比构件强度高一级，防止新老混凝土之间出现裂缝，造成薄弱部位。

图 7-13　施工后浇筑带

后浇带按其作用可分为两种。一种是为了防止基础不均匀沉降对结构产生不良影响而设置的后浇带，称为沉降后浇带，常用于高层建筑主楼与裙房之间，施工时用后浇带把两部分暂时断开，待主体结构施工完毕，已完成大部分沉降量以后再浇灌连接部分的混凝土，将高低层连成整体。另一种是为了防止混凝土收缩和温度伸缩而设置的伸缩后浇带，伸缩后浇带可沿基础长度方向每隔 30～40m 留设一道，待其两侧混凝土浇筑两个月以后再行施工，因为在此期间混凝土早期温差及收缩已完成较大部分，在此后浇注混凝土，可以大大改善结构的受力状态，保证整体结构免受混凝土收缩及温差应力的影响。

后浇带的留置宽度一般 700～1000mm，常用的有 800mm、1000mm 两种。接缝形式有平直缝、阶梯缝、槽口缝和 X 形缝四种形式。后浇带内的钢筋，可全断开再搭接，也可不断开。后浇混凝土，其强度等级应提高一级，且宜采用早强、补偿收缩的混凝土。

## 九、钢筋计算基本原理

### （一）钢筋图示长度和下料长度

**1. 钢筋图示长度**

钢筋图示长度是结构施工图中所注的钢筋尺寸，是钢筋的外包尺寸，一般为构件长度减去钢筋保护层后的长度，本书用 $L_t$ 表示。

如图 7-14 所示，钢筋的图示尺寸为 $L_t = (300 + 600)mm = 900mm$。

**2. 钢筋的下料长度**

钢筋下料长度是指钢筋中心线长度，即钢筋的配料切断长度，是钢筋加工配料的依据，本书用 $L_l$ 表示。

如图 7-14 所示，钢筋的下料长度为 $(300 - R - d) + 0.5\pi(R + 0.5d) + (600 - R - d)$。其中 $R$ 为钢筋的弯曲内半径，$d$ 为钢筋直径。也可表达为 $(300 - D/2 - d) + 0.5\pi(D/2 + 0.5d) + (600 - D/2 - d)$，$D$ 为弯曲内径。

若钢筋为 $\Phi 20$，$D = 4d = 4 \times 20mm = 80mm$，则图 7-14 中钢筋下料长度经计算可得 858.5mm。

因为建筑用钢筋一般每根定尺长度是9m左右，钢筋下料除按结构施工图要求外，还需确定钢筋的连接部位，一要满足施工质量验收规范要求，二要考虑钢筋利用的经济性。

（二）钢筋弯曲调整值

钢筋弯曲后，在弯曲点两侧外包尺寸和中心线之间有一个长度差值，称为钢筋的弯曲调整值，也叫钢筋量度差值，本书用 $L_d$ 表示。钢筋在弯曲过程中，外侧表面受到张拉而伸长，内侧表面受到压缩而缩

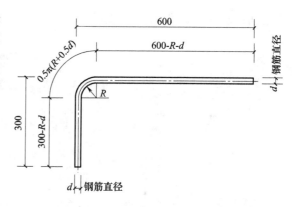

图 7-14　钢筋的下料长度与图示尺寸

短，而钢筋加工变形以后，钢筋中心线的长度是不改变的，即"钢筋弯曲调整值＝钢筋外皮尺寸之和－钢筋中心线长度"。如图 7-15 所示，钢筋弯曲调整值可以按式 7-7 计算，计算结果列入表 7-10。

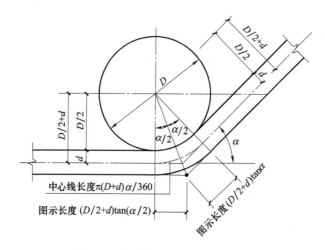

图 7-15　钢筋弯曲调整值计算简图

表 7-10　钢筋弯曲调整值

| 弯曲角度 | $D=2.5d$ | $D=4d$ | $D=5d$ | $D=6d$ | $D=8d$ | $D=12d$ | $D=16d$ |
|---|---|---|---|---|---|---|---|
| 30° | 0.289d | 0.299d | 0.305d | 0.311d | 0.323d | 0.348d | 0.372d |
| 45° | 0.490d | 0.522d | 0.543d | 0.565d | 0.608d | 0.694d | 0.780d |
| 60° | 0.765d | 0.846d | 0.900d | 0.954d | 1.061d | 1.276d | 1.491d |
| 90° | 1.751d | 2.073d | 2.288d | 2.502d | 2.931d | 3.790d | 4.648d |
| 120° | 4.129d | 5.156d | 5.841d | 6.526d | 7.896d | 10.631d | 13.375d |
| 135° | 6.741d | 8.595d | 9.831d | 11.067d | 13.539d | 18.484d | 23.428d |
| 150° | 12.213d | 15.847d | 18.270d | 20.693d | 25.539d | 35.252d | 44.924d |

注：钢筋弯曲调整值为扣减。

$$L_d = 2\left(\frac{D}{2} + d\right)\tan\frac{\alpha}{2} - \frac{\alpha}{360}\pi(D + d) \tag{7-7}$$

式中　$L_d$——钢筋的弯曲调整值；

$D$——弯曲内径；

$d$——钢筋直径；

$\alpha$——弯曲角度。

显然，可用下式计算钢筋下料尺寸：

$$L_l = L_t - L_d \tag{7-8}$$

即钢筋下料长度 = 钢筋图示长度 − 钢筋弯曲调整值

图 7-14 所示钢筋，钢筋弯曲角度 90°，$D = 4d$，由表 7-10 可得，钢筋弯曲度量差值为 $L_d = 2.073d = 2.073 \times 20\text{mm} = 41.5\text{mm}$，即 $L_l = L_t - L_d = (900 - 41.5)\text{mm} = 858.5\text{mm}$，这与前述计算结果是一致的。

**（三）钢筋弯钩增加长度**

如图 7-16 所示，为了加强锚固，钢筋的端部有时需设计成 90°、135°、180° 弯钩，计算钢筋的下料长度时，需考虑钢筋弯钩增加长度，本书钢筋弯钩增加长度用 $L_z$ 表示。

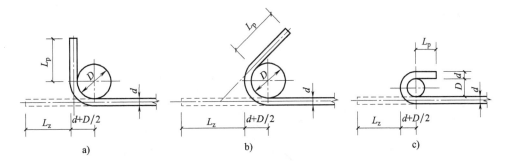

图 7-16　钢筋弯钩增加长度

a）90°弯钩　b）135°弯钩　c）180°弯钩

参考图 7-16，可知钢筋弯钩增加长度计算如下：

$$L_z = L_p + \frac{\alpha}{360}\pi(D + d) - \left(d + \frac{D}{2}\right) \tag{7-9}$$

式中　$L_z$——钢筋弯钩增加长度；

$L_p$——钢筋弯钩长度；

$\alpha$——钢筋弯钩角度。

计算结果列于表 7-11。

表 7-11　钢筋弯钩增加长度

| 弯钩角度 $\alpha$ | 钢筋弯钩增加长度 | | |
| --- | --- | --- | --- |
| | 通用公式 | $D = 2.5d$ | $D = 4d$ |
| 90° | $L_p + \dfrac{1}{4}\pi(D + d) - \left(d + \dfrac{D}{2}\right)$ | $0.499d + L_p$ | $0.927d + L_p$ |

（续）

| 弯钩角度 $\alpha$ | 钢筋弯钩增加长度 | | |
|---|---|---|---|
| | 通用公式 | $D=2.5d$ | $D=4d$ |
| 135° | $L_p + \dfrac{3}{8}\pi(D+d) - \left(d+\dfrac{D}{2}\right)$ | $1.873d + L_p$ | $2.890d + L_p$ |
| 180° | $L_p + \dfrac{1}{2}\pi(D+d) - \left(d+\dfrac{D}{2}\right)$ | $3.248d + L_p$ | $4.854d + L_p$ |

### （四）弯起钢筋增加长度

弯起钢筋的角度一般为 30°、45°、60° 三种。梁高、板厚 300mm 以内，弯起角度为 30°；梁高、板厚为 300～800mm，弯起角度为 45°；梁高、板厚 800mm 以上，弯起角度为 60°。

如图 7-17 所示，弯起钢筋的增加长度 = 斜长 $s$ － 弯起钢筋的水平投影长度 $l$ － $2\times$ 弯弧长度减小值，弯弧长度减小值 =（钢筋中心线直线长度 － 钢筋中心线弧线长度）。如图 7-18 所示，钢筋中心线直线长度为 $2\left(\dfrac{D+d}{2}\right)\tan\dfrac{\alpha}{2}$，钢筋中心线弧线尺寸为 $\dfrac{\alpha}{360}\pi(D+d)$，两者之间的差值很小。

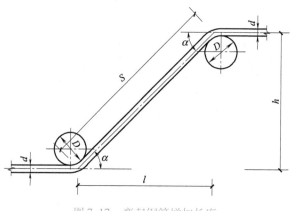

图 7-17　弯起钢筋增加长度

计算时一般先计算出弯起钢筋的中心线间距 $h$，按式 7-10 计算，计算结果详见表 7-12。

$$弯起钢筋的增加长度 = \left(\frac{h}{\sin\alpha} - \frac{h}{\tan\alpha}\right) - 2\times\left[2\left(\frac{D+d}{2}\right)\tan\frac{\alpha}{2} - \frac{\alpha}{360}\pi(D+d)\right] \tag{7-10}$$

表 7-12　弯起钢筋增加长度

| 弯起角度 $\alpha$ | 钢筋弯起增加长度 | | |
|---|---|---|---|
| | 通用公式 | $D=2.5d$ | $D=4d$ |
| 30° | $(2-\sqrt{3})h - 2\times$弯弧长度减小值 | $(2-\sqrt{3})h - 0.043d$ | $(2-\sqrt{3})h - 0.061d$ |
| 45° | $(\sqrt{2}-1)h - 2\times$弯弧长度减小值 | $(\sqrt{2}-1)h - 0.151d$ | $(\sqrt{2}-1)h - 0.215d$ |
| 60° | $\sqrt{3}h/3 - 2\times$弯弧长度减小值 | $\sqrt{3}h/3 - 0.376d$ | $\sqrt{3}h/3 - 0.538d$ |

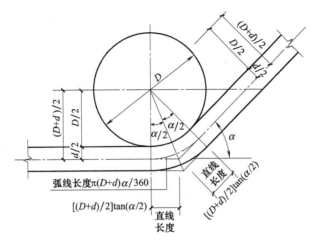

图 7-18　弯起钢筋弯弧处的长度减少

 **应用案例**

任务 1：计算图 7-19 中纵向钢筋的图示长度和下料长度。

已知：如图 7-19 所示，钢筋混凝土简支梁，取纵筋保护层厚度 20mm，上部钢筋为 2⌀16，下弯 15d，钢筋弯折的弯弧内直径 D 为钢筋直径的 4 倍。

求：该上部钢筋的图示长度和下料长度。

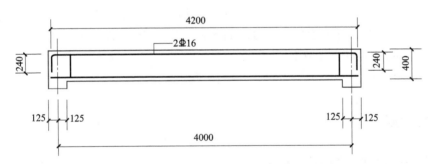

图 7-19　钢筋的下料长度与图示尺寸计算

解：钢筋图示长度 $L_t = 2 \times 15d + (4000 + 2 \times 125 - 2c) = [2 \times 15 \times 16 + (4250 - 2 \times 20)]$ mm = 4690mm

钢筋弯曲调整值 $L_d = 2\left(\dfrac{D}{2} + d\right)\tan\dfrac{\alpha}{2} - \dfrac{\alpha}{360}\pi(D + d) = 2(2d + d)\tan 45° - \dfrac{90}{360}\pi \times (4d + d)$

$\qquad\qquad = 2.073d$（此值也可查表确定）$= 2.073 \times 16$mm $= 33.2$mm

钢筋下料长度 $L_l = (4690 - 33.2 \times 2)$mm $= 4623.6$mm

任务 2：计算图 7-20 中箍筋的下料长度。

已知：某框架梁的截面如图 7-20 所示，截面尺寸为 250mm × 500mm，采用直径 8mm 的 HRB300 级钢筋双肢箍，钢筋弯折的弯弧内直径 D 为钢筋直径的 2.5 倍，即 D = 2.5d，混凝土保护层厚度为20mm。

求：箍筋的下料长度。

解：（1）箍筋的图示长度

$$[(b-2c)+(h-2c)] \times 2 = [(250-2\times20)+(500-2\times20)]\text{mm} \times 2 = 1340\text{mm}$$

（2）箍筋的弯曲调整值（90°，$D=2.5d$，计3处），图7-21所示

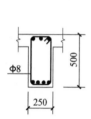

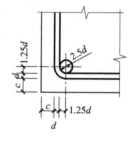

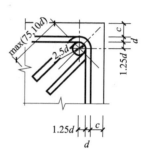

图7-20　箍筋断面　　　　　　图7-21　箍筋弯曲调整值及弯钩增加长度计算

查表7-10可得 $L_d = 1.751d$

（3）钢筋弯钩增加长度（135°，$D=2.5d$，计2处），图7-21所示

$$L_p = \max(10d,75) = \max(10\times8,75) = 10d = 80\text{mm}$$

钢筋弯钩增加长度 $L_z = 1.873d + L_p = 1.873d + 80$

（4）钢筋的下料长度

= 钢筋图示尺寸总和 − 钢筋弯曲调整值总和 + 钢筋弯钩增加长度总和

$= [(b-2c)+(h-2c)] \times 2 - 3 \times 1.751d + 2 \times (1.873d+80)$

$= [(250-2\times20)+(500-2\times20)]\text{mm} \times 2 + (3 \times 1.751 \times 8)\text{mm} + 2 \times (1.873 \times 8 + 80)\text{mm}$

$= (1340+40.0+190.0)\text{mm}$

$= 1570\text{mm}$

 **学习检测**

1. 混凝土耐久性设计包括哪些内容？

2. 简要说明防水混凝土的设计与施工要求？

3. 说明受拉钢筋基本锚固长度 $l_{ab}$、抗震基本锚固长度 $l_{abE}$、受拉钢筋锚固长度 $l_a$、抗震锚固长度 $l_{aE}$ 之间的关系。

4. 如何确定绑扎搭接长度 $l_l$、$l_{lE}$？纵向受拉钢筋机械连接、焊接接头要求是什么？

5. 板、梁、柱等结构构件中纵向钢筋净距的要求是什么？

6. 说明封闭箍筋及拉筋弯钩构造。

7. 什么是伸缩缝？如何确定伸缩缝间距？

8. 什么是施工缝？什么后浇带？它们有什么施工要求？

9. 什么是钢筋图示长度和下料长度？如何确定钢筋弯曲调整值、钢筋弯钩增加长度和弯起钢筋增加长度？

**能力训练**

1. 确定你所在地区以下场所的混凝土结构的环境类别。

（1）教室；（2）卫生间；（3）工业厂房；（4）游泳池

2. 室内正常环境，混凝土强度等级 C30，板、梁、柱、基础混凝土保护层最小厚度分别是多少？

3. 混凝土强度等级 C30，HRB400 级钢筋，钢筋直径为 20，则钢筋的锚固长度 $l_a$ 是多少？如为抗震构件，且抗震等级为二级，则抗震锚固长度 $l_{aE}$ 是多少？

4. 构造柱，混凝土强度等级 C30，HRB400 级钢筋，抗震等级为四级，钢筋直径为 12，不分批搭接，则搭接长度 $l_{lE}$ 是多少？

5. 钢筋混凝土柱，混凝土强度等级 C30，HRB400 级钢筋，抗震等级为三级，钢筋直径为 20，分两批焊接或机械连接，连接点之间的间距有什么要求？

6. 若任务 2 中的箍筋为 HRB400 级，求箍筋的下料长度。

# 子单元二　板

 **学习目标**

1. 了解板的受力特点，熟悉板的图示方法
2. 理解板的构造措施，掌握板的标准构造
3. 掌握板的钢筋工程量计算方法

 **任务内容**

1. 知识点

（1）钢筋混凝土板的受力特点与图示方法

（2）板的构造措施，板的标准构造

2. 技能点

（1）识读板标准构造详图

（2）板钢筋工程量计算及钢筋翻样

 **知识解读**

## 一、板的受力特点与图示方法

钢筋混凝土板是房屋建筑和各种工程结构中的基本构件，常用作楼盖、屋盖、雨篷，也用作平台、墙、挡土墙、基础、地坪、路面、水池等，应用范围极广。

（一）单块板

1. 两对边搁置的板（单向板）

图 7-22a 为搁置在支座上两对边支承的板，板面荷载包括恒荷载和活荷载，恒载主要有板自重、板底粉刷和面层重量，活载按照《建筑结构荷载规范》（GB 50009—2012）取值，恒荷载和活荷载一般都按均布面荷载考虑。加载前在板面上弹出图示互相垂直的线，加载后板将发生变形，如图 7-22b 所示，垂直于搁置边方向的直线向下弯曲，说明该方向发生了弯曲变形，而与搁置边平行的方向，保持直线，说明该方向无弯曲变形，像这样只发生单向弯曲的板，称为单向板。

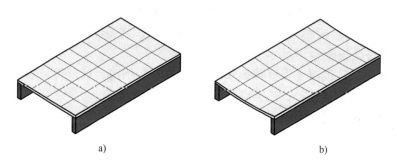

a)                                              b)

图 7-22　两对边搁置的板

a）加载前　b）加载后

单向板弯曲方向垂直于搁置边，最大弯矩发生在跨中处，为了防止板的弯曲破坏，根据跨中最大正弯矩配置垂直于搁置边的受力钢筋，并伸入支座；同时，为了固定受力钢筋，在另一方向布置分布钢筋，如图 7-23 所示。为了更有效地发挥受力钢筋的作用（内力臂更大），一般受力钢筋布置在外侧（下部），分布钢筋布置在内侧（上部）。

2. 四边搁置的板（双向板）

如图 7-24a 所示，一个四边搁置的板，在加载前，我们同样在板面上弹出互相垂直的线，加载后，板的变形如图 7-24b 所示（忽略四角的翘曲），板沿双向均发生了弯曲变形。首先分析两个方向中线处的弯曲变形，由于板中心点处的挠度值为定值，故沿板短边方向曲率半径小，弯曲变形大，承受的弯矩大，而沿板长边方向，承受的弯矩比沿短边小；再分析同一方向弯曲变形的情况，在跨中部位的弯曲变形大于靠近支座的变形，计算时，一般计算双向跨中弯矩，并根据该弯矩配置双向钢筋。像这样双向均发生弯曲变形的板，称为双向板。

双向板配筋示意图如图 7-25 所示，由于双向板短边方向弯矩大，通常短边方向的钢筋用量多于长边方向；布置时，将短向受力钢筋布置在外侧，长向受力钢筋布置在内侧，两个方向的钢筋均需锚入支座。

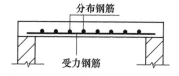

分布钢筋

受力钢筋

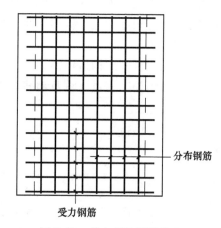

分布钢筋

受力钢筋

图 7-23　单向板的配筋构造

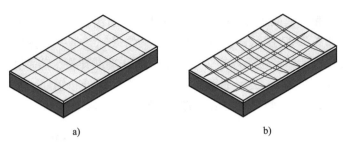

图 7-24 四边搁置的板

a) 加载前 b) 加载后

**3. 双向板简化为单向板**

图 7-26 是一个两个方向跨度相差较大的四边搁置的双向板，显然长向的弯曲与短向相比非常小，计算配筋量与短向相比也非常小，像这样两个方向跨度相差较大的四边搁置的双向板可简化单向板计算，但须在长向配置构造钢筋，构造钢筋同样需锚入支座。

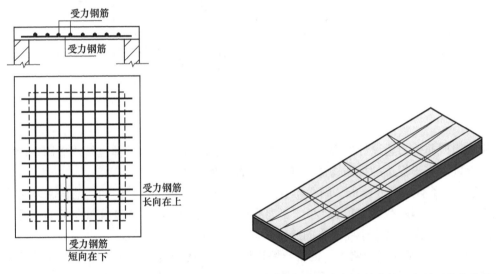

图 7-25 双向板的配筋构造    图 7-26 两个方向跨度相差较大的双向板可简化为单向板

两对边支承的板应按单向板计算；四边支承的板应按下列规定计算：①当长边与短边长度之比小于或等于 2.0 时，应按双向板计算；②当长边与短边长度之比大于 2.0，但小于 3.0 时，宜按双向板计算；③当长边与短边长度之比大于或等于 3.0 时，宜按沿短边方向受力的单向板计算，并沿长边方向布置构造钢筋。

当按单向板设计时，应在垂直于受力方向布置分布钢筋，单位宽度上的配筋不宜小于单位宽度上受力钢筋的 15%，且配筋率不宜小于 0.15%；分布钢筋直径不宜小于 6mm，间距不宜大于 250mm；当集中荷载较大时，分布钢筋的配筋面积尚应增加，且间距不宜大于 200mm。混凝土楼（屋）盖板，一般均为四边支承的板，无论设计按单向板还是双向板，配筋构造几乎无任何差别。

**4. 与混凝土梁、墙整体浇筑或嵌固在砌体墙内的板支座**

刚才讨论的单向板和双向板，板均搁置在支座上，实际上，钢筋混凝土楼（屋）盖中，板一般与梁整浇在一起。板搁置在支座上，板端几乎可自由转动，与铰支座十分接近；而与梁整浇的板支座，如图7-27所示，它的转动受到梁的限制，是一个弹性支座，由于梁对板转动的限制，将会在板端部产生负弯矩。为防止板面在端部开裂，需垂直于板边在板端部上方配置支座钢筋（支座负筋），为形成钢筋网片，还需配置分布钢筋。板支座钢筋的构造示意图如图7-28所示，分布钢筋与受力钢筋的搭接长度一般取150mm。

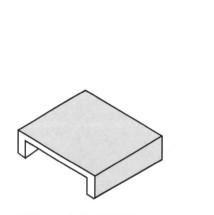

图7-27 与梁整浇的板支座

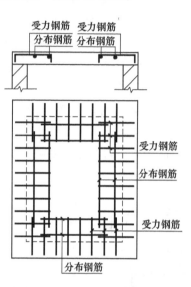

图7-28 支座配筋构造示意图

按简支边或非受力边设计的现浇混凝土板，当与混凝土梁、墙整体浇筑或嵌固在砌体墙内时，应设置垂直于板边的板面构造钢筋，并符合下列要求：

1）钢筋直径不宜小于8mm，间距不宜大于200mm，且单位宽度内的配筋面积不宜小于跨中相应方向板底钢筋截面面积的1/3。与混凝土梁、混凝土墙整体浇筑单向板的非受力方向，钢筋截面面积尚不宜小于受力方向跨中板底钢筋截面面积的1/3。

2）该构造钢筋从混凝土梁边、混凝土墙边伸入板内的长度不宜小于 $l_0/4$ ，砌体墙支座处钢筋伸入板边的长度不宜小于 $l_0/7$ （设计中，一般仍常采用 $l_0/4$ ），其中计算跨度 $l_0$ 对单向板按受力方向考虑、对双向板按短边方向考虑。

3）在楼板角部，宜沿两个方向正交，斜向平行或放射状布置附加钢筋。

4）钢筋应在梁内、墙内或柱内可靠锚固。

**5. 悬臂板**

如图7-29a所示，一边与混凝土梁整浇，另外三边自由，这样的板称为悬臂板。在悬臂板表面弹上相互垂直的线，加载后，板的变形如图7-29b所示，垂直于搁置边的线向下发生了弯曲变形，受拉区在板的上面，根部弯矩最大，平行于搁置边的线向下发生了位移，但仍保持直线，没有发生弯曲。悬臂板在板的上方沿受弯方向配置受力钢筋，并锚入支座，另一方向配置分布钢筋，如图7-30所示。通常受力钢筋布置在外侧（上部），分布钢筋布置在内侧（下部）。当板厚较厚时，往往在板底配置构造钢筋网片。

**（二）连续板**

单块板的跨度不宜太大，如双向板短跨跨度通常不大于4.5m，当板的平面尺寸较大时，

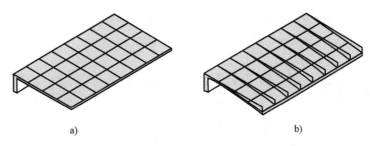

图 7-29 悬臂板

a) 加载前 b) 加载后

可通过设置梁将板分隔成连续板，如图 7-31a 所示。在有梁楼（屋）盖中，一般一层楼（屋）盖就是一连续板。

连续梁板受力特点是，跨中有正弯矩，支座有负弯矩。跨中按最大正弯矩配置板底正筋，双向配置形成钢筋网片，一般短边方向在下，长边方向在上，均伸入支座或贯穿支座，如图 7-31b 所示。中间支座按最大负弯矩配置板面支座负筋，穿过梁顶，伸出一定的距离；边支座也需配置板面构造钢筋，锚入支座并伸出一定的距离，为了固定板面受力钢筋，还需设置分布钢筋，如图 7-31c 所示。这种配筋方法称为分离式配筋，目前，钢筋混凝土板一般均采用分离式配筋方法。

从板的结构受力来看，在板的上部中间区域是不需要配置钢筋的，但对于钢筋混凝土楼盖，由于温度、收缩应力的作用，应在板的表面双向配置防裂构造钢筋。防裂构造钢筋配筋率不宜小于 0.10%，间距不宜大于 200mm。防裂钢筋的配置可在该区域增设防裂钢筋网，与受力钢筋搭接，搭接长度为 $l_l$，如

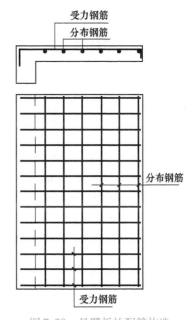

图 7-30 悬臂板的配筋构造

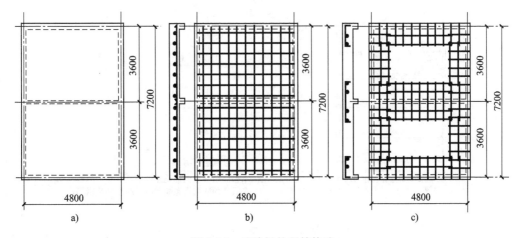

图 7-31 连续板的配筋构造

a) 两跨连续板 b) 板底钢筋 c) 板面钢筋

图 7-32a 所示；或直接将板上部钢筋拉通过，如图 7-32b 所示；也可间一拉一，如图 7-32c 所示。上部钢筋拉通后一般不再需要配置板面分布钢筋。

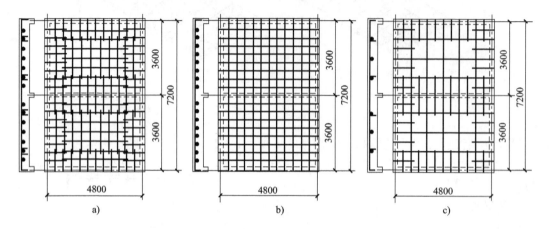

图 7-32　防裂构造钢筋

a）增设防裂钢筋网　b）负筋拉通　c）负筋间一拉一

### （三）钢筋混凝土板的图示方法

钢筋混凝土板的图示方法分为传统制图方法和平法制图方法，本项目通过两个案例来说明板结构施工图的传统制图方法。

图 7-33 为板的结构施工图，其中图 7-33a 为单跨板，图 7-33b 为连续板，主要包括以下内容：①轴网，用细点画线绘制；②轮廓，可见轮廓线用细实线绘制，不可见轮廓线用虚线绘制；③板钢筋及相应标注；④板厚；⑤尺寸标注，尺寸标注一般有两道，内侧为轴线间尺寸，外侧为总尺寸，须标轴号；⑥图名、比例；⑦说明。

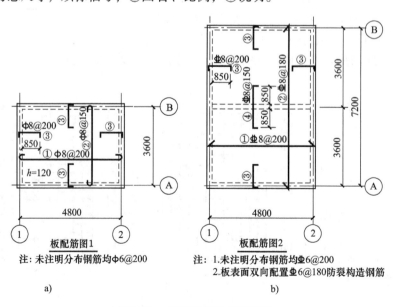

图 7-33　钢筋混凝土板的图示

a）单跨板　b）连续板

板钢筋包括板底钢筋和板面钢筋。板底钢筋每跨两个方向各画一根，如连续两跨钢筋配置相同，可画在一起，施工时一般断开；支座钢筋每边均需画出一根。板钢筋的标注内容包括钢筋编号，钢筋等级，钢筋直径和钢筋间距，非通长的板面钢筋还需标注出钢筋伸出支座边的长度。Ⅰ级钢（HPB300级）端部需设置弯钩，如"①φ8@200"表示钢筋编号为1号，钢筋等级为Ⅰ级钢，直径8mm，间距200mm。分布钢筋一般不在图中标出，以施工说明的形式给出。若板面须增设防裂钢筋网，加注说明即可。

## 二、板的构造措施与标准构造

### （一）现浇混凝土板的厚度

考虑结构安全及舒适度（刚度）的要求，根据工程经验，现浇混凝土板的厚度应满足板的跨厚比要求，单向板不大于30mm，双向板不大于40mm；当板的荷载、跨度较大时跨厚比宜适当减小。同时，从构造角度提出了现浇板最小厚度要求，现浇钢筋混凝土板厚不应小于表7-13规定的数值。

表7-13　现浇钢筋混凝土板的最小厚度　　　　（单位：mm）

| 板 的 类 别 | | 最小厚度 |
| --- | --- | --- |
| 单向板 | 屋面板 | 60 |
| | 民用建筑楼板 | 60 |
| | 工业建筑楼板 | 70 |
| | 行车道下的楼板 | 80 |
| 双向板 | | 80 |
| 悬臂板（根部） | 悬臂长度不大于500mm | 60 |
| | 悬臂长度1200mm | 100 |

板厚的取值还需满足斜截面承载力要求，满足跨厚比和最小板厚要求的板，通常都能满足斜截面承载力要求。

### （二）现浇混凝土板的配筋构造

#### 1. 钢筋间距

现浇混凝土板的钢筋间距按设计要求，为了便于浇注混凝土，保证钢筋周围混凝土的密实性，板内钢筋间距不宜太密。为了使板正常地承受外荷载，钢筋间距也不宜过稀。板中受力钢筋的间距，当板厚不大于150mm时不宜大于200mm，一般为70～200mm；当板厚大于150mm时不宜大于板厚的1.5倍，且不宜大于250mm。

#### 2. 受力钢筋

混凝土板一般采用分离式配筋，采用分离式配筋的多跨板，板底钢筋宜全部伸入支座或贯穿支座，简支板或连续板下部纵向受力钢筋伸入支座的锚固长度不应小于钢筋直径的5倍，且宜伸过支座中心线，如图7-34所示。当连续板内温度、收缩应力较大时，伸入支座的长度宜适当增加。支座负弯矩钢筋向跨内延伸的长度按设计标注，具体长度应根据负弯矩图确定，伸入支座的长度满足钢筋锚固的要求，中间支座贯通，边支座弯锚，如图7-35所示。板底、板面受力钢筋的间距按设计要求，最靠近支座的钢筋距离梁（墙）边的尺寸为板筋设计间距的一半。悬臂板钢筋负筋需锚入支座或与拖板钢筋连通，下部钢筋为构造钢筋，板厚度较小时，可不设置，如图7-36所示。上部贯通纵筋连接构造在跨中1/3处，分两次搭接。

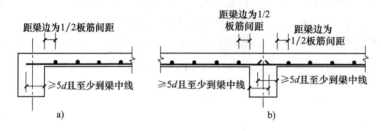

图7-34　板下部纵筋构造

a）端部支座　b）中间支座

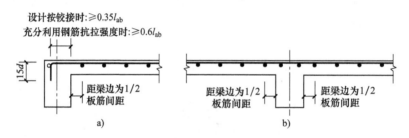

图7-35　板上部纵筋构造

a）端部支座　b）中间支座

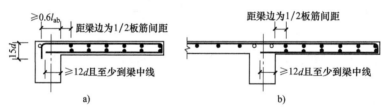

图7-36　悬臂板纵筋构造

a）无拖板　b）有拖板

**3. 分布钢筋**

当板上部受力筋没有贯通全跨时，需设置分布钢筋，形成钢筋网片。分布钢筋的配置按施工图，一般在附注中说明。分布钢筋与受力钢筋的搭接长度为150mm。

**4. 防裂钢筋**

非贯通的防裂构造钢筋与支座负筋按受拉钢筋的要求搭接，搭接长度为$l_l$；贯通的防裂钢筋在支座锚固，锚固要求同支座负筋。

**5. 板的端部钢筋**

当混凝土板的厚度不小于150mm时，对板的无支承边的端部，宜设置U形构造钢筋并与板底、板顶的钢筋搭接，搭接长度不宜小于U形构造钢筋直径的15倍且不宜小于200mm，如图7-37a所示；也可采用板面、板底钢筋分别向下、上弯折搭接的形式，如

图7-37b所示。

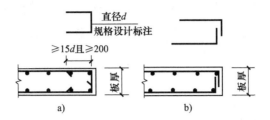

图7-37　无支承板端部封边构造

a）U形构造钢筋　b）向下、上弯折搭接

**6. 悬挑板阳角、阴角**

在悬挑板阳角容易产生应力集中，造成混凝土开裂，需设置放射钢筋，如图7-38a所示。在悬挑板阴角处的钢筋须伸出板 $l_a$，如图7-38b所示。

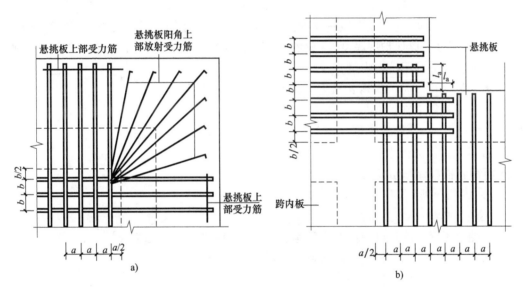

图7-38　悬挑板阳角阴角构造

a）悬挑板阳角放射钢筋构造　b）悬挑板阴角构造

## 三、板钢筋计算

### （一）板底钢筋计算

**1. 板底钢筋长度计算**

（1）图示长度 = 净跨度 + 左端、右端板底钢筋锚入长度

当端部为混凝土梁或墙时，左端、右端板底钢筋锚入长度 = max（支座宽/2，5$d$）

（2）下料长度 = 图示长度 + （2 × 弯钩增加长度）

当采用 HPB300 级钢筋，弯钩增加长度为 3.25$d$ + $L_P$ = 6.25$d$；其他钢筋，不设弯钩，图示长度即下料长度。

**2. 板底钢筋根数计算**

$$根数 = Ceil\left[(钢筋布置范围 - 起步间距 \times 2) / 钢筋标志间距 + 1\right]$$

$$= Ceil\left[\left(l_n - \frac{s}{2} \times 2\right) / s + 1\right] （钢筋的起步间距一般取钢筋标志间距的一半）$$

$$= Ceil\left(\frac{l_n}{s}\right)$$

式中　　Ceil——向上取整函数；

　　　　$l_n$——净跨度，即钢筋布置范围；

　　　　$s$——钢筋标志间距。

**（二）板面钢筋计算**

**1. 板面钢筋长度计算**

**（1）板面钢筋图示长度**

$$端支座钢筋图示长度 = 板面钢筋锚入长度 + 板内净尺寸 + 弯钩长度$$
$$中间支座钢筋图示长度 = 中间支座宽度 + 板内净尺寸 + 2 \times 弯钩长度$$
$$板面钢筋锚入长度 = \left[支座宽度 - 梁保护层厚度 - (梁的角筋直径 + 梁箍筋直径)\right] + 15d$$

且$\left[支座宽度 - 梁保护层厚度 - (梁的角筋直径 + 梁箍筋直径)\right]$不应小于$0.35\,l_{ab}$（按铰接）或$0.6\,l_{ab}$（充分利用抗拉强度）

$$弯钩长度 = 板厚 - 2 \times 板保护层厚度$$

**（2）板面钢筋下料长度**

$$下料长度 = 图示长度 - 2 \times 钢筋弯钩弯曲调整值$$

**2. 板面钢筋根数计算**

板面钢筋根数计算同板底钢筋

**（三）板面分布钢筋**

**1. 板面分布钢筋长度计算**

（1）图示长度 = 净跨度 - 两侧负筋净长 + 2 × 150 + 2 × 弯钩长度

（2）下料长度 = 图示长度 - 2 × 钢筋弯钩弯曲调整值

**2. 板面钢筋分布筋根数计算**

$$根数 = Ceil\left[(负筋净长 - 起步间距 - 负筋直径) / 分布筋标志间距 + 1\right]$$

$$= Ceil\left[\left(负筋净长 - \frac{s}{2} - d\right) / s + 1\right]$$

**（四）抗裂构造钢筋、抗温度钢筋**

**1. 抗裂构造钢筋、抗温度钢筋长度计算**

（1）图示长度 = 净跨度 - 两侧负筋净长 + 2$\,l_l$ + 2 × 弯钩长度

（2）下料长度 = 图示长度 - 2 × 钢筋弯钩弯曲调整值

**2. 抗裂构造钢筋、抗温度钢筋根数计算**

$$根数 = Ceil\left[(净跨度 - 负筋净长 - 起步间距 \times 2) / 钢筋标志间距 + 1\right]$$

$$= Ceil\left[(l_n - 负筋净长 - 2 \times s) / s + 1\right]$$

**（五）板钢筋下料尺寸计算及翻样**

板钢筋配料是根据施工图纸，计算板钢筋下料长度，汇总编制钢筋配料表。

**例1** 如图 7-33a 所示钢筋混凝土板单跨板，混凝土强度等级 C30，HPB300 级钢筋，环境类别为一类，混凝土保护层厚度为梁 20mm、板 15mm，$l_a = 30d$，$l_l = 1.6 l_a = 48d$，板厚 $h = 120$，支座宽度均为 240mm，轴线居中，试计算板钢筋下料长度，并编制钢筋翻样表。

**解：** HPB300 级钢筋，取钢筋弯折的弯弧内直径 $D = 2.5d$，

查表 7-10，钢筋弯折角度 90° 时，钢筋弯曲调整值 = 1.751d

查表 7-10，弯钩 180°，钢筋弯钩增加长度 $3.25d + L_p = 6.25d$（$L_p = 3d$）

**1. 板底钢筋计算**

（1）$X$ 方向（①，φ8@200）

$$图示长度 = 净跨度 + 左端、右端板底钢筋锚入长度$$
$$= [(4800 - 2 \times 120) + (2 \times 120)] \text{mm}$$
$$= 4800 \text{mm}$$

$$下料长度 = 图示长度 + (2 \times 弯钩增加长度)$$
$$= [4800 + (2 \times 6.25 \times 8)] \text{mm}$$
$$= 4900 \text{mm}$$

$$数量 = \text{Ceil}(l_n/s)$$
$$= \text{Ceil}[3600 - 240/200]$$
$$= 17 \text{ 根}$$

（2）$Y$ 方向（②，8@150）

$$图示长度 = 净跨度 + 左端、右端板底钢筋锚入长度$$
$$= [(3600 - 2 \times 120) + (2 \times 120)] \text{mm}$$
$$= 3600 \text{mm}$$

$$下料长度 = 计算长度 + (2 \times 弯钩增加长度)$$
$$= [3600 + (2 \times 6.25 \times 8)] \text{mm}$$
$$= 3700 \text{mm}$$

$$数量 = \text{Ceil}(l_n/s)$$
$$= \text{Ceil}[(4800 - 240)/150]$$
$$= 31 \text{ 根}$$

**2. 板面钢筋计算**

①、②轴线及Ⓐ、Ⓑ轴线支座负筋（③，φ8@200）

$$图示长度 = 板面钢筋锚入长度 + 板内净尺寸 + 弯钩长度$$
$$= 15d + (240 - 20 - 8 - 18) + 850 + (120 - 2c) 假定梁箍筋 φ8，纵筋 ⊕18$$
$$= [15 \times 8 + (240 - 20 - 8 - 18) + 850 + (120 - 2 \times 15)] \text{mm}$$
$$= (120 + 194 + 850 + 90) \text{mm}$$
$$= (120 + 1044 + 90) \text{mm}$$
$$= 1254 \text{mm}$$

且 $194 > 0.35 l_{ab} = (0.35 \times 30 \times 8) \text{mm} = 84 \text{mm}$

$$下料长度 = 计算长度 - 2 \times 钢筋弯钩弯曲调整值$$
$$= 1254mm - 2 \times (1.751 \times 8)mm$$
$$= 1226mm$$

①、②轴线支座负筋数量 $= 2 \times Ceil(l_n/s) = 2 \times Ceil[(3600 - 240)/200] = 34$ 根

Ⓐ、Ⓑ轴线支座负筋数量 $= 2 \times Ceil(l_n/s) = 2 \times Ceil[(4800 - 240)/200] = 46$ 根

**3. 板面钢筋分布筋**

（1）①、②轴线板面钢筋分布筋（φ6@200）

$$图示长度 = 净跨度 - 两侧负筋净长 + 2 \times 150 + 2 \times 弯钩图示长度$$
$$= (3600 - 2 \times 120) - 2 \times 850 + 2 \times 150 + 2 \times (h - 2c)$$
$$= [(3600 - 2 \times 120) - 2 \times 850 + 2 \times 150 + 2 \times (120 - 2 \times 15)]mm$$
$$= (1960 + 2 \times 90)mm$$
$$= 2140mm$$

$$下料长度 = 图示长度 - 2 \times 钢筋弯钩弯曲调整值$$
$$= (2140 - 2 \times 1.75 \times 6)mm$$
$$= 2119mm$$

$$数量 = Ceil\left[\left(负筋净长 - \frac{s}{2} - d\right)/s + 1\right]$$
$$= Ceil\left[\left(850 - \frac{200}{2} - 8\right)/200 + 1\right]$$
$$= 5 \ 根$$

共 5 根 ×2 = 10 根

（2）Ⓐ、Ⓑ轴线板面钢筋分布筋（φ6@200）

$$图示长度 = 净跨度 - 两侧负筋净长 + 2 \times 150 + 2 \times 弯钩图示长度$$
$$= (4800 - 2 \times 120) - 2 \times 850 + 2 \times 150 + 2 \times (h - 2c)$$
$$= [(4800 - 2 \times 120) - 2 \times 850 + 2 \times 150 + 2 \times (120 - 2 \times 15)]mm$$
$$= (3160 + 2 \times 90)mm$$
$$= 3340mm$$

$$下料长度 = 图示长度 - 2 \times 钢筋弯钩弯曲调整值$$
$$= (3340 - 2 \times 1.75 \times 6)mm$$
$$= 3319mm$$

$$数量 = Ceil\left[\left(负筋净长 - \frac{s}{2} - d\right)/s + 1\right]$$
$$= Ceil\left[\left(850 - \frac{200}{2} - 8\right)/200 + 1\right]$$
$$= 5 \ 根$$

共 5 根 ×2 = 10 根

**4. 板钢筋下料尺寸计算及翻样**

根据计算结果，汇总编制钢筋翻样表，见表 7-14。

表 7-14 LB1 钢筋翻样表

| 序号 | 构件名称 | 所在位置 | 规格等级 | 形 状 | 图示长度/mm | 下料长度/mm | 根数 | 总长/m | 总重量/kg |
|---|---|---|---|---|---|---|---|---|---|
| 1 | LB1 | 底筋 X方向 | φ8 | ⌐ 4800 ⌐ | 4800 | 4900 | 17 | 83.3 | 32.9 |
| 2 | LB1 | 底筋 Y方向 | φ8 | ⌐ 3600 ⌐ | 3600 | 3700 | 31 | 114.7 | 45.3 |
| 3 | LB1 | 负筋 ①、②轴 | φ8 | 120 ⌐1044⌐ 90 | 1254 | 1226 | 34 | 41.7 | 16.5 |
| 4 | LB1 | 负筋 Ⓐ、Ⓑ轴 | φ8 | 120 ⌐1044⌐ 90 | 1254 | 1226 | 46 | 56.4 | 22.3 |
| 5 | LB1 | 分布钢筋 ①、②轴 | φ8 | 90 ⌐1960⌐ 90 | 2140 | 2119 | 10 | 21.2 | 4.7 |
| 6 | LB1 | 分布钢筋 Ⓐ、Ⓑ轴 | φ8 | 90 ⌐3160⌐ 90 | 3340 | 3319 | 10 | 33.2 | 7.4 |
| | | | | | | | 合计 | | 129.1 |

 **能力训练**

试计算图 7-33b 所示钢筋图示尺寸及数量。

# 子单元三 梁

 **学习目标**

1. 了解梁的类别及受力特点
2. 熟悉梁的图示方法
3. 理解梁的构造措施，掌握标准构造
4. 掌握梁的钢筋工程量计算方法

 **任务内容**

1. 知识点
（1）梁的类别及受力特点

（2）梁的图示方法

（3）梁的标准构造

2. 技能点

（1）识读梁标准构造详图

（2）梁钢筋工程量计算及钢筋翻样

**知识解读**

## 一、梁的受力特点与图示方法

多层与高层混凝土结构及多层砖砌体房屋中，混凝土梁板一般整浇在一起，形成 T 形截面（房屋端部为 L 形截面），也可制成矩形独立梁。钢筋混凝土梁形式多种多样，是房屋建筑、桥梁建筑等工程结构中最基本的承重构件，应用范围极广。建筑结构中的梁可分为简支梁、连续梁、悬臂梁、井字梁等。

### 1. 简支梁

如图 7-39a 所示，简支梁两端搁置在墙上，一跨，受到梁自重作用和板面传来的恒荷载与活荷载，为便于计算，荷载的分配如图 7-39b 所示，弯矩图和剪力图如图 7-39c 所示。根据跨中最大正弯矩确定纵向钢筋，根据最大剪力来配置箍筋，为了形成钢筋骨架，还须配置架立钢筋。简支梁的配筋图如图 7-40 所示。

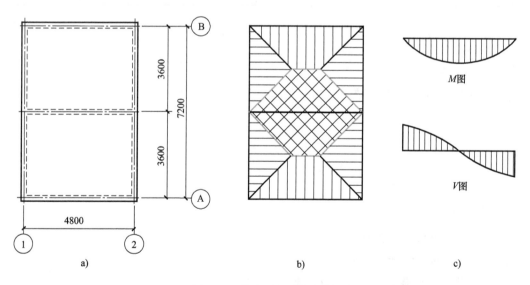

图 7-39 简支梁的受力分析

a）平面布置 b）荷载分配 c）内力简图

梁两端如与主梁整浇在一起，端支座一般仍按简支考虑，但在端部需配置负弯矩钢筋，负弯矩钢筋之间设置架立筋，也可设置通长的负弯矩钢筋，兼作架立筋。

### 2. 连续梁

如图 7-41 所示，现浇钢筋混凝土楼盖，沿横向（②、③轴）设置主梁，沿纵向设置次

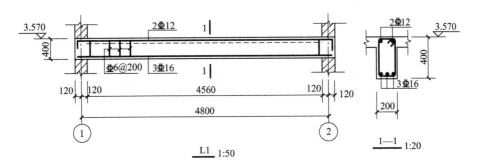

图 7-40 简支梁配筋图

梁，次梁两端搁置在墙上，中间与主梁整浇，次梁与主梁的连接可简化为次梁搁置在主梁上。次梁受到梁自重作用和板面传来的恒荷载与活荷载，板荷载的分配如图 7-41 所示，

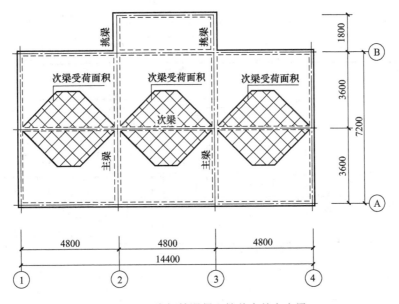

图 7-41 现浇钢筋混凝土楼盖中的主次梁

图 7-42 画出了次梁的弯矩图和剪力图，并按照弯矩和剪力的大小配置纵筋和箍筋，配筋图如图 7-42 所示。连续梁一般每跨通长配置下部纵筋，负弯矩钢筋则有两种配法，一种是支座负筋加架立筋；另一种是通长负筋加支座处增加的负弯矩钢筋，如图 7-42 虚线框内所示。

### 3. 悬臂梁

钢筋混凝土楼盖中，为了设置阳台、雨篷，往往设置悬臂梁。如图 7-41 所示，主梁外伸一段形成悬臂梁，受力分析与配筋如图 7-43 所示。

悬臂梁的受力钢筋配置在梁的上部，并锚入支座或拖梁，下部钢筋为架立筋。

### 4. 井字梁

钢筋混凝土井字梁是从双向板演变而来的一种结构形式。当其跨度增加时，板厚相应也随之加大。但是，由于板厚而自重加大，而板下部受拉区域的混凝土往往被拉裂不能参见工

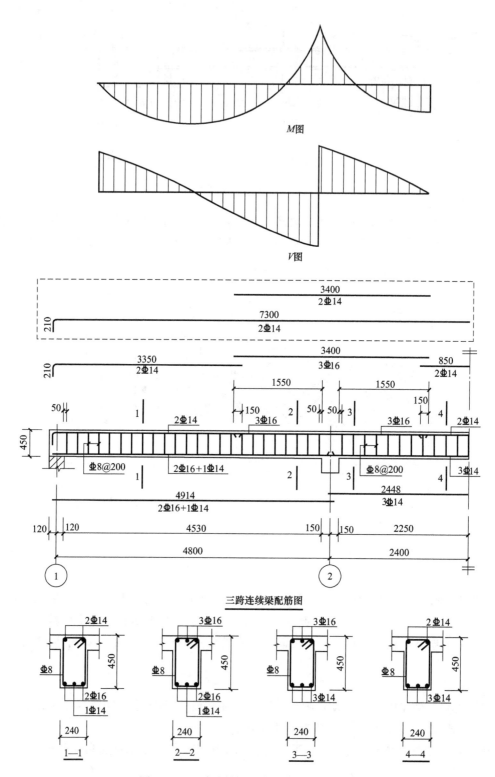

图 7-42　三跨连续梁的内力分析与配筋图

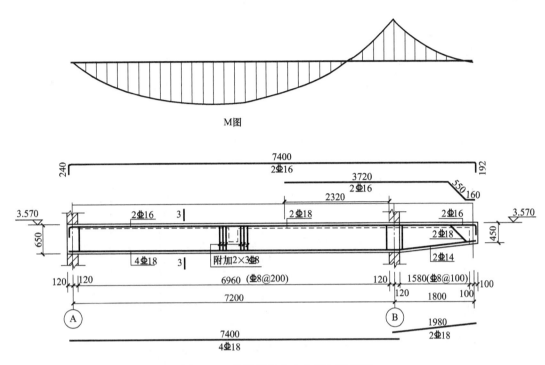

图 7-43　悬臂梁的内力分析与配筋图

作。因此，在双向板的跨度较大时，为了减轻板的自重，可以把板的下部受拉区的混凝土挖掉一部分，让受拉钢筋适当集中在几条线上，使钢筋与混凝土更加经济、合理地共同工作。这样双向板就变成为在两个方向形成井字式的区格梁，这两个方向的梁通常是等高的，不分主次梁，一般称这种双向梁为井字梁，如图 7-44 所示。井字梁配筋构造如图 7-45 所示。

## 二、梁的构造措施与标准构造

### （一）梁的截面形式与截面尺寸

钢筋混凝土梁的截面形式一般为矩形、T 形或 L 形，梁高取跨度的 $1/15 \sim 1/8$，梁宽取 $1/3 \sim 1/2$ 梁高，梁高和梁宽应符合模数要求。钢筋混凝土结构房屋的连续梁的端支座和中间支座，一般与梁整浇。

### （二）梁的钢筋

梁内的钢筋包括纵向配筋、横向配筋和局部配筋。

#### 1. 纵向配筋

梁的纵向钢筋一般采用带肋钢筋，包括下部钢筋、支座钢筋（支座负筋）、架立钢筋、梁侧构造钢筋或受扭钢筋。

（1）梁下部钢筋　在竖向荷载作用下，梁跨中部位正弯矩最大；梁下部钢筋数量根据跨内最大正弯矩配置，一般沿全跨通长配筋。两端伸入支座 $12d$，如图 7-46 所示；当支座的宽度不足 $12d$ 时，应设置 135°弯钩，且应满足图 7-47 要求。

（2）梁的支座钢筋　梁的中间支座处受到较大的负弯矩作用，需根据支座处的最大负

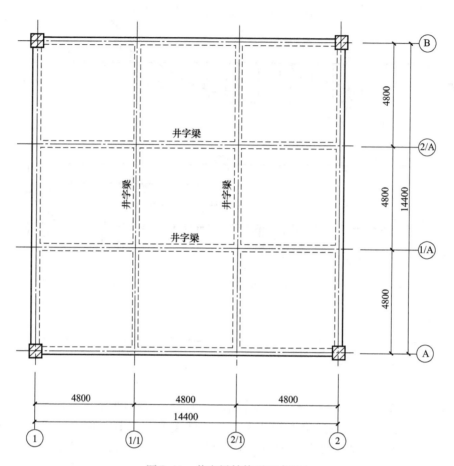

图 7-44  井字梁结构平面布置

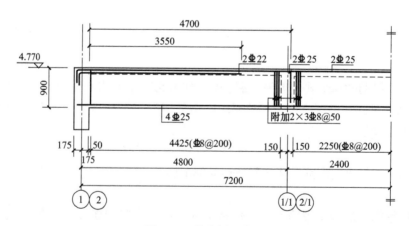

图 7-45  井字梁配筋图

弯矩，配置支座钢筋（支座负筋），并向跨中延伸，由于支座到跨中负弯矩迅速减小，支座负筋只需向跨中延伸一定的距离即可，该长度可由计算确定并满足构造要求。标准构造图集对钢筋长度的规定如图 7-46 所示，当配置两排支座钢筋时，第一排延伸至 $l_\mathrm{n}/3$ 处，第二排

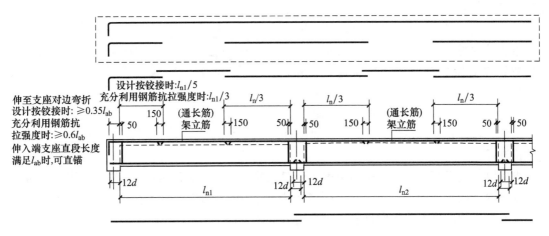

图 7-46　非框架梁配筋构造

延伸至 $l_n/4$ 处，$l_n$ 为支座相邻两跨较大的净跨度或端支座边跨跨度。

（3）架立钢筋　架立筋起架立作用，如一根梁只需布抗拉筋和抗剪箍筋，而受压区混凝土强度已足够，无须配筋，在做钢筋骨架的时候，梁的上部就没有纵向筋，箍筋的上角点就无法固定，因此一般用两根 ⽀14 或 ⽀16 的筋分布在上面的两角，称这种钢筋为架立钢筋。

（4）悬挑梁纵筋构造　对于钢筋混凝土悬臂梁，一般与拖梁整浇，也可从柱内伸出。悬挑梁配筋构造如图 7-48 所示。

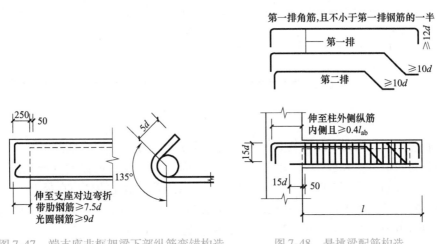

图 7-47　端支座非框架梁下部纵筋弯锚构造　　图 7-48　悬挑梁配筋构造

（5）梁侧构造钢筋或受扭钢筋　梁侧纵向构造钢筋又称为腰筋，设置在梁的两个侧面，如图 7-49 所示，其作用是承受梁侧面温度变化及混凝土收缩所引起的应力，并抑制混凝土裂缝的扩展，在浇筑前，设置适量的腰筋和拉筋，与钢筋骨架中的箍筋绑扎在一起形成一个整体，有效地约束钢筋骨架的变形，增大了钢筋骨架的刚度和稳定性。

梁截面腹板高度用 $h_w$ 表示，T 形截面，取有效高度减去翼缘高度，$h_w$ 不小于 450mm 时，在梁的两个侧面应沿高度配置纵向构造钢筋，每侧纵向构造钢筋的间距不宜大于 200mm，截

面面积不应小于腹板截面面积（$b h_w$）的
0.1％，但当梁宽较大时可以适当放松。梁侧
面构造纵筋的搭接与锚固长度可取 15$d$，梁侧
面构造钢筋需用拉筋连接，当梁宽 ≤350mm
时，拉筋直径为 6mm；梁宽 >350mm 时，拉
筋直径为 8mm，拉筋间距为非加密区箍筋间
距的 2 倍。当设有多排拉筋时，上下两排拉筋
竖向错开设置。

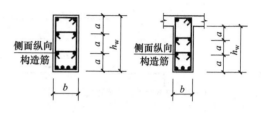

图 7-49　梁侧构造钢筋或受扭钢筋

　　当梁侧面配有直径不小于构造纵筋的受扭纵筋时，受扭钢筋可以代替构造钢筋，梁侧面
受扭纵筋的搭接长度为 $l_{1E}$，同一区段内钢筋接头面积百分率不宜大于 50％；梁侧受扭钢筋
在端支座的锚固同框架梁纵向钢筋，可采用弯锚或直锚。

### 2. 横向配筋

　　混凝土梁宜采用箍筋作为承受剪力的钢筋。如图 7-50 所示，当采用弯起钢筋时，弯起
角宜取 45°或 60°；在弯终点外应留有平行于梁轴线方向的锚固长度，且在受拉区不应小于
20$d$，在受压区不应小于 10$d$，$d$ 为弯起钢筋的直径；梁底层钢筋中的角部钢筋不应弯起，顶
层钢筋中的角部钢筋不应弯下。

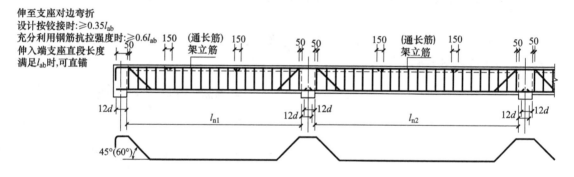

图 7-50　梁侧构造钢筋或受扭钢筋

　　1）箍筋应做成封闭式，且弯钩直线段长度不应小于 5$d$，$d$ 为箍筋直径。

　　2）箍筋的间距不应大于 15$d$，并不应大于 400mm。当一层内的纵向受压钢筋多于 5 根
且直径大于 18mm 时，箍筋间距不应大于 10$d$，$d$ 为纵向受压钢筋的最小直径。

　　3）当梁的宽度大于 400mm 且一层内的纵向受压钢筋多于 3 根时，或当梁的宽度不大于
400mm 但一层内的纵向受压钢筋多于 4 根时，应设置复合箍筋。

### 3. 局部配筋

　　当集中荷载在梁高范围内或梁下部传入时，为防止集中荷载影响区下部混凝土的撕裂及
裂缝，并弥补间接加载导致的梁斜截面受剪承载力降低，应在集中荷载影响区范围内配置附
加横向钢筋。

　　如图 7-51 所示，附加横向钢筋宜采用箍筋，箍筋应布置在长度为 2$h_1$ 与 3$b$ 之和的范围
内；当采用吊筋时，弯起段应伸至梁的上边缘，且末端水平段长度在受拉区不应小于 20$d$，
在受压区不应小于 10$d$，$d$ 为弯起钢筋的直径。

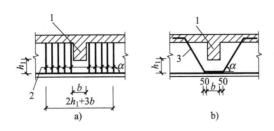

图7-51　梁截面高度范围内有集中荷载作用时附加横向钢筋的布置

a）附加箍筋　b）附加吊筋

1—传递集中荷载的位置　2—附加箍筋　3—附加吊筋

### 三、梁钢筋计算与翻样

梁钢筋主要包括纵向钢筋（受力钢筋、架立钢筋、梁侧构造纵筋或受扭纵筋）、横向钢筋（箍筋、拉筋和横向附加钢筋）。除箍筋和拉筋外，其他钢筋已很少采用光圆钢筋，本项目中除箍筋和拉筋外，其他钢筋均按335MPa级或400MPa级带肋钢筋考虑，如采用光圆钢筋，下料长度需加上180°弯钩增加长度 $L_i$。

#### （一）纵向钢筋

**1. 梁下部受力钢筋**

1）图示长度 = 梁净跨度 + 两侧伸入支座的长度

当支座宽度 ≥ $(12d + c)$ 时，取伸入支座的长度 = $12d$

当 $7.5d + c$ ≤ 支座宽度 < $12d + c$ 时，需设置135°弯钩，伸入支座的长度 = 支座宽度 − $c$

2）下料长度 = 图示长度 + （两侧钢筋弯钩增加长度）

设置135°弯钩时，钢筋弯钩增加长度 = $L_i + L_p = 2.89d + 5d = 7.89d$

当相邻跨梁底标高及钢筋规格相同时，也可采用钢筋贯穿支座的做法。

**2. 支座负筋**

（1）端支座

1）图示长度 = 伸入支座的长度 + 伸出支座的长度

当（支座宽 − 保护层厚度）≥ $0.35 l_{ab}$（设计按铰接）或 $0.6 l_{ab}$（充分利用钢筋抗拉强度）时，伸入支座的长度 = （支座宽 − 保护层厚度 + $15d$）

当（支座宽 − 保护层厚度）≥ $l_{ab}$ 时，取伸入支座的长度 = $l_{ab}$

2）下料长度 = 图示长度 − 钢筋弯曲调整值$L_d$

（2）中间支座

1）图示长度 = 钢筋净长

2）下料长度 = 图示长度

**3. 悬臂梁受力钢筋**

（1）第一排角筋（至少两根角筋，且不少于第一排纵筋的1/2）

1）图示长度 = 伸入支座的长度 + 梁净长 − $c + 12d$

悬臂梁上筋如由拖梁钢筋伸出，按实计算；如锚入柱，按锚固要求。

2）下料长度 = 图示长度 − $2 × L_d$ 或图示长度 − $L_d$

（2）其他钢筋

按实际情况计算

**4. 架立钢筋**

（1）兼作端支座负筋的架立钢筋

1）图示长度 = 梁净跨度 + 两侧伸入支座的长度

当（支座宽 − 保护层厚度）≥ $0.35 l_{ab}$（设计按铰接）或 $0.6 l_{ab}$（充分利用钢筋抗拉强度）时，伸入支座的长度 =（支座宽 − 保护层厚度 + $15d$）。

当（支座宽 − 保护层厚度）≥ $l_{ab}$ 时，取伸入支座的长度 = $l_{ab}$。

2）下料长度 = 图示长度 − $2 \times L_d$

（2）与支座负筋搭接的架立钢筋

1）图示长度 = 钢筋净长

架立钢筋与受力钢筋的搭接长度为 150mm。

2）下料长度 = 图示长度

（3）悬臂梁下部架立钢筋

1）图示长度 = 锚入支座的长度 + 梁净长 − $c$

锚入支座的长度为 $15d$。

2）下料长度 = 图示长度

**5. 梁侧构造钢筋或受扭钢筋**

（1）图示长度 = 梁净跨度 + 两侧伸入支座的长度

梁侧构造钢筋锚入支座的长度为 $15d$；梁侧受扭钢筋锚入支座的长度为 $l_{aE}$ 或 $l_a$，或弯锚长度。

（2）下料长度 = 图示长度（当有弯折时，需减去 $L_d$）

**6. 钢筋弯起**

如有钢筋弯起，弯起段图示尺寸为斜长 $S$，下料长度需加上弯起钢筋增加长度。

**（二）横向钢筋**

（1）箍筋

1）箍筋的长度

图示长度 = $2 \times [(b − 2c) + (h − 2c)]$

下料长度 = 图示长度 − $3 \times L_d + 2(L_i + L_p)$

当采用光圆钢筋时，$L_d = 1.751d$，$L_i = 1.87d + L_p$

当采用带肋钢筋时，$L_d = 2.073d$，$L_i = 2.89d + L_p$

2）箍筋的数量 = CEIL[（梁净跨度 − 2 × 起步间距）/ 箍筋间距 + 1]

（2）拉筋

$$图示长度 = (b − 2c) + 2d$$
$$下料长度 = 图示长度 + 2(L_i + L_p)$$

（3）横向附加钢筋

1）附加箍筋

箍筋长度的计算同梁；箍筋数量见标注

2）附加吊筋

$$图示长度 = （次梁宽度 + 100） + 40d + 2h/\cos\alpha$$

$h$ 为附加吊筋上下层钢筋中心距，$\alpha$ 为附加吊筋弯钩角度

$$下料长度 = 图示长度 - 4L_d$$

**应用案例**

任务：梁的钢筋工程量计算。

已知：如图 7-52 所示，钢筋混凝土外伸梁，Ⓐ~Ⓑ轴间设梁侧构造钢筋 G4 ⏀12，混凝土强度等级 C30，环境类别一类，端支座按铰接，HRB400 级钢筋，钢筋弯折的弯弧内直径 $D$ 为钢筋直径的 4 倍。

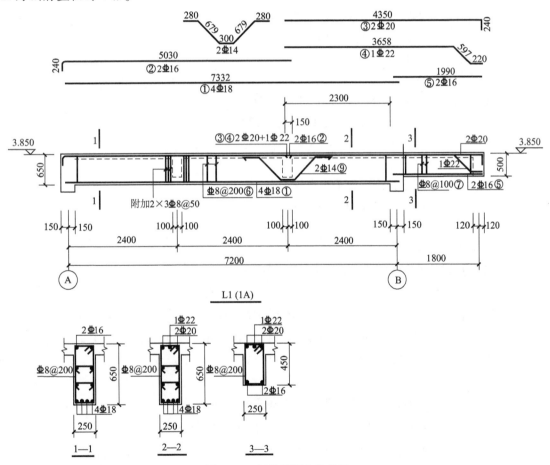

图 7-52　钢筋混凝土外伸梁

试计算钢筋工程量。

解：C30 混凝土，环境类别一类，梁的混凝土保护层厚度为 20mm；HRB400 级钢筋，取钢筋弯折弯弧内直径 $D = 4d$。

查表 7-10，钢筋弯折角度 45° 时，钢筋弯曲调整值 $= 0.522d$；钢筋弯折角度 90° 时，钢筋弯曲调整值 $= 2.073d$；查表 7-10，弯钩 135°，钢筋弯钩增加长度 $3.25d + L_p = 6.25d$（$L_p = 3d$）。

**1.** ①号钢筋（4 $\oplus$ 18）

（1）图示长度 $= (7200 - 2 \times 150) + 2 \times (12d)$

$\qquad = \left[ (7200 - 2 \times 150) + 2 \times (12 \times 18) \right] \text{mm}$

$\qquad = (6900 + 432) \text{mm}$

$\qquad = 7332 \text{mm}$

（2）下料长度 = 图示长度 = 7332mm

**2.** ②号钢筋（2 $\oplus$ 16）

（1）图示长度 $= (7200 - 2 \times 150) - 2300 + 150 + (支座宽 - c) + 15d$

$\qquad = \left[ (7200 - 2 \times 150) - 2300 + 150 + (300 - 20) + 15 \times 20 \right] \text{mm}$

$\qquad = (5030 + 240) \text{mm}$

$\qquad = 5270 \text{mm}$

（2）下料长度 = 图示长度 - 钢筋弯曲调整值

$\qquad = (5270 - 2.073 \times 16) \text{mm}$

$\qquad = 5237 \text{mm}$

**3.** ③号钢筋（2 $\oplus$ 20）

（1）图示长度 $= 2300 + 300 + (1800 - 150 + 120 - c) + 12d$

$\qquad = \left[ 2300 + 300 + (1800 - 150 + 120 - 20) + 12 \times 20 \right] \text{mm}$

$\qquad = (4350 + 240) \text{mm}$

$\qquad = 4590 \text{mm}$

（2）下料长度 = 图示长度 - 钢筋弯曲调整值

$\qquad = (4590 - 2.073 \times 20) \text{mm}$

$\qquad = 4549 \text{mm}$

**4.** ④号钢筋（1 $\oplus$ 22）

弯起钢筋上下层中心线间距 $= (梁高 - 2c - 2d_{sv} - d)$

$\qquad = (500 - 2 \times 20 - 2 \times 8 - 22) \text{mm} = 422 \text{mm}$

（1）图示长度 $= \left[ 2300 + 300 + (1800 - 150 - 120 - 50) - 422 \right] + 422/\cos 45° + 10d$

$\qquad = \left\{ \left[ 2300 + 300 + (1800 - 150 - 120 - 50) - 422 \right] + 422 \times \sqrt{2} + 10 \times 22 \right\} \text{mm}$

$\qquad = (3658 + 597 + 220) \text{mm}$

$\qquad = 4475 \text{mm}$

（2）下料长度 = 钢筋水平投影长度 + 弯起钢筋增加长度

$\qquad = (3658 + 422 + 220) + \left[ (\sqrt{2} - 1) \times 422 - 0.215d \right]$

$\qquad = \left\{ (3658 + 422 + 220) + \left[ (\sqrt{2} - 1) \times 422 - 0.215 \times 22 \right] \right\} \text{mm}$

$\qquad = (4300 + 170) \text{mm}$

$\qquad = 4470 \text{mm}$

**5.** ⑤号钢筋（2 $\oplus$ 16）

（1）图示长度 $= 1800 - 150 + 120 + 15d - c$

$\qquad = (1800 - 150 + 120 + 15 \times 16 - 20) \text{mm}$

$\qquad = 1990 \text{mm}$

（2）下料长度 = 图示长度 = 1990mm

**6. ⑥号钢筋（$\Phi 8@200$）**

（1）图示长度 = $\left[(b - 2c) + (h - 2c)\right] \times 2$

$\qquad = \left[(250 - 2 \times 20) + (650 - 2 \times 20)\right]mm \times 2$

$\qquad = 1640mm$

（2）下料长度 = 图示长度 $- 3L_d + 2L_i$

$\qquad = 1640 - 3 \times 2.073d + 2 \times (2.89d + 10d)$

$\qquad = \left[1640 - 3 \times 2.073 \times 8 + 2 \times (2.89 \times 8 + 10 \times 8)\right]mm$

$\qquad = 1796mm$

（3）数量 = $Ceil\left[(7200 - 2 \times 150 - 2 \times 50)/s + 1\right]$

$\qquad = Ceil\left[(7200 - 2 \times 150 - 2 \times 50)/200 + 1\right]$

$\qquad = 35$ 组

**7. ⑦号钢筋（$\Phi 8@100$）**

（1）图示长度 = $\left[(b - 2c) + (h - 2c)\right] \times 2$

$\qquad = \left[(250 - 2 \times 20) + (500 - 2 \times 20)\right]mm \times 2$

$\qquad = 1340mm$

（2）下料长度 = 图示长度 $- 3L_d + 2L_i$

$\qquad = 1340 - 3 \times 2.073d + 2 \times (2.89d + 10d)$

$\qquad = \left[1340 - 3 \times 2.073 \times 8 + 2 \times (2.89 \times 8 + 10 \times 8)\right]mm$

$\qquad = 1496mm$

（3）数量 = $Ceil\left[(1800 - 150 - 120 - 2 \times 50)/s + 1\right]$

$\qquad = Ceil\left[(1800 - 150 - 120 - 2 \times 50)/100 + 1\right]$

$\qquad = 16$ 组

**8. 附加箍筋**

附加箍筋的图示长度及下料长度同钢筋⑥，钢筋数量为 6 组

**9. 附加吊筋**

$\qquad$ 吊筋上下排钢筋的距离 = $(650 - 2 \times 20 - 28 - 2 \times 50 - 14)mm = 480mm$

（1）图示长度 = $(2 \times 20d) + (200 + 2 \times 50) + 2h/\cos\alpha$

$\qquad = (2 \times 20 \times 14) + (200 + 2 \times 50) + 2 \times 480/\cos 45°$

$\qquad = 2217mm$

（2）下料长度 = 钢筋水平投影长度 + 弯起钢筋增加长度

$\qquad = \left[(2 \times 20d) + (200 + 2 \times 50) + 2 \times 480\right] + 2 \times \left[(\sqrt{2} - 1) \times 480 - 0.215d\right]$

$\qquad = \left\{\left[(2 \times 20 \times 14) + (200 + 2 \times 50) + 2 \times 480\right] + 2 \times \left[(\sqrt{2} - 1) \times 480 - 0.215 \times 14\right]\right\}mm$

$\qquad = (1820 + 391)mm$

$\qquad = 2211mm$

（3）数量为 2 组

**10. 梁侧构造钢筋**

（1）图示长度 = $(7200 - 2 \times 150) + 2 \times 15d$

$$= \left[ (7200 - 2 \times 150) + 2 \times 15 \times 12 \right] mm$$
$$= 7260 mm$$

（2）下料长度 = 图示长度

（3）数量为 4

**11. 拉筋**（拉筋直径为 6mm）

（1）图示长度 $= b - 2c + 2d = 250 - 2 \times 20 + 2 \times 6 = 222 mm$

（2）弯钩长度 $= 5d = 5 \times 6 = 30 mm$

（3）下料长度 $=$ 图示长度 $+ 2L_z$

$$= 222 + 2 \times (2.890d + 30)$$
$$= 222 + 2 \times (2.890 \times 6 + 30)$$
$$= 317 mm$$

（4）数量同第一跨内箍筋数量 35 组

# 子单元四  框架结构

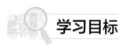

## 学习目标

1. 了解框架结构的受力特点
2. 理解钢筋混凝土框架结构抗震构造措施
3. 熟练识读框架梁、柱标准构造详图
4. 掌握框架梁、柱钢筋计算与翻样

## 任务内容

1. 知识点
（1）框架结构在竖向荷载和水平荷载作用下的受力分析
（2）钢筋混凝土框架结构抗震构造措施
2. 技能点
（1）框架梁、柱标准构造详图的识读
（2）框架梁、柱钢筋计算与翻样

## 知识解读

### 一、框架结构的受力特点

#### （一）单跨单层对称刚架的受力分析

先对一个单层单跨对称刚架进行受力（变形）分析，如图 7-53 所示，某单层单跨对称刚架，水平构件（梁）受到竖向均布荷载 $q$ 的作用，梁柱节点处受水平集中力 $P$ 的作用。

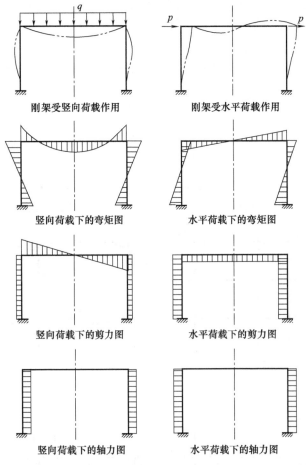

刚架受竖向荷载作用　　　　　刚架受水平荷载作用

竖向荷载下的弯矩图　　　　　水平荷载下的弯矩图

竖向荷载下的剪力图　　　　　水平荷载下的剪力图

竖向荷载下的轴力图　　　　　水平荷载下的轴力图

图 7-53　刚架进行受力（变形）分析

分别分析刚架在竖向荷载及水平荷载作用下的变形及内力。由变形图及弯矩图可知，刚架在竖向荷载作用下，梁柱均发生了弯曲，对于梁而言，最大正弯矩在梁的跨中部位，最大负弯矩在梁柱节点处；对于柱而言，两端有较大的弯矩，而中间部位弯矩小。在水平荷载作用下，梁柱的弯矩均呈线性变化，两端大，中间小，如改变力 $P$ 的方向，弯矩变号。在竖向荷载和水平荷载的组合作用下，梁跨中受到较大的正弯矩，支座则受到变号弯矩作用，一般负弯矩更大，柱两端有较大的弯矩，而中间部位弯矩小。此外，梁柱还会受到剪力和轴力的作用。

（二）框架结构的受力特点

框架结构是一个空间结构体系，承受的作用主要包括竖向荷载、水平荷载和地震作用。竖向荷载包括结构自重及楼（屋）面活荷载等，一般为分布荷载，有时也有集中荷载；水平荷载主要是风荷载；地震作用包括水平地震作用和竖向地震作用。

框架结构在竖向荷载和水平荷载作用下的内力图（弯矩图、剪力图和轴力图）如图 7-54 所示。由图可见，在竖向荷载作用下，框架梁的跨中一般受到正弯矩作用，支座受到负弯矩作用，跨度较小的梁可能沿全跨均受负弯矩的作用，支座处负弯矩最大；竖向荷载下梁的剪力则是两端大、中间小。而在水平荷载作用下，框架梁的弯矩两端大、中间小，剪力沿全跨相同。在竖向荷载作用下，框架柱上下两端弯矩大，中间部位弯矩小；同时，楼层越低，框架柱所受的剪力和轴力越大；而在水平荷载作用下，框架柱的弯矩同样是两端大、中间小；水平力的出现也会引起柱的轴力和剪力。

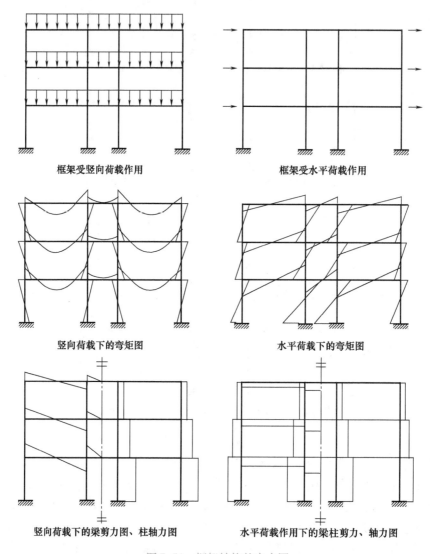

框架受竖向荷载作用      框架受水平荷载作用

竖向荷载下的弯矩图      水平荷载下的弯矩图

竖向荷载下的梁剪力图、柱轴力图      水平荷载作用下的梁柱剪力、轴力图

图 7-54 框架结构的内力图

在进行结构设计时，对于框架梁，选取荷载组合下的跨内最大正弯矩（可能在跨中，也有可能在支座处）来配置下部纵向钢筋，根据支座最大负弯矩配置支座负筋，箍筋的配置按照剪力的最大组合值；框架柱受到轴力、弯矩和剪力的作用，根据轴力和弯矩的组合，选取最不利截面，并根据最不利截面进行纵筋配置，根据剪力配置箍筋。框架结构的设计除满足计算要求外，尚需满足构造要求。

## 二、钢筋混凝土框架结构抗震设计的基本原则

### （一）塑性铰的概念

按弹性理论计算内力时，是把钢筋混凝土材料看作是理想的弹性材料，没有考虑其塑性

性质，很明显，这不能够真实地反映结构的受力，特别是混凝土结构破坏时的受力。

对适量配筋的受弯构件，当控制截面的纵向钢筋达到屈服后，该截面的承载力也基本达到了最大值，再增加少许弯矩，纵向钢筋的应力不变但应变却急剧增加，即形成塑性变形区；该区域两侧截面产生较大的相对转角，由于纵向钢筋已经屈服，因此不能有效限制转角的增大，此塑性变形区在结构中的作用，相当于一个能够转动的铰，称为塑性铰。塑性铰相当于能够承受一定弯矩的铰，塑性铰形成的区域内，钢筋与混凝土的黏结发生局部破坏。

对于静定结构，构件出现一个塑性铰，就少了一个约束，结构立即变成机动体系而失去承载力。而对于超静定结构，由于有多余约束，即使出现塑性铰，也不会转为机动体系，仍然能够继续承载，直到构件中多个塑性铰的出现使结构转变了机动体系从而丧失承载能力。钢筋混凝土超静定结构中，塑性铰的出现相当于减少了结构的约束，这将引起结构内力发生变化，即内力重分布。

### （二）合理的屈服机制

为了提高框架结构的抗震性能，使框架结构既具有足够的承载力，又具有良好的变形能力和耗能能力，应选用合理的屈服机制。也就是说，应控制塑性铰的出现部位、数量和先后次序，并使框架结构仍保持为几何不变体系。理想的屈服机制是使框架梁端首先形成塑性铰，而柱脚不出现塑性铰，当未能避免时，应尽量减少其出现塑性铰的数量。

塑性铰出现在梁端是较有利的。在这种情况下，可允许塑性铰出现的数量较多，且耗能部位较分散。图7-55a所示为梁端出现塑性铰的理想情况，显然，只要柱脚不出现塑性铰，结构仍保持为几何不变体系。图7-55b所示为同一楼层柱上下端均出现塑性铰的情况，显然，这时该层将成为几何可变体系，因而将导致房屋倒塌。

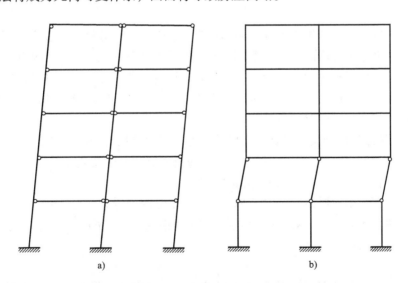

图7-55　框架结构的屈破坏机制

a）梁端出现塑性铰　b）同一楼层柱上下端均出现塑性铰

### （三）基本原则

为了实现梁端首先形成塑性铰的屈服机制，框架结构的抗震设计应遵循下述基本原则。

### 1. 强柱弱梁

试验研究和理论分析表明，梁柱承载力的相对大小对框架结构的屈服机制有重要影响。当梁的承载力较柱的承载力弱时，塑性铰大部分出现在梁端，柱内塑性铰较少。这时，对梁的延性要求较高，而对柱的延性要求可降低。因此在框架结构抗震设计时，应使柱的承载力大于梁的承载力，以使塑性铰尽量出现在梁端。

### 2. 强剪弱弯

梁、柱截面的破坏主要有两大类：正截面弯曲破坏和斜截面剪切破坏。当发生正截面弯曲破坏时，在破坏前将形成塑性铰，只要设计合理，其塑性铰将具有较好的变形能力和耗能能力。当发生斜截面剪切破坏时，其破坏较突然，为脆性破坏，变形能力和耗能能力较差。因此，在框架结构抗震设计时，应使梁、柱塑性铰处的受剪承载力大于受弯承载力，以保证梁、柱出现塑性铰而不过早发生剪切破坏。

### 3. 强节点弱构件

框架节点是保证框架结构整体性的关键部位，节点核心区的受剪承载力不应低于与其连接的构件达到屈服超强时所引起的核心区剪力，以防节点发生剪切破坏。

另外，钢筋应可靠锚固，在塑性铰充分发挥作用前，钢筋锚固不过早发生破坏。

由上述可见，在抗震设计中，增强承载力和刚度应与延性要求相适应。不适当地将结构的某一部分增强，可能造成结构的另一部分相对薄弱，从而违背了上述的设计基本原则。因此，在设计中，不合理地加强某些构件的配筋以及在施工中任意以高强钢筋代替原设计中的钢筋的做法，应予以避免。

## 三、框架结构的构造要求

### （一）框架梁

对于框架结构，合理的抗震设计应使其成为梁铰性侧移屈服机制，以充分利用梁塑性铰区的非弹性变形来耗散地震能量。在梁端出现塑性铰后，随着地震的反复循环作用，剪力影响逐渐加强，剪切变形相应加大。因此，在抗震设计时，即允许梁上出现塑性铰，又不要使梁发生剪切破坏，同是还要防止由于梁筋屈服渗入节点面影响节点核心的性能。为此，钢筋混凝土框架梁的抗震设计应遵循下列原则：

1）梁形成塑性铰后仍具有足够的受剪承载力，即满足强剪弱弯的要求。

2）梁的纵向受力钢筋屈服后，塑性铰区段应有较好的延性及耗能能力。

3）合理的解决梁的纵向受力钢筋的锚固问题。

对于承受地震作用的框架梁，除了必须保证有足够的受弯和受剪承载力外，还必须使其具有较好的延性和耗能能力。对于承受地震作用的框架梁，除必须满足计算要求外，还必须满足如下的构造要求：

### 1. 截面形式

在地震作用下，梁端塑性铰区混凝土保护层容易剥落。如果梁截面宽度过小，则截面损失比较大，故一般框架梁宽度不宜小于 200mm。当梁的截面宽度比较大时，混凝土所受的约束将较小，同时，也会在梁刚度降低后引起侧向失稳，故梁截面的高宽比不宜大于 4。当梁的跨高比小于 4 时，属于短梁，在反复弯剪作用下，斜裂缝将沿梁全长发展，从而使梁的延性及承载力急剧降低。因此，梁净跨与截面高度之比不宜小于 4，否则应采取更为有效的构造措施。

**2. 纵向钢筋**

为了保证框架梁在地震时具有一定的承载力，其纵向受拉钢筋的配筋率不小于表 7-15 规定的最小配筋率。为了保证塑性铰形成后具有足够的转动能力，梁端纵向受拉钢筋的配筋率不宜大于 2.5%。同时，沿梁全长顶面和底面至少应配置两根纵向钢筋，对一、二级抗震等级，钢筋直径不应小于 14mm，且分别不应少于梁两端顶面和底面纵向受力钢筋较大截面面积的 1/4；对三、四级抗震等级，钢筋直径不应小于 12mm。

表 7-15 框架梁纵向受拉钢筋的最小配筋百分率

| 震 等 级 | 梁 中 位 置 | |
|---|---|---|
| | 支 座 | 跨 中 |
| 一级 | 0.40 和 $80f_t/f_y$ 中的较大值 | 0.30 和 $65f_t/f_y$ 中的较大值 |
| 二级 | 0.30 和 $65f_t/f_y$ 中的较大值 | 0.25 和 $55f_t/f_y$ 中的较大值 |
| 三、四级 | 0.25 和 $55f_t/f_y$ 中的较大值 | 0.20 和 $45f_t/f_y$ 中的较大值 |

在框架梁中，承受负弯矩的受压钢筋可以减少混凝土受压区高度，从而提高塑性铰的变形能力。同时，在地震作用下，框架梁的端部可能会出现正弯矩，如果梁底面钢筋减少，梁的下部破坏将严重，也会使梁的承载力和变形能力降低。所以，框架梁的两端箍筋加密区范围内，纵向受压钢筋与纵向受拉钢筋的面积的比值应符合一定的要求，梁端截面的底面和顶面纵向钢筋配筋量的比值，除按计算确定外，一级不应小于 0.5，二、三级不应小于 0.3。

**3. 箍筋**

为了保证在地震和竖向荷载作用下框架梁塑性铰区具有足够的受剪承载力，同时，为了增加箍筋对混凝土的约束作用，提高梁的变形能力和延性，以保证框架梁铰机构的实现，在框架梁端预期塑性铰区段的箍筋应加密。梁端箍筋加密区的长度、箍筋的最大间距、箍筋的最小直径应按表 7-16 取用，当梁端纵向受拉钢筋配筋率大于 2% 时，表中箍筋最小直径应增大 2mm。加密区的箍筋肢距，一级不宜大于 200mm 和 20 倍箍筋直径的较大值，二、三级不宜大于 250mm 和 20 倍箍筋直径的较大值，四级不宜大于 300mm。

表 7-16 梁端箍筋加密区的长度、箍筋的最大间距和最小直径

| 抗 震 等 级 | 加密区长度<br>（采用较大值）/mm | 箍筋最大间距<br>（采用最小值）/mm | 箍筋最小直径<br>/mm |
|---|---|---|---|
| 一 | $2h_b$，500 | $h_b/4$，$6d$，100 | 10 |
| 二 | $1.5h_b$，500 | $h_b/4$，$8d$，100 | 8 |
| 三 | $1.5h_b$，500 | $h_b/4$，$8d$，150 | 8 |
| 四 | $1.5h_b$，500 | $h_b/4$，$8d$，150 | 6 |

注：1. $d$ 为纵向钢筋直径，$h_b$ 为梁截面高度。

    2. 箍筋直径大于 12mm、数量不少于 4 肢且肢距不大于 150mm 时，一、二级的最大间距应允许适当放宽，但不得大于 150mm。

**（二）框架柱**

框架柱及框支柱是混凝土结构中最主要的承重构件，承受着压力、弯矩和剪力的共同作

用，其变形能力较框架梁差。为了使混凝土结构具有较好的抗震性能，必须保证框架柱及框支柱具有足够的承载力和必要的延性。为此，抗震设计应遵循下列原则：

1）强柱弱梁，框架柱的承载力应大于与其相交的框架梁的承载力，使柱不首先出现塑性铰和尽量不出现塑性铰。

2）强剪弱弯，使柱的受剪承载力大于与塑性铰受弯承载力相应的剪力，使柱在弯曲破坏之前不发生剪切破坏。

3）控制柱的轴压比，以保证柱具有必要的延性。

4）加强柱端，在柱端配置必要的约束箍筋，以加强对混凝土的约束，提高柱端的延性。

对于承受地震作用的框架柱，除了必须保证有足够的受压、受弯和受剪承载力外，还必须使其具有较好的延性和耗能能力。对于承受地震作用的框架柱，除必须满足计算要求外，还必须满足如下的构造要求：

**1. 柱的截面尺寸**

作为受压构件的框架柱，一般采用方形或矩形截面，有时也采用圆形、多边形或环形截面。如采用矩形截面，长边与短边的边长比不宜大于3。为了使模板尺寸模数化，柱截面边长在800mm以下者，宜取50mm的整倍数，在800mm以上时，可取100mm的整倍数。

（1）最小截面尺寸　为有利于实现"强柱弱梁"。框架柱的最小截面尺寸宜符合下列要求：截面的宽度和高度，抗震等级为四级或不超过2层时不宜小于300mm，一、二、三级且超过2层时不宜小于400mm；圆柱的直径，四级或不超过2层时不宜小于350mm，一、二、三级且超过2层时不宜小于450mm。

（2）轴压比限值的概念　轴压比是指框架柱组合的轴压力设计值与柱的全截面面积和混凝土抗压强度设计值乘积的比值，以 $\dfrac{N}{f_cA}$ 表示。轴压比是影响框架柱破坏形态和延性的主要因素之一。国内外的试验表明，框架柱的位移延性随其轴压比的增加而减少。当承受的轴向压力较小时，柱具有充分的变形能力；当承受的轴向压力较大时，其变形能力明显减小。因此，为使框架柱在地震时具有较好的变形能力和延性，必须控制其轴压比。柱轴压比不宜超过表7-17的规定：

表7-17　柱轴压比限值

| 结 构 体 系 | 抗震等级 | | |
|---|---|---|---|
| | 一级 | 二级 | 三级 |
| 框架结构 | 0.7 | 0.8 | 0.9 |
| 框架-剪力墙结构、筒体结构 | 0.75 | 0.85 | 0.95 |
| 部分框支剪力墙结构 | 0.6 | 0.7 | — |

**2. 框架柱的纵向钢筋构造要求**

1）控制柱每一侧钢筋的最小配筋率和柱全部纵向钢筋配筋率。柱每一侧纵向受力钢筋的最小配筋率为0.2%，全部纵向钢筋的最小配筋率为不低于表7-18，对于建造于Ⅳ类场地且较高的高层建筑，表中的数值应增加0.1。

表 7-18　柱截面纵向钢筋的最小总配筋率　　　　　　　　　　　（%）

| 类　　别 | 抗 震 等 级 | | | | 非抗震 |
|---|---|---|---|---|---|
| | 一 | 二 | 三 | 四 | （高层建筑） |
| 中柱和边柱 | 1.0 | 0.8 | 0.7 | 0.6 | 0.6 |
| 角柱 | 1.2 | 1.0 | 0.9 | 0.8 | 0.6 |
| 框支柱 | 1.2 | 1.0 | 0.9 | 0.8 | 0.8 |

注：采用 HRB400 级热轧钢筋时应允许减少 0.1，混凝土强度等级高于 C60 时应增加 0.1。

2）控制纵向钢筋的最大配筋率。抗震设计时，全部纵向钢筋的配筋率不应大于 5%。按一级抗震等级设计且剪跨比不大于 2 的柱，每侧纵向钢筋配筋率不宜大于 1.2%。

3）柱的纵向钢筋宜采用对称配置。抗震设计时，柱在弯矩作用平面内承受往复地震作用，柱的纵向钢筋通常采用对称配置。

4）控制纵向钢筋的最小直径。柱纵向受力钢筋的直径不宜小于 12mm。当为非抗震设计的偏心受压柱，且柱截面短边长度 $h \geqslant 600mm$ 时，在柱的侧面上应设置直径为 10 ~ 16mm 的纵向构造钢筋（并相应设置复合箍筋或拉筋）。

5）控制圆柱纵向钢筋的最少根数。圆柱中纵向钢筋沿周边均匀布置，根数不宜少于 8 根（两相邻纵筋的中心角 ≤45°），建议最少采用 12 根（两相邻纵筋的中心角 ≤30°）。

6）控制纵向钢筋的最小间距和最大间距。柱中纵向受力钢筋的最小净间距，抗震和非抗震设计时，均不应小于 50mm。抗震设计时，截面尺寸大于 400mm 的柱，纵向钢筋中心间距不宜大于 200mm；非抗震设计时，纵向钢筋中心间距不宜大于 300mm，不应大于 350mm。

**3. 框架柱的箍筋构造要求**

震害和试验研究表明，框架柱的破坏主要集中在柱端 1.0 ~ 1.5 倍柱截面高度范围内。当将柱端箍筋加密时，既提高了柱端的受剪承载力，又加强了对混凝土的约束作用，并对纵向钢筋提供侧向支承，可提高混凝土的变形能力和防止纵向钢筋的压屈，有效的改善框架柱的延性。试验资料表明，在其他条件相同的情况下，框架柱的延性随配箍率的增大而增大；在一定的位移延性条件下，约束箍筋的用量随着轴压比的增大而增加；当箍筋间距小于 6 ~ 8 倍柱纵筋直径时，在受压混凝土压碎之前，一般不会出现钢筋压屈现象。在地震作用下，角柱、框支柱和剪跨比不大于 2 的柱，其震害均较严重，因此，其箍筋也应适当加密。

根据震害和研究结果，并参考国内外有关规范，框架柱中箍筋加密区长度，箍筋最大间距、箍筋最小直径应符合下列规定。

（1）箍筋的加密区长度、最大间距和最小直径

1）框架柱上、下两端箍筋应加密，箍筋加密区长度、箍筋最大间距和箍筋最小直径应按表 7-19 规定采用。

2）剪跨比 $\lambda \leqslant 2$ 的柱、框支柱和一、二级抗震等级的角柱，应在柱全高范围内加密箍筋，且箍筋间距不大于 100mm。三级抗震等级框架柱的截面尺寸不大于 400mm 时，箍筋最小直径采用 6mm，四级抗震等级框架柱剪跨比不大于 2 时，箍筋直径不应小于 8mm。

3）二级抗震等级的框架柱，当箍筋直径不小于 10mm，肢距不大于 200mm 时，箍筋间距不应大于 150mm。

表 7-19　框架柱端箍筋加密区的构造要求

| 抗 震 等 级 | 箍筋加密区长度 | 箍筋最大间距 | 箍筋最小直径/mm |
|---|---|---|---|
| 一级 | 矩形截面长度尺寸（或圆形截面直径）、层间柱净高的 1/6 和 500mm 中的最大值 | 纵向钢筋直径的 6 倍或 100mm 中的较小值 | 10 |
| 二级 | | 纵向钢筋直径的 8 倍或 100mm 中的较小值 | 8 |
| 三级 | | 纵向钢筋直径的 8 倍或 150mm（柱根处为 100mm）中的较小值 | 8 |
| 四级 | | | 6（柱根处为 8） |

4）为了有效地约束混凝土以阻止其横向变形和防止纵筋压屈，柱箍筋加密区长度内的箍筋肢距，一级抗震等级不宜大于 200mm；二、三级抗震等级不宜大于 250mm 和 20 倍箍筋直径的较大值；四级抗震等级不宜大于 300mm；此外，每隔一根纵向钢筋宜在两个方向有箍筋或拉筋约束；当采用拉筋时，拉筋宜紧靠纵向钢筋，并钩住封闭箍筋。

5）四级抗震等级框架柱柱根或当框架柱剪跨比不大于 2 时，箍筋直径不应小于 8mm。

（2）箍筋加密区的箍筋最小体积配箍筋率

柱箍筋加密区的体积配箍率应符合下式要求：

$$\rho_v \geq \lambda_v \frac{f_c}{f_{yv}} \tag{7-11}$$

式中　$\rho_v$——柱箍筋加密区的体积配筋率，计算中应扣除重叠部分的箍筋体积；

　　　　$f_{yv}$——箍筋及拉筋抗拉强度设计值；

　　　　$f_c$——混凝土轴心抗压强度设计值；当强度等级低于 C35 时，按 C35 取值；

　　　　$\lambda_v$——最小配箍特征值，按表 7-20 采用。

表 7-20　柱箍筋加密区的箍筋最小配箍特征值 $\lambda_v$

| 抗震等级 | 箍筋形式 | 轴 压 比 | | | | | | | | |
|---|---|---|---|---|---|---|---|---|---|---|
| | | ≤0.3 | 0.4 | 0.5 | 0.6 | 0.7 | 0.8 | 0.9 | 1.0 | 1.05 |
| 一级 | 普通箍、复合箍 | 0.10 | 0.11 | 0.13 | 0.15 | 0.17 | 0.20 | 0.23 | — | — |
| | 螺旋箍、复合或连续复合矩形螺旋箍 | 0.08 | 0.09 | 0.11 | 0.13 | 0.15 | 0.18 | 0.21 | — | — |
| 二级 | 普通箍、复合箍 | 0.08 | 0.09 | 0.11 | 0.13 | 0.15 | 0.17 | 0.19 | 0.22 | 0.24 |
| | 螺旋箍、复合或连续复合矩形螺旋箍 | 0.06 | 0.07 | 0.09 | 0.11 | 0.13 | 0.15 | 0.17 | 0.20 | 0.22 |
| 三、四级 | 普通箍、复合箍 | 0.06 | 0.07 | 0.09 | 0.11 | 0.13 | 0.15 | 0.17 | 0.20 | 0.22 |
| | 螺旋箍、复合或连续复合矩形螺旋箍 | 0.05 | 0.06 | 0.07 | 0.09 | 0.11 | 0.13 | 0.15 | 0.18 | 0.20 |

注：1. 普通箍是指单个矩形箍筋或单个圆形箍筋；螺旋箍是指单个螺旋箍筋；复合箍是指由矩形、多边形、圆形箍筋或拉筋组成的箍筋；复合螺旋箍是指由螺旋箍与矩形、多边形、圆形箍筋或拉筋组成的箍筋；连续复合矩形螺旋箍是指全部螺旋箍为同一根钢筋加工成的箍筋。

2. 在计算复合螺旋箍的体积配筋率时，其中非螺旋箍筋的体积应乘以换算系数 0.8。

3. 对一、二、三、四级抗震等级的柱，其箍筋加密区的箍筋体积配筋率分别不应小于 0.8%、0.6%、0.4% 和 0.4%。

4. 混凝土强度等级高于 C60 时，箍筋宜采用复合箍、复合螺旋箍或连续复合矩形螺旋箍；当轴压比不大于 0.6 时，其加密区的最小配箍特征值宜按表中数值增加 0.02；当轴压比大于 0.6 时，宜按表中数值增加 0.03。

## 四、标准构造

### （一）框架梁标准构造

框架梁中的钢筋主要有纵向钢筋、箍筋和横向附加钢筋。根据框架梁所处位置的不同，可将框架梁分为楼层框架梁（KL）和屋面框架梁（WKL），楼层框架梁与屋面框架梁除上部钢筋在端支座处的锚固有所不同外，其他配筋构造相同。

#### 1. 纵向钢筋

图 7-56、图 7-57 分别为屋面框架梁（WKL）和楼层框架梁（KL）的纵向钢筋构造。梁的纵向钢筋一般有上部通长钢筋、支座钢筋（支座负筋）、下部通长钢筋、梁侧构造钢筋或受扭钢筋，图中未画出梁侧构造钢筋或受扭钢筋。

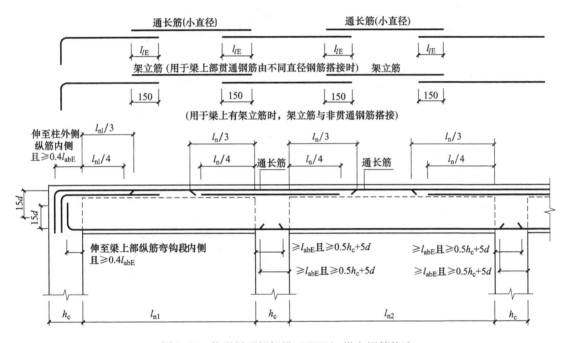

图 7-56　抗震屋面框架梁（WKL）纵向钢筋构造

（1）梁上部通长钢筋　考虑到地震作用过程中反弯点位置可能出现的移动，沿框架梁全长顶面至少应配置两根纵向钢筋，配置在梁的角部。在竖向荷载（竖向地震作用）或水平荷载（水平地震作用）的作用下，一般梁每跨端部均承受较大的负弯矩，通长钢筋在端部兼起受力筋，需锚入支座或贯穿支座，锚入支座的方法可弯锚或直锚，也可采用在端支座加锚头（锚板）锚固。弯锚要求如图 7-56、图 7-57 所示边支座，弯折前长度 $\geqslant 0.4 l_{aE}$，伸至柱边竖向钢筋内侧弯折 $15d$，与柱纵向钢筋间距不小于 $25\,\text{mm}$；非顶层梁上部通长钢筋，当边支座处柱截面高度较大时，也可采用直锚，直锚构造如图 7-58 所示，钢筋伸过支座中心线 $5d$，且伸入支座的长度 $\geqslant l_{aE}$。此外，端支座加锚头（锚板）锚固详见构造图集。

当相邻跨梁顶标高有变化时，屋面梁上部通长钢筋一般需分别锚入支座，锚固要求如图 7-59 所示；楼层梁的上部通长钢筋则可分别锚入或连续布置，如图 7-60 所示。

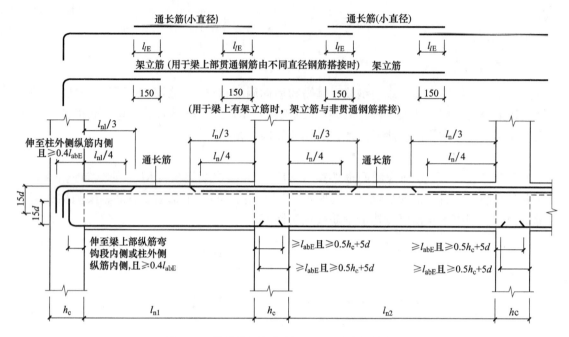

图 7-57 抗震楼层框架梁（KL）纵向钢筋构造

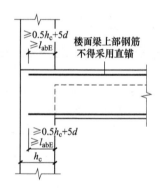

图 7-58 纵向钢筋端支座直锚构造

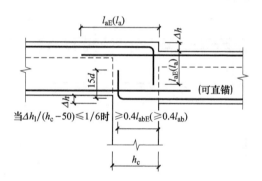

图 7-59 屋面框架梁中间支座纵向钢筋构造

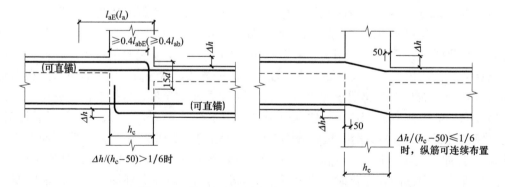

图 7-60 楼层框架梁中间支座纵向钢筋构造

通长钢筋中"通长"的含义是保证梁在各个部位都配置有这部分钢筋，并不意味着不允许这部分钢筋在适当位置设置接头。由于钢筋的长度一般不大于9m，所以一般通长钢筋都需连接，连接部位一般取在梁的跨中1/3段。梁跨中1/3段是指将梁分为三段时的中间一段。钢筋连接的方法可采用搭接、机械连接和焊接，一级框架梁宜采用机械连接，二、三、四级可采用绑扎搭接或焊接连接，同一区段内钢筋接头面积百分率不宜大于50%。

配置四肢箍的梁，通长钢筋只有两根时，为了保证钢筋骨架的形成，需要在梁的中间部位配置架立筋，架立筋与支座钢筋连接的搭接长度取150mm。需要注意的是，架立钢筋的作用仅仅是为了形成钢筋骨架，架立钢筋与支座钢筋搭接处不作为搭接区处理，箍筋间距无变化。

（2）梁支座钢筋　梁支座处受到较大的负弯矩作用，仅靠通长钢筋难以承受这么大的弯矩，在支座处还需配置支座钢筋（支座负筋），并向跨中延伸，由于支座到跨中负弯矩迅速减小，支座负筋只需向跨中延伸一定的距离即可，该长度可由计算确定。标准构造图集对钢筋长度的规定如图7-56、图7-57所示，当配置两排支座钢筋时，第一排延伸至$l_n/3$处，第二排延伸至$l_n/4$处，$l_n$为支座相邻两跨较大的净跨度或端支座边跨跨度。

当相邻跨梁顶标高有变化时，屋面梁支座负筋一般需分别锚入支座，锚固要求如图7-58、图7-59所示。

（3）梁下部钢筋　在竖向荷载作用下，梁跨中部位正弯矩较大；在水平荷载或水平地震作用下，梁支座处也会产生较大的正弯矩。框架梁下部钢筋的配置是根据荷载组合，求出跨内最大正弯矩，计算出配筋量，并满足结构抗震构造措施，一般沿全跨通长配筋。

由于地震时梁端部可能会出现较大的正弯矩，下部钢筋受拉，需锚入支座。锚入支座的方法分为弯锚和直锚两种，图7-56、图7-57中边支座为梁下部通长钢筋弯锚构造，中间支座为直锚构造。当边支座处柱截面高度较大时，也可采用直锚，直锚构造如图7-58所示，中间支座的宽度如不能满足直锚长度要求，则采用弯锚方法，如图7-59、图7-60所示。

相邻两跨梁下部钢筋相同，且在同一标高位置时，钢筋可连续布置。当不能在柱内锚固时，可在节点外搭接，如图7-61所示。相邻跨钢筋直径不同时，搭接位置应位于较小直径的一跨。

（4）梁侧构造钢筋或受扭钢筋　梁侧构造钢筋或受扭钢筋的构造要求详见"单元七　项目三　梁"。

**2. 箍筋**

（1）箍筋的形式　框架梁箍筋一般采

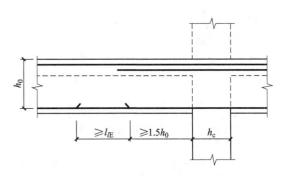

图7-61　中间节点梁下部钢筋在节点外搭接

用一种箍筋形式，如双肢箍或多肢复合箍，多肢复合箍采用外封闭大箍加小箍的方式。

（2）箍筋的加密　为了保证在地震和竖向荷载作用下框架梁塑性铰区具有足够的受剪承载力，同时，为了增加箍筋对混凝土的约束作用，提高梁的变形能力和延性，以保证框架梁铰机构的实现，在框架梁端预期塑性铰区段的箍筋应加密。抗震框架梁箍筋加密区范围如图7-62所示，一级抗震等级为$\geq 2h_b$且$\geq 500mm$（$h_b$为梁截面高度），二、三、四级抗震等级为$\geq 1.5h_b$且$\geq 500mm$。抗震通长筋在梁端箍筋加密区以外的搭接长度范围内应加密箍筋，箍筋间距不应大于搭接钢筋较小直径的5倍，且不应大于100mm；当搭接长度范围内箍筋间距大于两者的较小值时，将间距调整为该较小值。梁第一道箍筋距离框架柱边缘不大于50mm，弧形框架梁的箍筋间距应按其凸面量度。

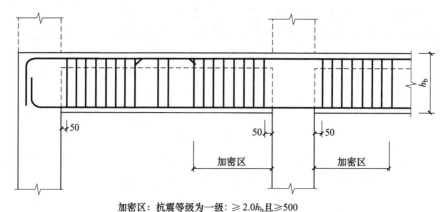

加密区：抗震等级为一级：≥2.0$h_b$且≥500

抗震等级为二～四级：≥1.5$h_b$且≥500

图7-62  抗震框架梁箍筋加密区范围

**3. 附加箍筋与吊筋构造**

次梁与主梁相交处，由于主梁承受由次梁传来的集中荷载，其腹部可能出现斜裂缝，并引起局部破坏，需设置附加横向钢筋，可选用附加箍筋或吊筋，也有同时使用附加箍筋与吊筋的，详见"单元七　项目二　板"。

**（二）框架柱标准构造**

框架柱的钢筋有纵向钢筋和箍筋两种。框架柱根据所处的位置分为框架边柱和框架中柱，框架边柱与框架中柱除柱纵筋柱顶节点有所不同外，其他配筋构造相同。

**1. 柱的纵向钢筋**

框架柱的纵筋构造，包括柱根部纵筋锚固构造，纵向钢筋连接构造，柱顶纵向钢筋构造和柱变截面位置纵向钢筋构造。

（1）柱纵向钢筋在基础部位的锚固构造　柱根部钢筋锚固构造主要指柱插筋在基础及桩基承台的锚固构造，如图7-63所示。混凝土框架结构施工时，一般在基础顶面设置施工

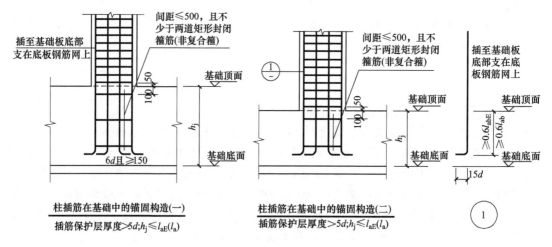

图7-63　柱插筋在基础中的锚固构造

缝，柱纵向钢筋锚入基础、伸出基础顶面，以便于与上层柱钢筋连接。柱插筋一般插至基础底部，并做90°弯钩，支在底板钢筋网上，以便与底板钢筋进行绑扎或焊接，保证浇筑阶段的稳定性，如基础底板的厚度 $h_j > l_{aE}(l_a)$，弯钩的长度为 $6d$；如基础底板的厚度 $h_j \leqslant l_{aE}(l_a)$，弯钩的长度为 $15d$，且插筋在基础内的竖向长度 $\geqslant 0.6l_{abE}$。当插筋外侧保护层厚度 $\leqslant 5d$ 时，应设置锚固区横向箍筋。插筋伸出施工缝长度，见柱钢筋的连接构造。

（2）纵向钢筋连接构造　抗震框架柱纵向钢筋连接构造如图7-64所示。框架柱纵向钢筋可在非连接区外的柱身任意位置连接。上柱与下柱截面纵筋根数及直径的协调柱纵向钢筋的非连接区，底层 $\geqslant H_n/3$，其他层上下端非连接区为 $\geqslant \max$（$H_n/6$，$\geqslant h_c$，$\geqslant 500\mathrm{mm}$），并在三个控制值取最大值使其全部得到满足。

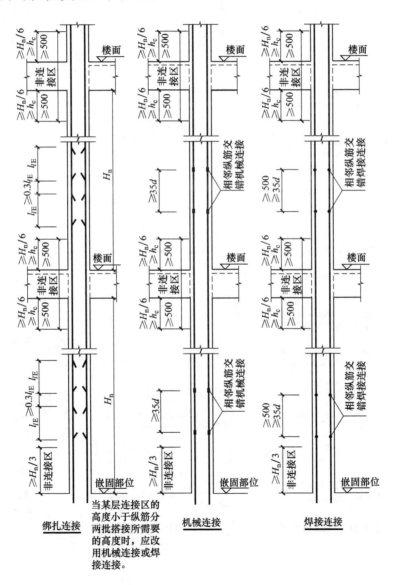

图7-64　抗震框架柱纵向钢筋连接构造

（3）框架柱顶节点构造

1）顶层中柱。顶层中柱节点构造如图 7-65 所示。当从梁底计算柱纵筋向上允许直通长度 $< l_{aE}$ 时，柱纵筋向上伸至梁纵筋之下 $\geq 0.5 l_{aE}$ 后弯折，弯钩与梁纵筋的净距 $\geq 25mm$，弯钩投影长度为 $12d$；弯钩朝向柱截面内，当顶层现浇混凝土板厚 $\geq 100mm$ 时，也可朝向柱截面外。当从梁底计算柱纵筋向上允许直通长度 $\geq l_{aE}$ 时，柱纵筋伸至柱顶混凝土保护层位置。

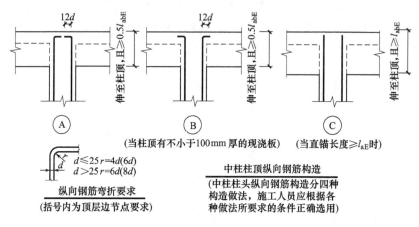

图 7-65　抗震框架中柱顶节点构造

2）顶层端柱。顶层端柱外侧纵筋与梁上部纵筋的搭接方式有"柱筋锚梁"和"梁筋锚柱"两种不同类型。

柱筋锚梁构造如图 7-66a 所示，梁上部纵筋伸至柱纵筋内侧，弯钩至梁底位置，弯钩与柱外侧纵筋的净距为 25mm；柱外侧纵筋向上伸到梁上部纵筋之下，水平弯折后向梁内延

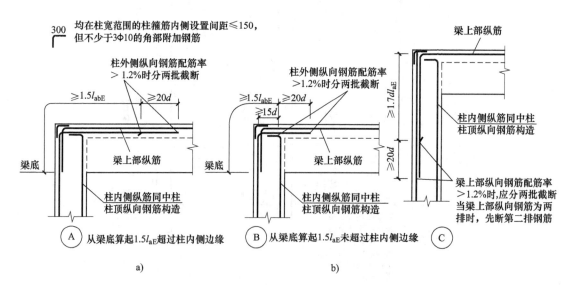

图 7-66　抗震框架柱顶节点构造

a）柱筋锚梁　b）梁筋锚柱

伸；柱纵筋水平延伸段与梁上部纵筋的净距≥25mm，自梁底起算的弯折搭接总长度≥1.5$l_{aE}$；柱内侧纵向钢筋向上伸至梁纵筋之下朝柱截面内弯钩，弯钩与梁纵筋的净距≥25mm，弯钩投影长度为12$d$。柱内侧纵向钢筋向上伸至梁纵筋之下朝柱截面内弯钩，弯钩与梁纵筋的净距≥25mm，弯钩投影长度为12$d$。

纵筋竖直搭接构造如图7-66b所示，梁上部纵筋伸至柱外侧纵筋内侧竖直向下弯折，竖直段与柱外侧纵筋搭接总长度≥1.7$l_{aE}$，净距为25mm；柱外侧纵筋向上伸至梁上部纵筋之下，水平弯钩长度为12$d$，柱纵筋水平弯钩与梁上部纵筋的净距≥25mm；柱内侧纵向钢筋向上伸至梁纵筋之下朝柱截面内弯钩，弯钩与梁纵筋的净距≥25mm，弯钩投影长度为12$d$。

此外，顶层柱的角部，均在柱宽范围的柱箍筋内侧设置间距≤150mm，但不少于3φ10的角部附加钢筋。

（4）抗震框架柱变截面节点钢筋构造　柱变截面通常指上柱比下柱截面向内缩进，其纵筋在节点内有非直通或直通两种构造，如图7-67所示。

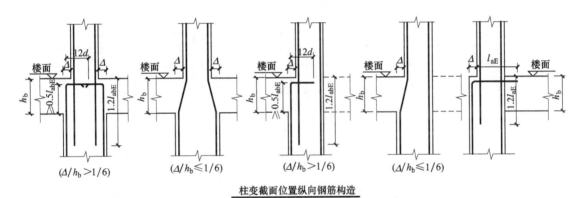

**柱变截面位置纵向钢筋构造**

图7-67　抗震框架柱变截面位置纵向钢筋构造

当上柱缩进尺寸与框架梁截面高度的比值$\dfrac{\Delta}{h_b}>\dfrac{1}{6}$或为边柱内收时，应采用非直通构造，须满足下柱纵筋上伸到梁纵筋之下弯钩，弯钩与梁纵筋的净距为25mm，弯钩投影长度≥12$d$，且水平锚入上柱截面投影内≥5$d$；上柱收缩截面的插筋锚入节点，与下柱弯折钢筋垂直段搭接长度为1.2$l_{aE}$。

当上柱缩进尺寸与框架梁截面高度的比值$\dfrac{\Delta}{h_b}\leqslant\dfrac{1}{6}$时，可采用直通构造，下柱纵筋略向内斜弯再向上直通，节点内箍筋应顺斜弯度紧扣纵筋设置。

**2. 柱的箍筋**

（1）柱箍筋的形式

1）抗震框架柱矩形截面箍筋的复合方法如图7-68所示。具体要求如下：

① 截面周边为封闭箍筋。

② 截面内的复合箍为小箍筋或拉筋，小箍筋四角内侧应设置纵筋，拉筋应同时钩住纵向钢筋和外围封闭箍筋。

③ 截面内的复合箍为小箍筋与拉筋组合时，小箍筋与拉筋应沿竖向相邻两道箍筋的平面位置交错放置。

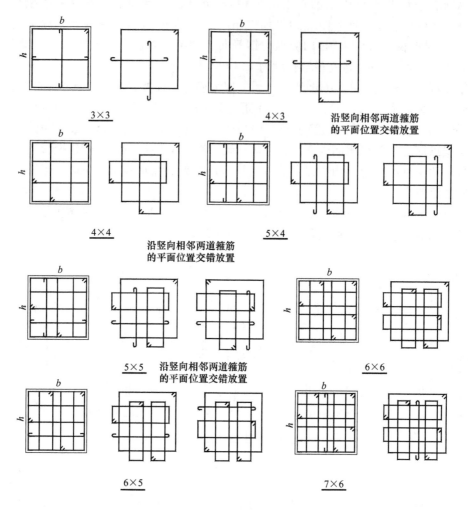

图 7-68　抗震框架柱矩形截面箍筋的复合方法

④ 所有箍筋及拉筋的弯钩角度应为 135°，箍筋弯钩直段长度应为 10d（d 为箍筋直径）与 75mm 中的较大值。

2）抗震框架柱圆形截面箍筋的复合方法具体要求如下：

① 沿柱高每 1～2m 设置一道直径≥12mm 的内环定位钢筋，当采用复合箍筋时可以省去不设。

② 箍筋搭接长度为≥$l_{Le}$且≥300，弯钩直段长度为 10d，角度为 135°。

（2）抗震框架柱箍筋加密区范围

1）嵌固部位为基础顶面的框架柱的箍筋加密区范围。嵌固部位为基础顶面的框架柱的箍筋加密区范围如图 7-69 所示，底层柱下端满足≥$H_n/3$，且在刚性地坪上下各 500mm 范围内须箍筋加密；其他部位上、下端均满足≥柱长边尺寸（圆柱直径）、$H_n/6$ 和 500 三控值的最大值；节点核心区需全长加密。

2）地下室抗震框架柱的箍筋加密区范围。嵌固部位不在基础顶面情况下的地下室框架柱，箍筋加密区范围如图 7-70 所示，即地下室框架柱（嵌固部位以下）加密区范围满足 ≥ 柱长边尺寸（圆柱直径）、$H_n/6$ 和 500 三控值的最大值；地上一层柱（嵌固部位以上）下端加密区范围满足 ≥ $H_n/3$。

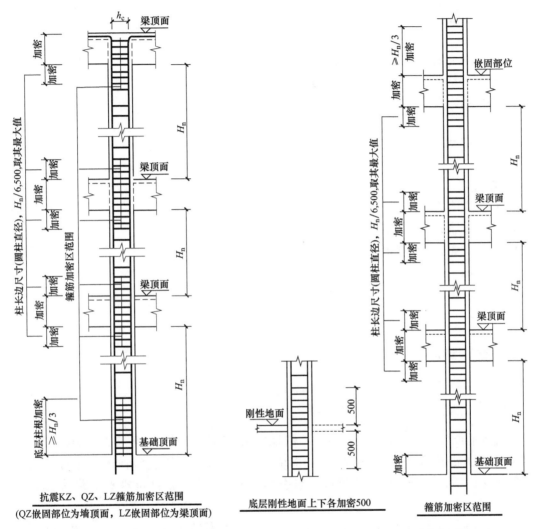

图 7-69　嵌固部位为基础顶面的框架柱的箍筋加密区范围

图 7-70　地下室抗震框架柱的箍筋加密区范围

3）应沿全高加密的框架柱。剪跨比不大于 2 的柱和因设置填充墙等形成的柱净高与柱截面高度之比不大于 4 的柱，一级及二级框架的角柱，框支柱，箍筋应沿全高加密。

（3）抗震框架柱纵筋搭接长度范围内箍筋加密构造　当抗震框架柱纵筋采用搭接连接时，应在柱纵筋搭接长度范围内按 ≤5d（d 为搭接钢筋的较小直径）及 ≤100mm 间距加密箍筋。施工及预算时应注意，当原设计的非加密箍筋间距 >5d 或 100mm 时，应将柱纵筋搭接长度范围内的箍筋间距调整和为 5d 与 100mm 的较小值。

<h1 style="text-align:center">子单元五　剪　力　墙</h1>

## 学习目标

1. 了解剪力墙的分类及受力特点
2. 理解钢筋混凝土剪力墙抗震构造措施
3. 熟练剪力墙标准构造详图

## 任务内容

1. 知识点
（1）剪力墙的分类
（2）剪力墙的受力特点
（3）剪力墙抗震构造措施
2. 技能点
（1）剪力墙标准构造详图的识读
（2）剪力墙钢筋工程量计算

## 知识解读

### 一、剪力墙的受力性能及其震害分析

现浇钢筋混凝土剪力墙（抗震墙）广泛地应用于高层建筑中，是剪力墙结构、框支剪力墙结构、框架-剪力墙结构、框架-核心筒结构和筒中筒结构中的竖向构件。它除了承受结构自重和楼面活荷载外，还承受风或地震引起的水平作用，是抵抗水平荷载的主要结构构件。

按剪力墙的高宽比 $\left(\dfrac{H}{B}\right)$ 不同，剪力墙可分为高剪力墙 $\left(\dfrac{H}{B}\geqslant 2\right)$、中高剪力墙 $\left(1<\dfrac{H}{B}<2\right)$ 和低剪力墙 $\left(\dfrac{H}{B}\leqslant 1\right)$。剪力墙的受力性能和破坏形态与其高宽比有密切关系。高剪力墙以弯曲变形为主，剪切变形很小，仅占总变形（弯曲变形和剪切变形之和）的 10% 以下，其破坏形态为弯曲型，属于延性破坏。低剪力墙以剪切变形为主，剪切变形占总变形的 10% 以上，其破坏形态为剪切型，属于脆性破坏。中高剪力墙的受力性能和破坏形态介于高剪力墙和低剪力墙之间。

按剪力墙中洞口的大小、形状和位置不同，剪力墙可分为实体墙（整截面墙）、整体小开口墙（或简称小开口墙）、联肢墙和壁式框架等，如图 7-71 所示。在联肢墙中，设置一排洞口的称为双肢墙，设置两排或两排以上洞口的称为多肢墙。连接相邻两墙肢的梁称为连梁。在联肢墙中，一般是连梁先于剪力墙发生破坏。因此，连梁的承载力和延性对联肢墙的承载力和延性有重要影响。跨高比较大的连梁将发生弯曲破坏，而跨高比较小的连梁则往往发生剪切破坏。

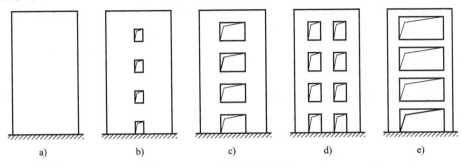

图 7-71　剪力墙的分类
a）实体墙　b）整体小开口墙　c）联肢墙（双肢墙）　d）联肢墙（多肢墙）　e）壁式框架

剪力墙的震害与上述的剪力墙的破坏形态是一致的。震害调查表明，在强烈地震作用下，实体剪力墙的主要震害为墙体底部的弯剪破坏，这主要是墙体底部的受弯与受剪承载力不足和延性较差引起的。联肢墙的主要震害为连梁的破坏。当连梁跨度较小、高度大时，在地震作用下往往形成交叉裂缝，并发生脆性的剪切破坏。在房屋 $\frac{1}{3}$ 高度处，连梁破坏更为明显。当房屋有框支剪力墙时，其框支部分的震害往往较严重，这是因为此处刚度突变而成为薄弱层所致。

## 二、剪力墙的抗震设计原则

剪力墙在竖向和水平荷载作用下，常见的破坏形态有弯曲破坏、剪切破坏（包括斜拉破坏、斜压破坏、剪压破坏）、沿施工缝滑移破坏和锚固破坏等。在风荷载作用下，剪力墙主要应满足承载力和刚度的要求；在地震作用下，剪力墙除应满足承载力和刚度的要求外，还必须满足非弹性变形、延性、能量耗散和控制毁坏等要求。震害和试验研究表明，设计合理的剪力墙具有抗侧刚度大、承载力高、耗能能力强和震后易修复等优点。为使剪力墙具有良好的抗震性能，设计中应遵守以下原则：

1）在发生弯曲破坏之前，不过早地发生脆性的剪切破坏和钢筋的锚固破坏。

2）联肢剪力墙的连梁在墙肢最终破坏前应具有足够的变形能力。

3）采取合理的构造措施，保证剪力墙具有良好的延性及耗能能力。

## 三、剪力墙的抗震构造措施

为保证剪力墙具有足够的承载力和延性，在抗震设计时，除应满足承载力计算的要求外，还必须满足截面尺寸、纵向钢筋最小配筋率、加强部位配筋、约束边缘构件等构造措施。

### （一）底部加强部位

延性抗震墙一般控制在其底部即计算嵌固端以上一定高度范围内屈服、出现塑性铰。设计时，将墙体底部可能出现塑性铰的高度范围作为底部加强部位，提高其受剪承载力，加强其抗震构造措施，使其具有大的弹塑性变形能力，从而提高整个结构的抗地震倒塌能力。

抗震墙底部加强部位的范围，应符合下列规定：

1）底部加强部位的高度，应从地下室顶板算起。

2）部分框支抗震墙结构的抗震墙，其底部加强部位的高度，可取框支层加框支层以上两层的高度及落地抗震墙总高度的1/10二者的较大值。其他结构的抗震墙，房屋高度大于24m时，底部加强部位的高度可取底部两层和墙体总高度的1/10二者的较大值；房屋高度不大于24m时，底部加强部位可取底部一层。

3）当结构计算嵌固端位于地下一层的底板或以下时，底部加强部位尚宜向下延伸到计算嵌固端。

**（二）截面尺寸**

为保证剪力墙的承载力和出平面稳定性，剪力墙的厚度应符合表7-21规定。

表7-21　剪力墙截面尺寸要求

| 结 构 形 式 | 部　位 | 抗震等级 | 最小截面尺寸要求 | 备　注 |
|---|---|---|---|---|
| 剪力墙结构 | 一般部位 | 一、二级 | 160mm、层高或无支长度的1/20 | |
| | | | 层高或无支长度的1/16 | 无端柱或翼墙 |
| | | 三、四级 | 140mm、层高或无支长度的1/25 | |
| | | | 层高或无支长度的1/20 | 无端柱或翼墙 |
| | 底部加强部位 | 一、二级 | 200mm、层高或无支长度的1/16 | |
| | | | 层高或无支长度的1/12 | 无端柱或翼墙 |
| | | 三、四级 | 160mm、层高或无支长度的1/20 | |
| | | | 层高或无支长度的1/16 | 无端柱或翼墙 |
| 框架-剪力墙结构 筒体结构 | 一般部位 | | 160mm、层高或无支长度的1/20 | |
| | 底部加强部位 | | 200mm、层高或无支长度的1/16 | |

**（三）轴压比限值**

为保证剪力墙底部加强部位具有足够的塑性变形能力，应限制其轴压比。一、二、三级抗震墙在重力荷载代表值作用下墙肢的轴压比，不宜超过表7-22中的限值。

表7-22　剪力墙的轴压比限值

| 抗震等级（设防烈度） | 一级（9度） | 一级（7、8度） | 二级、三级 |
|---|---|---|---|
| 轴压比限值 | 0.4 | 0.5 | 0.6 |

**（四）分布钢筋**

抗震墙竖向、横向分布钢筋的配筋，应符合下列要求：

1）一、二、三级抗震墙的竖向和横向分布钢筋最小配筋率均不应小于0.25%，四级抗震墙分布钢筋最小配筋率不应小于0.20%。部分框支抗震墙结构的落地抗震墙底部加强部位，竖向和横向分布钢筋配筋率均不应小于0.3%。

2）抗震墙的竖向和横向分布钢筋的间距不宜大于300mm，部分框支抗震墙结构的落地抗震墙底部加强部位，竖向和横向分布钢筋的间距不宜大于200mm。抗震墙厚度大于

140mm 时，其竖向和横向分布钢筋应双排布置，双排分布钢筋间拉筋的间距不宜大于 600mm，直径不应小于 6mm。抗震墙竖向和横向分布钢筋的直径，均不宜大于墙厚的 1/10 且不应小于 8mm；竖向钢筋直径不宜小于 10mm。

### （五）边缘构件

对于开洞的抗震墙即联肢墙，强震作用下合理的破坏过程应当是连梁首先屈服，然后墙肢的底部钢筋屈服、形成塑性铰。抗震墙墙肢的塑性变形能力和抗地震倒塌能力，除了与纵向配筋有关外，还与截面形状、截面相对受压区高度或轴压比、墙两端的约束范围、约束范围内的箍筋配箍特征值有关。当截面相对受压区高度或轴压比较小时，即使不设约束边缘构件，抗震墙也具有较好的延性和耗能能力。当截面相对受压区高度或轴压比大到一定值时，就需设置约束边缘构件，使墙肢端部成为箍筋约束混凝土，具有较大的受压变形能力。

抗震墙两端和洞口两侧应设置边缘构件，边缘构件包括暗柱、端柱、翼墙和转角墙。

对于抗震墙结构，底层墙肢底截面的轴压比不大于表 7-23 规定的一、二、三级抗震墙及四级抗震墙，墙肢两端可设置构造边缘构件，构造边缘构件的范围可按图 7-72 采用，构造边缘构件的配筋除应满足受弯承载力要求外，宜满足相应构造要求。

表 7-23　剪力墙设置构造边缘构件的最大轴压比

| 抗震等级（设防烈度） | 一级（9度） | 一级（7、8度） | 二级、三级 |
| --- | --- | --- | --- |
| 轴压比 | 0.1 | 0.2 | 0.3 |

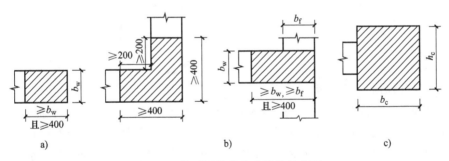

图 7-72　抗震墙的构造边缘构件范围
a）暗柱　b）翼柱　c）端柱

底层墙肢底截面的轴压比大于表 7-23 规定的一、二、三级抗震墙，以及部分框支抗震墙结构的抗震墙，应在底部加强部位及相邻的上一层设置约束边缘构件，约束边缘构件包括暗柱、端柱、翼墙和转角墙，如图 7-73 所示，在以上的其他部位可设置构造边缘构件。约束边缘构件沿墙肢的长度、配箍特征值、箍筋和纵向钢筋宜满足构造要求。

### （六）暗梁与边框梁

框架-剪力墙结构有端柱时，墙体在楼盖处宜设置暗梁，暗梁的截面高度不宜小于墙厚和 400mm 的较大值；端柱截面宜与同层框架柱相同，并应满足框架柱的要求；抗震墙底部加强部位的端柱和紧靠抗震墙洞口的端柱宜按柱箍筋加密区的要求沿全高加密箍筋。与剪力墙重合的框架梁可保留（即边框梁），也可做成宽度与墙厚相同的暗梁，暗梁的配筋可按构造配置且应符合一般框架梁相应抗震等级的最小配筋要求。

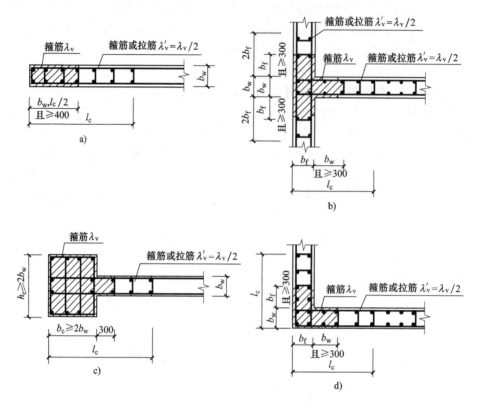

图 7-73  抗震墙的约束边缘构件
a）暗柱  b）有翼墙  c）有端柱  d）转角墙（L形墙）

**（七）连梁**

连梁的配筋构造应符合下列规定：

1）连梁顶面、底面纵向水平钢筋伸入墙肢的长度，不应小于 $l_{aE}$，且不应小于 600mm。

2）连梁应沿全长配置箍筋，箍筋直径不应小于 6mm，间距不宜大于 150mm。在顶层洞口连梁纵向钢筋伸入墙内的锚固长度范围内，应设置间距不大于 150mm 的箍筋，箍筋直径宜与跨内箍筋直径相同。

3）连梁高度范围内的墙肢水平分布钢筋应在连梁内拉通作为连梁的腰筋。连梁截面高度大于 700mm 时，其两侧面腰筋的直径不应小于 8mm，间距不应大于 200mm；跨高比不大于 2.5 的连梁，其两侧腰筋的总面积配筋率不应小于 0.3%。

**（八）剪力墙开小洞口和连梁开洞**

剪力墙开有边长小于 800mm 的小洞口且在结构整体计算中不考虑其影响时，应在洞口上、下和左、右配置补强钢筋，补强钢筋的直径不应小于 12mm，截面面积应分别不小于被截断的水平分布钢筋和竖向分布钢筋的面积。

穿过连梁的管道宜预埋套管，洞口上、下的截面有效高度不宜小于梁高的 1/3，且不宜小于 200mm；被洞口削弱的截面应进行承载力验算，洞口处应配置补强纵向钢筋和箍筋，补强纵向钢筋的直径不应小于 12mm。

## 四、剪力墙标准构造详图

剪力墙本身特有的内力变化规律，决定了必须在其边缘部位加强配筋（约束边缘构件或构造边缘构件），在其楼层位置根据抗震等级要求加强配筋或局部加大截面尺寸（暗梁或边框梁）。此外，连接两片墙的水平构件（连梁）功能与普通梁有显著不同，把连梁也作为剪力墙的一部分。为了表达简便、清晰，一般将剪力墙分为剪力墙柱、剪力墙身和剪力墙梁三类构件分别表达，如图 7-74 所示。

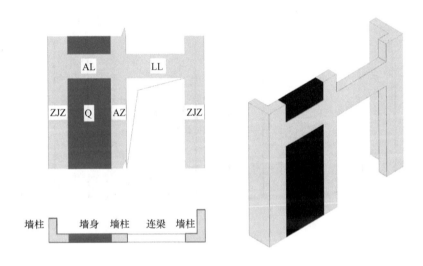

图 7-74　剪力墙柱、剪力墙身、剪力墙梁示意图

剪力墙柱的端柱、暗柱等并不是普通概念的柱，因为这些墙柱不可能脱离整片剪力墙独立存在，也不可能独立变形，称为墙柱，其配筋由竖向纵筋和水平箍筋构成，绑扎方式与柱相同，但与柱不同的是墙柱同时与墙身混凝土和钢筋完整地结合在一起。因此，墙柱实质上是剪力墙边缘的集中配筋加强部位。

剪力墙梁的暗梁、边框梁等也不是普通概念的梁，因为这些墙梁不可能脱离整片剪力墙独立存在，也不可能像普通概念的梁一样独立受弯变形。事实上，暗梁、边框梁根本不属于受弯构件。我们称其为墙梁，因为其配筋都是由纵向钢筋和横向箍筋构成，绑扎方式与梁基本相同，同时又与墙身的混凝土与钢筋完整地结合在一起，因此，暗梁、边框梁实质上是剪力墙在楼层位置的水平加强带。此外，归入剪力墙梁中的连梁虽然属于水平构件，但其主要功能是将两片剪力墙联结在一起，当抵抗地震作用时使两片联结在一起的剪力墙协同工作。连梁的形状与深梁基本相同，但受力原理也有较大区别。

剪力墙上通常需要为采暖、通风、消防等设备的管道开洞，或为嵌入设备开洞，洞边通常需要配置加强钢筋。当剪力墙较厚时，某些设备如消防器材箱的厚度小于墙厚，嵌入墙身即可。为了满足设备通过或嵌入要求，需在剪力墙上设置洞口或壁龛。剪力墙洞口或壁龛也是剪力墙施工图要表达的内容。

1. 剪力墙柱（边缘构件）

剪力墙两端及洞口两侧应设置边缘构件，边缘构件分为约束边缘构件和构造边缘构件，边缘构件的设置详见设计要求。

剪力墙柱钢筋构造包括柱根部插筋锚固构造、柱身钢筋构造、柱顶钢筋构造、节点钢筋构造和箍筋构造。

（1）柱根部插筋锚固构造　剪力墙柱根部插筋锚固构造与框架柱相同，包括插筋在基础及桩基承台的锚固及上部伸出施工缝长度。

（2）墙柱柱身钢筋构造　剪力墙柱柱身钢筋构造包括墙柱纵筋的连接构造和箍筋构造。墙柱纵筋的连接构造如图 7-75 所示，包括约束边缘构件的核心部位和构造边缘构件的全部纵筋，而约束边缘构件的扩展部位的纵筋构造按剪力墙身构造要求。

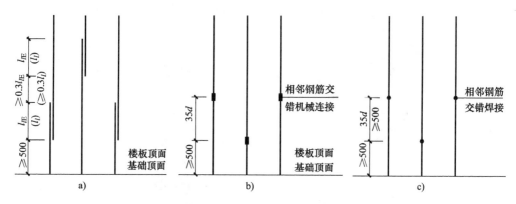

图 7-75　剪力墙边缘构件纵向钢筋连接构造
a）绑扎搭接　b）机械连接　c）焊接

（3）墙柱柱顶钢筋构造　端柱、小墙肢（小墙肢为截面高度不大于截面厚度 4 倍的矩形截面独立墙肢）的竖向钢筋与箍筋构造与框架柱相同，其他剪力墙柱柱顶钢筋同竖向分布钢筋，纵筋伸至剪力墙顶部后弯钩，弯折长度 $\geqslant 12d$ 。

（4）墙柱变截面钢筋构造　端柱、小墙肢变截面钢筋构造同框架柱，其他剪力墙柱变截面钢筋构造如图 7-76 所示，可采用变截面位置纵筋非直通构造或向内斜弯贯通构造；当采用纵筋非直通构造时，下层墙柱纵筋伸至变截面处向内弯折，至对面竖向钢筋处截断，上层纵筋垂直锚入下柱内 $1.5\,l_{aE}$；当采用纵筋向内斜弯贯通构造时，墙柱纵筋处距离结构层楼

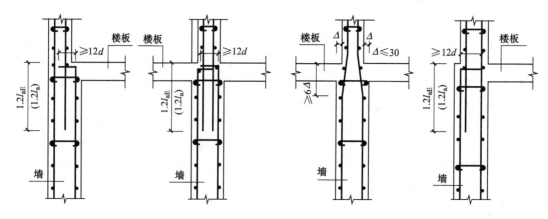

图 7-76　剪力墙变截面处竖向分布钢筋构造

面 $\geqslant 6c$（$c$ 为截面单侧内收尺寸）处向内略斜弯后身上垂直贯通。

（5）剪力墙箍筋构造　剪力墙箍筋构造详见设计，需要注意的是，小墙肢剪力墙可能会设计箍筋加密。

**2. 剪力墙身**

剪力墙身钢筋包括水平分布筋、竖向分布筋及拉结筋，当墙厚 $b_w \leqslant 400$ 时，剪力墙身一般采用双排配筋，如图 7-77a 所示，为便于施工，水平分布筋在外侧，竖向分布筋在内侧。当墙厚 $b_w > 400$ 时，采用三排或四排配筋，如图 7-77b、c 所示。具体构造要求包括水平分布筋的连接、锚固；竖向分布筋在基础中的锚固、连接、顶部节点做法、变截面节点构造；拉结筋包括拉结筋的设置和拉结筋的构造。

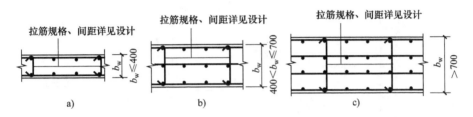

图 7-77　剪力墙配筋

a）剪力墙双排配筋　b）剪力墙三排配筋　c）剪力墙四排配筋

（1）剪力墙身水平钢筋构造　剪力墙身水平分布钢筋两端应锚入边缘构件，如图 7-78

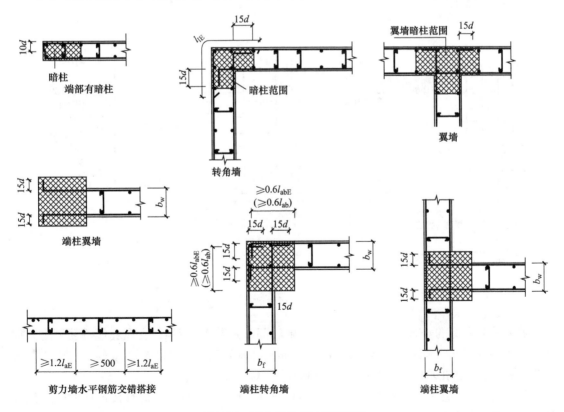

图 7-78　剪力墙身水平钢筋构造

所示，当边缘构件为暗柱时，墙身水平钢筋伸至暗柱端部并向钢筋内侧弯折$10d$；当边缘构件为转角墙时，内侧钢筋伸入翼墙或转角墙时，伸至外边竖向钢筋内侧弯折$15d$；当边缘构件为端柱转角墙时，尚需满足伸入端柱的弯折前长度$\geqslant 0.6\,l_{abE}$，如图7-78所示；墙身水平分布钢筋如需搭接，应沿高度隔一根错开搭接，连接区域在暗柱范围外，搭接长度$\geqslant 1.2\,l_{aE}$。

（2）剪力墙身竖向钢筋构造　剪力墙身竖向钢筋构造，包括墙身插筋在基础中的锚固构造、剪力墙身竖向分布钢筋连接构造，剪力墙竖向钢筋顶部构造和剪力墙变截面处竖向钢筋构造。

1）墙身插筋在基础中的锚固构造。剪力墙墙身的竖向分布筋锚入基础，伸出基础顶面，以便于与墙向竖向钢筋连接，如图7-79所示。

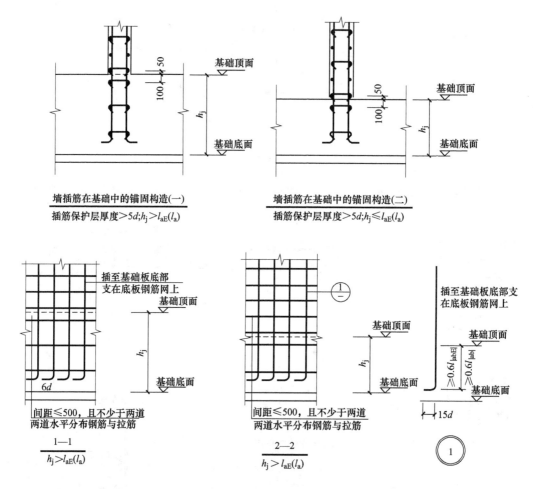

图 7-79　墙身插筋在基础中的锚固构造

剪力墙身根部的竖向分布筋一般插至基础底部，并做90°弯钩，支在底板钢筋网上，如基础底板的厚度$h_j > l_{aE}(l_a)$，弯钩的长度为$6d$；如基础底板的厚度$h_j \leqslant l_{aE}(l_a)$，弯钩的长度为$15d$，且插筋在基础内的竖向长度$\geqslant 0.6\,l_{abE}(0.6\,l_{ab})$。

2）剪力墙身竖向分布钢筋连接构造。墙身竖向分布筋在基础顶面及楼板顶面的连接分搭接、机械连接和焊接，如图7-80所示。

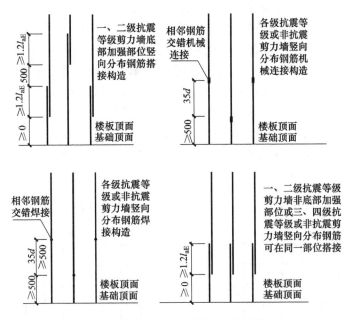

图 7-80 剪力墙身竖向分布钢筋连接构造

当采用搭接连接时，竖向分布钢筋可在剪力墙任何位置时行搭接，一、二级抗震等级剪力墙底部加强部位，相邻竖向分布筋应交错连接，搭接长度为 $1.2\, l_{aE}$，相邻钢筋搭接范围错开 500mm；一、二级抗震等级剪力墙非底部加强部位或三、四级抗震等级剪力墙，竖向分布钢筋可在同一高度连接，搭接长度为 $1.2\, l_{aE}$。

当采用机械连接或焊接时，各级抗震等级或非抗震相邻竖向分布筋应交错连接，连接点距结构层顶面或底面 ≥500mm，相邻钢筋连接点错开 35d。

3）剪力墙竖向钢筋顶部构造。墙身竖向分布筋在顶部的构造分顶部为屋面或楼面与顶部为边框梁的情况，如图 7-81 所示。

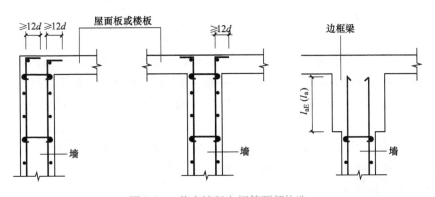

图 7-81 剪力墙竖向钢筋顶部构造

墙身竖向分布筋伸到剪力墙顶部后做 90°弯钩，弯钩长度 12d；当剪力墙一侧有楼板时，墙身竖向分布筋均向楼板内弯折；当剪力墙两侧有楼板时，墙身竖向分布筋向两侧楼板内弯折。

当顶层设置边框梁时，墙身竖向分布筋锚入边框梁 $l_{aE}$ 即可。

4）剪力墙变截面处竖向钢筋构造。剪力墙变截面处竖向钢筋可采用非直通构造和斜弯贯通构造。当采用竖向分布筋非直通构造时，下层墙身钢筋伸至变截面外向内弯折 $12d$ 后折断，上层钢筋锚入下层墙内 $1.2\,l_{aE}$。当采用竖向分布筋向内斜弯贯通构造时，钢筋自距离结构层楼面 $\geqslant 6\Delta$（$\Delta$ 为截面单侧内收尺寸）处向内略斜弯后向上垂直贯通。

（3）剪力墙墙身拉筋 剪力墙墙身拉筋布置方式有梅花形、矩形两种形式，如图 7-82 所示。拉筋水平及竖向间距：梅花形布置时不大于 850mm，矩形布置时不大于 600mm；当设计未注明时，宜采用梅花形布置方案。图中 $S_x$ 为拉筋水平间距；$S_y$ 为拉筋竖向间距。

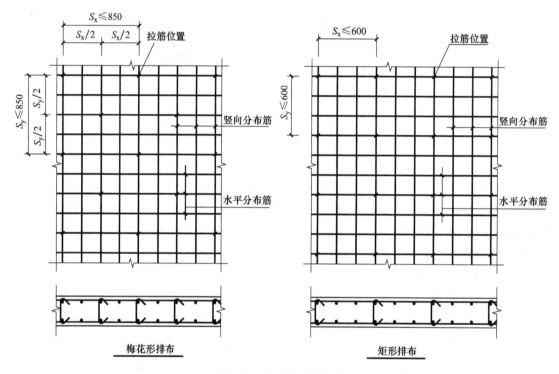

图 7-82　剪力墙墙身拉筋

拉筋排布：层高范围由底部板顶向上第二排水平分布筋开始设置，至顶部板底第一排分布筋终止；墙身宽度范围由距边缘构件边第一排墙身竖向分布筋开始设置。位于边缘构件范围内的水平分布筋也应设置拉筋，此范围内拉筋间距不大于墙身拉筋间距。拉筋直径 $\geqslant 6mm$。

墙身拉筋应同时钩住竖向分布筋和水平分布筋，当墙身钢筋多于两排时，拉筋应与每排水平分布筋和竖向分布筋分别牢固绑扎。拉筋的形式详见构造通则。

**3. 剪力墙墙梁钢筋构造**

剪力墙墙梁分为连梁、暗梁及边框梁。

（1）连梁（LL） 连梁是指在剪力墙结构或框架-剪力墙结构等结构中，连接墙肢与墙肢，在墙肢平面内相连的梁。连梁一般具有跨度小、截面大，与连梁相连的墙体刚度又很大等特点。在风荷载和地震作用下，连梁的内力往往很大。两端与剪力墙相连且跨高比不小于

5 的梁宜按照框架梁来设计。

剪力墙连梁钢筋包括上部纵筋、下部纵筋、箍筋及侧面纵筋，如图 7-83 所示，构造要求如下：

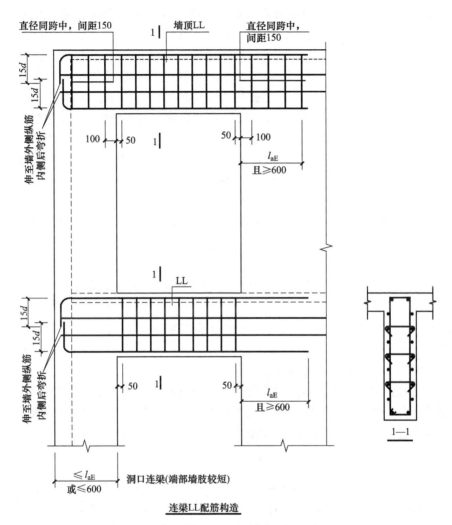

连梁LL配筋构造

图 7-83　连梁 LL 配筋构造

1）连梁上部纵筋、下部纵筋锚入剪力墙，当端部墙肢较短时，采用弯锚；当墙肢的长度足够长时，采用直锚。

2）连梁的第一道箍筋距支座边缘 50mm 开始设置；在墙顶连梁纵筋锚入支座长度范围应设置箍筋，箍筋直径与跨中相同，间距 150mm，距支座边缘 100mm 开始设置，在该范围设置箍筋的主要功能是增强墙顶连梁上部纵筋的锚固强度，为方便施工，可采用向下开口箍筋。

3）梁侧构造钢筋配置在箍筋的外侧，可与墙身水平分布筋拉通或锚固。

4）连梁拉筋的直径和间距：当梁宽≤350mm 时为 6mm，梁宽＞350mm 时为 8mm，拉筋间距为 2 倍箍筋间距，竖向沿侧面水平筋隔一拉一。

5）当洞口连梁截面宽度不小于 250mm 时，可采用交叉斜筋配筋；当连梁截面宽度不小于 400mm 时，可采用集中对角斜筋配筋或对角暗撑配筋，相应构造详见图集。

（2）暗梁（AL）及边框梁（BKL）　暗梁、边框梁是加强剪力墙墙身的抗震构造措施；框架-剪力墙结构中剪力墙的周边应设置边框梁（或暗梁）和端柱组成的边框；纯剪力墙结构未提出暗梁及边框梁的设计要求，一般按施工图。混凝土墙中的暗梁作用比较复杂，已不属于简单的受弯构件，它一方面强化墙体与顶板的节点构造，另一方面为横向受力的墙体提供边缘约束，强化墙体与顶板的刚性连接。暗梁的位置是完全隐藏在板类构件或者混凝土墙类构件中，这是它被称为暗梁的原因。边框梁是指在剪力墙中部或顶部布置的、比剪力墙的厚度还加宽的"梁"或"暗梁"。剪力墙暗梁及边框梁的构造详图如图 7-84 所示，构造要求如下：

1）边框梁上部纵筋和下部纵筋应锚入边框柱，节点做法同框架结构；暗梁上部纵筋和下部纵筋应锚入边缘构件，节点做法同框架结构。

2）边框梁和暗梁纵筋的连接要求按标准构造。

3）暗梁最外侧纵向钢筋设置在墙面钢筋由外向内第三层，与暗梁纵筋在同一水平高度的一道水平分布筋可不设，最外层剪力墙水平分布筋，第二层为贯穿暗梁的剪力墙纵向分布钢筋和梁箍筋。

4）边框梁或暗梁与连梁钢筋的连接详见"边框梁或暗梁与连梁与连梁重叠时的配筋构造"。

5）边框梁或暗梁箍筋距剪力墙边缘构件核心部位 50mm 处开始设置；与剪力墙连梁相连一端的箍筋设置到门窗洞边 100mm 处。

（3）边框梁或暗梁与连梁与连梁重叠时的配筋构造

剪力墙设置边框梁或暗梁，与连梁重叠时，一般连梁的梁宽与边框梁或暗梁相同，顶标高相同，也可能高于边框梁或暗梁，底标高通常低于边框梁或暗梁，梁顶标高相同的边框梁或暗梁与连梁与连梁重叠时的配筋构造如图 7-84 所示，构造要求如下。

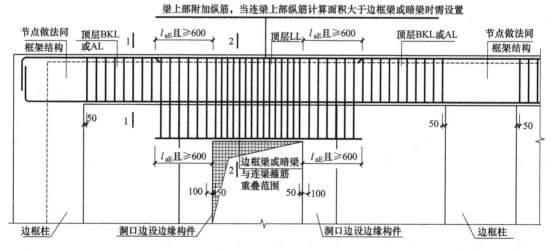

图　7-84

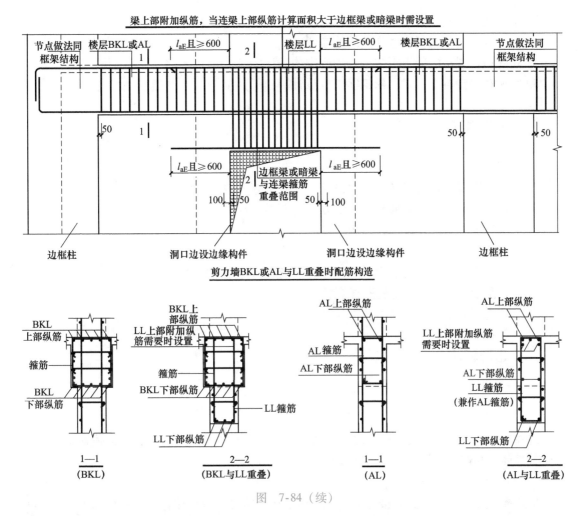

图 7-84（续）

1）边框梁上部纵筋和下部纵筋应锚入边框柱，节点做法同框架结构；暗梁上部纵筋和下部纵筋应锚入边缘构件，节点做法同框架结构。

2）边框梁和暗梁纵筋的连接要求按标准构造。

3）暗梁最外侧纵向钢筋设置在墙面钢筋由外向内第三层，与暗梁纵筋在同一水平高度的一道水平分布筋可不设，最外层剪力墙水平分布筋，第二层为贯穿暗梁的剪力墙纷向分布钢筋和梁箍筋。

4）边框梁或暗梁箍筋距剪力墙边缘构件核心部位 50mm 处开始设置；与剪力墙连梁相连一端的箍筋设置到门窗洞边 100mm 处。

# 子单元六　楼　　梯

## 学习目标

1. 熟悉现浇混凝土板式楼梯的结构组成、受力特点及传力路径

2. 了解现浇混凝土梁式楼梯的结构组成、受力特点及传力路径
3. 熟悉现浇混凝土板式楼梯的结构布置
4. 熟练识读现浇混凝土板式楼梯的标准构造详图
5. 掌握现浇混凝土板式楼梯钢筋工程量计算

 **任务内容**

1. 知识点
（1）现浇混凝土板式楼梯的结构组成、受力特点及传力路径
（2）现浇混凝土梁式楼梯的结构组成、受力特点及传力路径
（3）现浇混凝土板式楼梯的结构布置
2. 技能点
（1）能进行板式楼梯的结构布置，并初步确定构件截面尺寸
（2）现浇混凝土板式楼梯构造详图的识读
（3）现浇混凝土板式楼梯钢筋工程量计算

 **知识解读**

## 一、现浇混凝土楼梯结构组成、受力特点及传力路径

现浇钢筋混凝土楼梯按结构的受力方式可分为板式楼梯和梁式楼梯，用以连通不同标高的建筑平面，是解决建筑物各楼层间垂直交通的重要构件。

**1. 板式楼梯**

板式楼梯是运用最广泛的楼梯形式，可用于单跑楼梯、双跑楼梯、三跑楼梯等。它具有受力简单、施工方便的优点。板式楼梯可现浇也可预制，目前大部分采用现浇。现浇板式楼梯如图 7-85 所示，一般由楼梯板、平台梁、平台板和梯柱组成，分为斜板式和折板式两种类型。

斜板式楼梯如图 7-85a 所示，梯板是一块斜板、外形呈锯齿形，两端与梯梁整浇，也可在低端支承处设置滑动支座。折板式楼梯如图 7-85b 所示，锯齿形梯板的一端或两端与平台连成一体，当楼梯下净空受限时常采用这种形式，折板式楼梯同样可在低端支承处设置滑动支座。

楼梯平台是指楼梯梯板与楼面连接的水平段或连接两个梯板之间的水平段。与楼层标高相一致的平台称为楼层平台，介于两个楼层之间的平台称为中间平台，平台板一般四边搁置在梯梁上。梯梁是用于支承楼梯板和楼梯平台的梁，在楼层平面位置，搁置在楼层梁上或直接支承在框架柱上；在中间平台位置，支承在梯柱上或直接支承在框架柱上。梯柱的设置用来满足中间平台位置楼梯梁的搁置，常用的形式有半层高的压柱，也可采用吊柱，或贯穿整个楼层。

为了保证梯板的刚度，梯板的板厚一般可取梯板水平投影的 1/27，并且不宜小于100mm，平台板厚按现浇板选取，梯梁截面按梁的构造要求选取，为保证梯板搁置，一般不

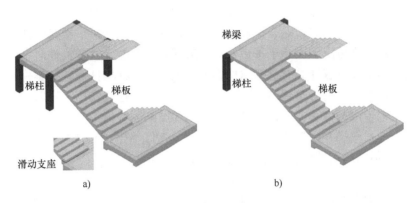

图 7-85　板式楼梯示意图
a）斜板式　b）折板式

小于 350mm 高，梯柱宜大于 250mm × 300mm。

不设滑动支座的板式楼梯的梯板可视为搁置在两端梯梁上的板，梯板的中间部位受到正弯矩的作用，需在梯板下部配置沿梯板方向的受力钢筋；与梯梁整浇的梯板两端与平台板形成连续板，端部会出现负弯矩，需在梯板两端配置板面钢筋，也可在板面通长配置负弯矩钢筋；板底钢筋和板面钢筋均需配置垂直于受力筋的分布钢筋。平台板的受力与现浇混凝土有梁楼盖板的受力相同。楼梯梁的受力同现浇混凝土梁。梯柱为受压构件，如采用吊柱，按受拉构件考虑。当在楼段低端设置滑动支座时，则在低端按铰支考虑。

板式楼梯传力路线为：楼梯踏步板（平台板）→楼梯梁→梯柱→楼层梁。

**2. 梁式楼梯**

如图 7-86 所示，梁式楼梯是在梯板两侧设置斜梁，斜梁两端支承在框架柱或梁上的结构形式。与板式楼梯相比，梁式楼梯应用较少，一般由楼梯板、平台梁、平台板和折梁（或斜梁）组成。

梁式楼梯的梯板两侧搁置在斜梁或折梁上，一般与斜梁或折梁整浇，梯板的受弯方向与楼梯踏步方向相垂直，需沿弯矩方向在板底配置受力钢筋，与斜梁或折梁连接的部位配置负弯矩钢筋，并沿踏步方向配置分布筋。平台板的受力与板式楼梯相同。

梁式楼梯的传力路线为：楼梯踏步板（平台板）→楼梯梁（折梁、斜梁）→梯柱（或楼层梁、框架柱）。

## 二、现浇混凝土板式楼梯的结构布置

发生强烈地震时，楼梯间是重要的紧急逃生竖向通道，楼梯间（包括楼梯板）的破坏会延误人员撤离及救援工作，从而造成严重伤亡。多层和高层钢筋混凝土房屋宜采用现浇钢筋混凝土楼梯。对于框架结构，楼梯构件与主体结构整

图 7-86　梁式楼梯示意图

浇时，梯板起到斜支撑的作用，对结构刚度、承载力、规则性的影响比较大，应参与抗震计算，并考虑地震作用对楼梯的影响，即楼梯按抗震构件考虑；为减少楼梯构件对主体结构刚度的影响，常采用如梯板滑动支承于平台板等构造措施，此时，楼梯构件对结构刚度等的影响较小，是否参与整体抗震计算对框架结构影响不大，但楼梯构件需按抗震构件考虑。对于剪力墙结构和砌体结构，由于房屋结构刚度较大，楼梯间在地震作用时变形不大，楼梯板一般采用两端与平台整浇的做法，不计入楼梯对结构的影响，楼梯按非抗震设防构件设计。

现浇混凝土板式楼梯在房屋中应用广泛，以下分别介绍混凝土结构房屋（框架结构与剪力墙结构）、砌体结构房屋中板式楼梯的结构布置。

**1. 小柱网框架结构房屋板式楼梯的结构布置**

小柱网框架结构房屋的开间一般较小，双跑楼梯往往占用一个开间，如图 7-87 所示。底层梯板处梯梁搁置在梯柱上，梯柱单独设置基础，如基础埋深较浅，也可设置地垄墙，夹层平台的梯梁搁置在梯柱上，梯柱可设置半层，也可全高设置或设置吊柱。楼层梯梁搁置在框架梁上。

**2. 大柱网框架结构房屋板式楼梯的结构布置**

大柱网框架结构中板式楼梯的布置如图 7-88 所示，与小柱网框架的布置稍有不同，由于大柱网柱框架的柱距通常在 6～8m，楼梯间的布置往往只占用半个柱距，楼梯一侧梯柱仍支承在框架梁上，另一侧则支承在次梁上，夹层平面处休息平台需增设楼梯柱。

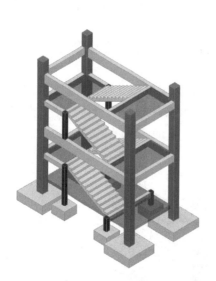

图 7-87　小柱网框架板式楼梯结构布置

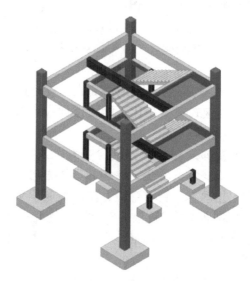

图 7-88　大柱网框架板式楼梯结构布置

**3. 高层建筑交叉式板式楼梯的结构布置**

高层建筑常设置剪力楼梯，如图 7-89 所示，楼梯间四周剪力墙，每层设两个出入口，梯板每跑一层，交叉的两跑楼之间用隔墙隔开。

**4. 砖混结构住宅板式楼梯的结构布置**

砖混结构房屋的楼梯间与小柱网框架的楼梯间设置基本一致，如图 7-90 所示，不同的是梯梁支承在墙体的构造柱上，此外，楼梯间的四角也需设置构造柱，即一个楼梯间应有 8 个构造柱。

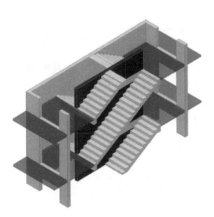

图 7-89 高层建筑交叉式板式楼梯结构布置

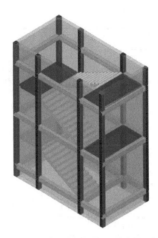

图 7-90 砖混结构房屋楼梯间布置

## 三、现浇混凝土板式楼梯的标准构造详图

### 1. 梯板

剪力墙结构或砌体结构中的钢筋混凝土板式楼梯不参与结构整体抗震计算，也不需要考虑地震影响，根据梯板的截面形状分为斜板式和折板式梯板，斜板式梯板全部由踏步段构成，两端直接与梯梁整浇，折板式楼板的一端或两端为平板，与梯梁整浇，或在梯板的中间部位设置平板。本项目仅介绍图集中的 AT 型、BT 型和 CT 型，见表 7-24。其中 AT 型为梯板两端与梯梁整浇的斜板式梯板，BT 型、CT 型分别为梯板下端、上端的平板与梯梁整浇，另一端与梯梁整浇的折板式楼梯。

框架结构或框剪结构中框架部分的钢筋混凝土板式楼梯常采下端用带滑动支座的板式楼梯，这种形式的楼梯不参与结构整体抗震计算，见表 7-24 中的 ATa 型、ATb 型、CTa 型、CTb 型，XXa 型梯板滑动支座设置在梯梁上、XXb 型梯板滑动支座设置在楼梯梁伸出的挑板上；也可采用两端与梯梁整浇的形式，见表 7-24 中的 ATc 型，采用这种形式的楼梯在结构计算时，楼梯须参与结构整体抗震计算。框架结构或框剪结构中框架部分中的钢筋混凝土板式楼梯均需考虑地震影响，即按抗震构件考虑钢筋构造。

表 7-24 梯板的形式

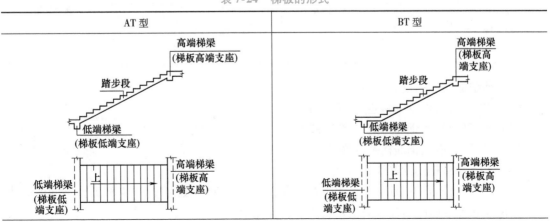

（续）

CT 型

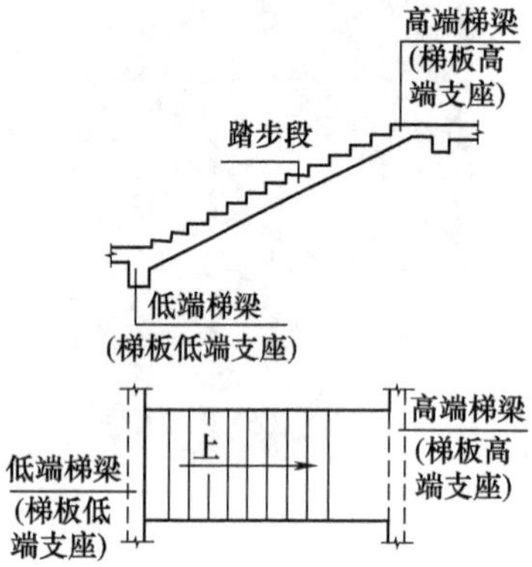


ATa 型

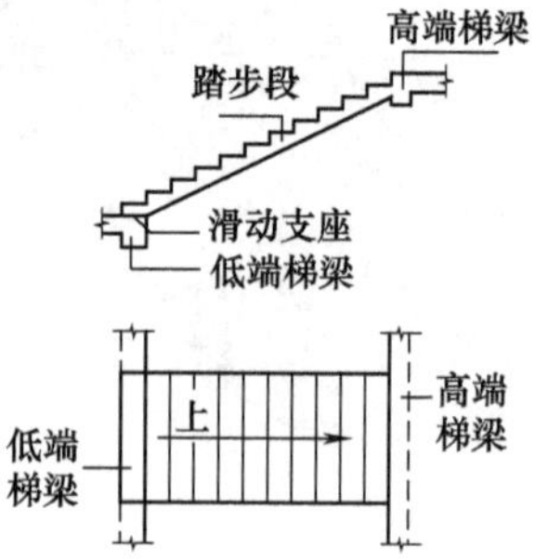


ATb 型

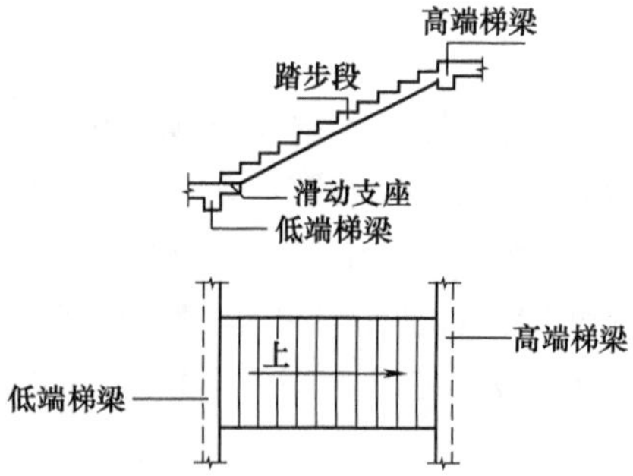


ATc 型

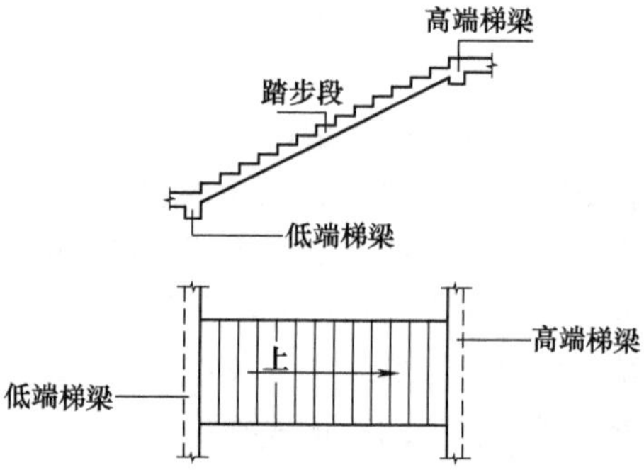


CTa 型

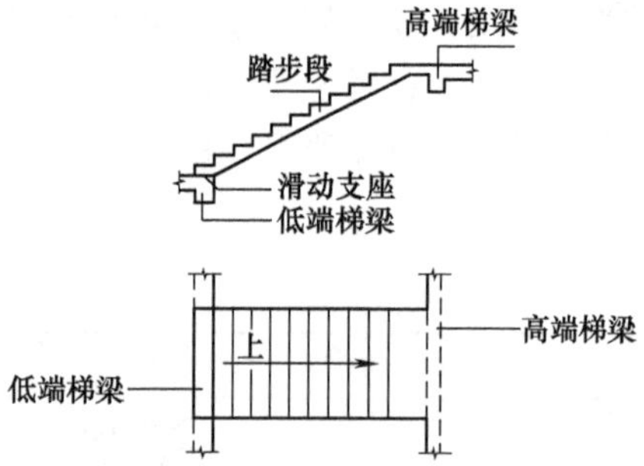


CTb 型

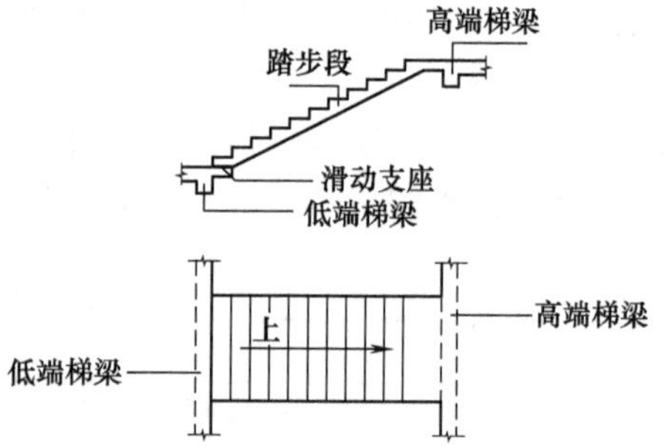


各种类型的梯板的钢筋构造如下：

（1）AT 型楼板的钢筋构造（图 7-91）

（2）BT 型楼板的钢筋构造（图 7-92）

（3）CT 型楼板的钢筋构造（图 7-93）

（4）ATa 型楼板的钢筋构造（图 7-94）

（5）ATb 型楼板的钢筋构造　ATb 型楼板的钢筋构造详图与图 7-94 相近，不同的是梯板搁置在低端梯梁伸出的挑板面上设置的滑动支座上。

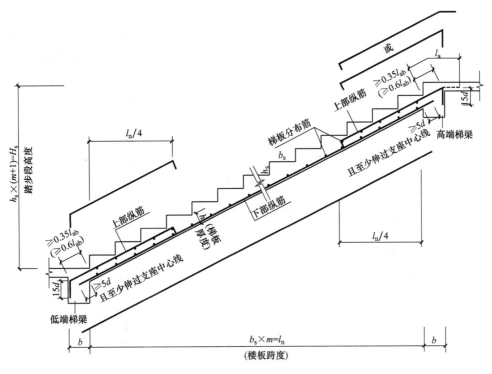

图 7-91　AT 型楼梯板配筋构造

注：1. 图中上部纵筋锚固长度 0.35$l_{ab}$，用于设计按铰接的情况，括号内数据 0.6$l_{ab}$ 用于设计考虑充分发挥钢筋抗拉强度的情况，具体工程中设计应指明采用何种情况。

2. 上部纵筋需伸至支座对边再向下弯折。

3. 上部纵筋有条件时可直接伸入平台板内锚固，从支座内边算起总锚固长度不小于 $l_a$，如图中虚线所示。

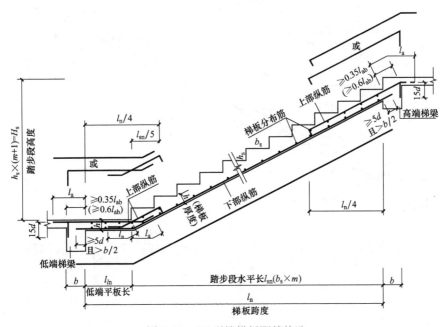

图 7-92　BT 型楼梯板配筋构造

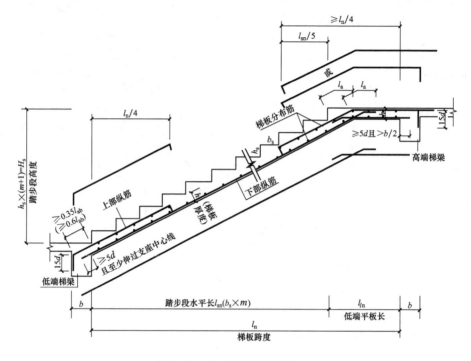

图 7-93　CT 型楼梯板配筋构造

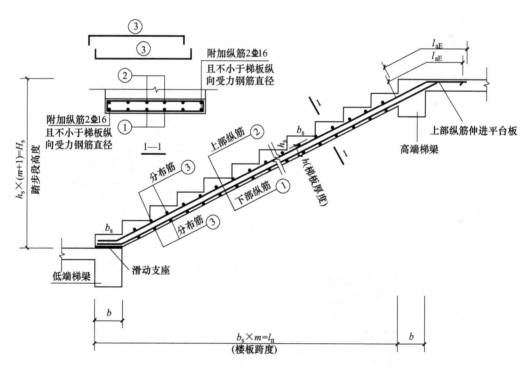

图 7-94　ATa 型楼梯板配筋构造

（6）ATc 型楼板的钢筋构造（图 7-95）

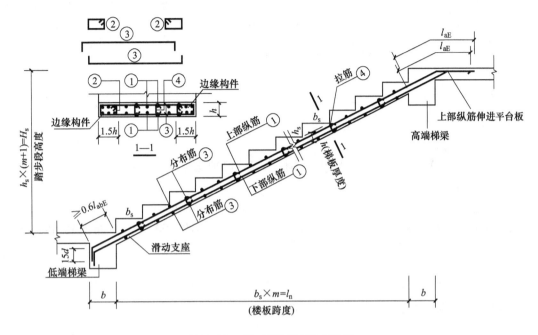

图 7-95　ATc 型楼梯板配筋构造

**2. 平台板**

平台板的配筋构造同楼层板，一般平台板面积较小，常采用双面双向配筋。下筋伸过支座长度中心线且≥5d；上筋穿过支座或锚入支座。

**3. 梯梁**

梯梁的两端搁置在楼层梁上或梯柱上，配筋构造同梁。

**4. 梯柱**

梯柱为受压构件，如采用吊柱，按受拉构件考虑。

## 四、现浇混凝土板式楼梯钢筋工程量计算

以图 7-88 所示 AT 型楼梯板配筋构造为例说明钢筋工程量计算。

**1. 梯板底部受力筋构造与计算**

楼梯下部纵筋应伸入支座，伸入长度过支座中心线，且不小于 5d，一般过支座中心线均能满足大于 5d。

（1）长度计算

梯板底部受力筋长度 = 梯板投影长度×斜度系数 + 伸入左端支座长度 + 伸入右端支座长度

$$= l_n \times k + \max\left(5d \times 2, \frac{b}{2} \times 2 \times k\right)$$

式中　$l_n$——梯板投影净长；

$k$——斜度系数，$k = \sqrt{b_s^2 + h_s^2} / b_s$；

$b$——梯梁宽。

（2）根数计算

梯板底板受力筋根数 = Ceil［（梯板净宽 - 50×2)/受力筋间距 + 1］（ 取最外侧受力钢筋混凝土边缘距离为 50mm）

$$= \mathrm{Ceil}\left(\frac{b_{\mathrm{TB}} - 100}{s} + 1\right)$$

式中　　$b_{\mathrm{TB}}$ ——梯板净宽；

　　　　$s$ ——受力筋间距。

**2. 梯板底部分布筋构造与计算**

（1）长度计算

梯板底部分布筋长度 = 梯板净宽 - 保护层 ×2 = $b_{\mathrm{TB}} - 2c$

式中　　$c$ ——保护层厚度。

（2）根数计算

梯板底部分布筋根数 = Ceil［（梯板投影净跨 × 斜度系数 - 50×2)/分布钢筋间距 + 1］

$$= \mathrm{Ceil}\left(\frac{l_{\mathrm{n}} \times k - 100}{S} + 1\right)$$

**3. 梯板上部受力筋构造与计算**

分别计算低端支座负筋和高端支座负筋。

（1）长度计算

仅讨论梯板钢筋弯锚入梯梁的构造做法，梯板上部低端（高端）受力筋长度分为三个部分：

1）与梯板平行段长度 = 伸入板内长度 + 伸入支座长度 = $\frac{l_{\mathrm{n}}}{4} \times k + \{[(b - c) \times k]$

其中，$(b - c) \times k \geqslant 0.35l_{\mathrm{ab}}$ 或 $0.6l_{\mathrm{ab}}$

2）锚入梯梁的长度 = $15d$

3）端部折钩长度 = $h - 2c$

4）下料长度需考虑钢筋弯曲调整值

（2）根数计算

梯板顶部受力筋根数计算同楼梯底部受力筋计算方法。

**4. 楼梯板上部分布筋构造与计算**

（1）长度计算

分布筋长度计算同板底分布筋

（2）根数计算

梯板顶部分布筋根数 = Ceil［（楼梯板顶部受力钢筋伸出梯梁边长度 - 50)/分布筋间距 + 1］

$$= \mathrm{Ceil}\left(\frac{\dfrac{l_{\mathrm{n}}}{4} \times k - 50}{s} + 1\right)$$

 **应用案例**

任务：钢筋混凝土板式楼梯梯板如图 7-96 所示，混凝土强度等级 C30，HRB400 级钢筋，楼梯梁截面尺寸 250mm×400mm，梯板宽度 1450mm。试计算钢筋工程量。

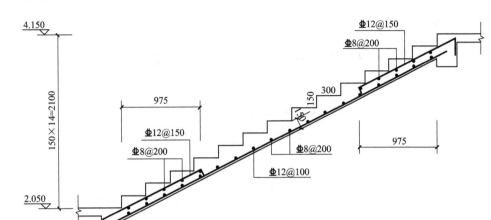

图 7-96　钢筋工程量计算例题

解答：计算过程如下

（1）确定相关参数

1）锚固长度：查表可得，$l_{ab} = 35d$

2）保护层厚度：板保护层厚度 $c = 15\text{mm}$，梁保护层厚度 $c = 20\text{mm}$；

3）板厚 $h = 150\text{mm}$，梯板净宽 $b_{TB} = 1450\text{mm}$；

4）楼梯倾斜角：$\tan\alpha = \dfrac{150}{300} = 0.5$，$\alpha = 26.57°$

5）斜度系数，$k = \dfrac{\sqrt{b_s^2 + h_s^2}}{b_s} = \dfrac{\sqrt{300^2 + 150^2}}{300} = 1.118$

（2）计算钢筋的图示尺寸及钢筋数量

1）计算板底受力筋。

$$板底受力筋长度 = l_n \times k + \max\left(5d \times 2, \frac{b}{2} \times 2 \times k\right)$$

$$= 3900 \times 1.118 + \max\left(5 \times 12 \times 2, \frac{250}{2} \times 2 \times 1.118\right) = 4640\text{mm}$$

$$板底受力筋根数 = \text{Ceil}\left(\frac{b_{TB} - 100}{s} + 1\right)$$

$$= \text{Ceil}\left(\frac{1450 - 100}{100} + 1\right) = 15\ 根$$

2）计算板底分布筋。

$$钢筋长度 = b_{TB} - 2c = (1450 - 2 \times 15)\text{mm} = 1420\text{mm}$$

$$钢筋数量 = \text{Ceil}\left(\frac{l_n \times k - 100}{S} + 1\right) = \text{Ceil}\left(\frac{3900 \times 1.118 - 100}{200} + 1\right) = 23\ 根$$

3）计算板上部受力筋（设计按铰接）。

图示尺寸

① 与梯板平行段长度 $= \dfrac{l_n}{4} \times k + [(b-c) \times k]$

$$= \left(\dfrac{3900}{4} \times 1.118\right) + [(250-20) \times 1.118] = 1347\text{mm}$$

② 锚入梯梁的长度 $= 15d = (15 \times 12)\text{mm} = 180\text{mm}$

③ 端部折钩长度 $= h - 2c = (150 - 2 \times 15)\text{mm} = 120\text{mm}$

钢筋下料长度可根据图示尺寸计算，低端和高端由于弯折角度不同而稍有差别。

数量

板上部受力筋根数 $= \text{Ceil}\left(\dfrac{b_{TB} - 100}{S} + 1\right)$

$$= \text{Ceil}\left(\dfrac{1450 - 100}{150} + 1\right) = 10 \text{ 根}$$

4）计算板上部分布筋。

钢筋长度同板底分布筋 $= b_{TB} - 2c = (1450 - 2 \times 15)\text{mm} = 1420\text{mm}$

钢筋数量 $= \text{Ceil}\left(\dfrac{\dfrac{l_n}{4} \times k - 50}{S} + 1\right) = \text{Ceil}\left(\dfrac{\dfrac{3900}{4} \times 1.118 - 50}{200} + 1\right) = 7 \text{ 根}$

低端和高端分布筋的数量均为 7 根。

# 子单元七　基　　础

 **学习目标**

1. 了解地基岩土的分类
2. 了解地基基础设计等级及设计要求
3. 了解地基计算方法
4. 了解各类基础设计要求
5. 掌握各类基础构造
6. 掌握基础钢筋工程量计算

 **任务内容**

1. 知识点

（1）地基岩土的分类

（2）地基基础设计等级及设计要求

（3）地基基础计算方法

（4）混凝土结构房屋基础构造

2. 技能点

（1）识读基础构造详图

（2）计算基础钢筋工程量

## 知识解读

多高层钢筋混凝土结构房屋的上部荷载通过柱、墙传力给基础，再由基础传给地基，如图 7-97 所示。基础是建筑物最底下的一部分工程，一般采用钢筋混凝土材料，其作用是将结构所承受的各种作用传递到地基上，并通过扩大基底面积以满足扩散应力，减少沉降的要求；地基则是承受建筑物荷载的地层。为了保证建筑物的安全和正常使用，地基基础必须同时满足两个技术条件：强度条件和变形条件。强度条件要求满足地基承载力和稳定性，不发生滑动破坏；变形条件要求建筑物的沉降量、沉降差、倾斜和局部倾斜限制在一定范围内。

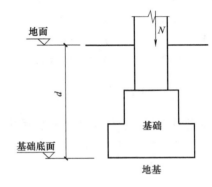

图 7-97　地基与基础

### 一、地基岩土的分类

在天然地基中，土的种类很多，为了评价岩土的工程性质，便于地基基础的设计与施工，根据岩土的主要特征，按工程性能相近的原则对岩土进行工程分类。把作为建筑地基的岩土，分为岩石、碎石土、砂土、粉土、黏性土和人工填土。各类土又可分按表 7-25 分为若干亚类。

表 7-25　建筑地基岩土亚类划分

| 序号 | 名　称 | 分　类 | 分类依据 |
|---|---|---|---|
| 1 | 岩石 | 岩浆岩（花岗岩等）、沉积岩（石灰岩等）、变质岩（大理岩等） | 地质名称 |
| | | 未风化、微风化、中等风化、强风化、全风化 | 风化程度 |
| | | 坚硬岩、较硬岩、较软岩、软岩、极软岩 | 坚硬程度 |
| | | 完整、较破碎、破碎、极破碎 | 完整程度 |
| 2 | 碎石土 | 漂石、块石、卵石、碎石、圆砾和角砾 | 粒径组含量及颗粒形状 |
| | | 松散、稍密、中密、密实 | 密实度 |
| 3 | 砂土 | 砾砂、粗砂、中砂、细砂和粉砂 | 粒径组含量 |
| | | 松散、稍密、中密、密实密 | 密实度 |

（续）

| 序号 | 名　　称 | 分　　类 | 分类依据 |
|---|---|---|---|
| 4 | 粉土 | — | — |
| 5 | 黏性土 | 粉质黏土、黏土 | 塑性指标 |
| | | 坚硬、硬塑、可塑、软塑、流塑 | 状态 |
| 6 | 人工填土 | 素填土、压实填土、杂填土、冲填土 | 组成和成因 |

在静水或缓慢的流水环境中沉积，并经生物化学作用形成，其天然含水量大于液限、天然孔隙比大于或等于 1.5 的黏性土称为淤泥。当天然含水量大于液限、天然孔隙比小于 1.5 但大于或等于 1.0 的黏性土或粉土为淤泥质土。含有大量未分解的腐殖质，有机质含量大于 60% 的土为泥炭，有机质含量大于或等于 10% 且小于或等于 60% 的土为泥炭质土。此外，红黏土、膨胀土、湿陷性土在我国也有广泛的分布。

## 二、地基基础设计等级及设计要求

地基基础设计应根据地基复杂程度、建筑物规模和功能特征以及由于地基问题可能造成建筑物破坏或影响正常使用的程度，将地基基础设计分为三个设计等级，设计时应根据具体情况，按表 7-26 选用。

表 7-26　地基基础设计等级

| 设 计 等 级 | 建筑和地基类型 |
|---|---|
| 甲级 | 重要的工业与民用建筑物<br>30 层以上的高层建筑<br>体形复杂，层数相差超过 10 层的高低层连成一体建筑物<br>大面积的多层地下建筑物（如地下车库，商场、运动场等）<br>对地基变形有特殊要求的建筑物<br>复杂地质条件下的坡上建筑物（包括高边坡）<br>对原有工程影响较大的新建建筑物<br>场地和地基条件复杂的一般建筑物<br>位于复杂地质条件及软土地区的二层及二层以上地下室的基坑工程<br>开挖深度大于 15m 的基坑工程<br>周边环境条件复杂、环境保护要求高的基坑工程 |
| 乙级 | 除甲级、丙级以外的工业与民用建筑物<br>除甲级、丙级以外的基坑工程 |
| 丙级 | 场地和地基条件简单，荷载分布均匀的七层及七层以下民用建筑及一般工业建筑物；次要的轻型建筑物<br>非软土地区且场地地质条件简单、基坑周边环境条件简单、环境保护要求不高且开挖深度小于 5.0m 的基坑工程 |

根据建筑物地基基础设计等级及长期荷载作用下地基变形对上部结构的影响程度，地基

基础设计应符合下列规定：

　　1）所有建筑物的地基计算均应满足承载力计算的有关规定。

　　2）设计等级为甲级、乙级的建筑物，均应按地基变形设计。

　　3）设计等级为丙级的建筑物是否作变形验算按规范要求。

　　4）对经常受水平荷载作用的高层建筑、高耸结构和挡土墙等，以及建造在斜坡上或边坡附近的建筑物和构筑物，尚应验算其稳定性。

　　5）基坑工程应进行稳定性验算。

　　6）建筑地下室或地下构筑物存在上浮问题时，尚应进行抗浮验算。

### 三、地基计算简介

#### （一）基础埋置深度

　　基础埋置深度是指基础底面到地面（一般指室外地面）的距离。基础埋置深度的确定对建筑物的安全和正常使用以及对施工工期、造价影响较大。基础的埋深的确定，应综合考虑下列因素：

**1. 建筑物的用途，有无地下室、设备基础和地下设施，基础的形式和构造**

　　确定基础埋深时，应了解建筑物的用途及使用要求。当有地下室、设备基础和地下设施时，往往要求加大基础的埋深。基础的形式和构造有时也对基础埋深起决定性作用。为了保证基础不受人类及生物活动的影响，除岩石基础外，基础的埋深至少在地面以下0.5m，且基础顶面至少在地面以下0.1m。

**2. 作用在地基上的荷载大小和性质**

　　基础埋深的选择必须考虑荷载的性质和大小的影响。比如对同一层土而言，对荷载小的基础可能是良好的持力层，而对荷载大的基础则不宜作为持力层。

**3. 工程地质和水文地质条件**

　　在进行地基基础设计时，要合理选择强度高、压缩性低的土层作为持力层。当上层土的承载力大于下层土时，在满足地基稳定与变形要求的条件下，宜利用上层土作为持力层。当下层土承载力大于上层土时，则需方案比较后确定。如果存在地下水，宜将基础埋在地下水位以上，以避免地下水对基坑开挖、基础施工和使用期间的影响。若基础必须埋在地下水位以下时，应考虑施工期间的基坑降水、坑壁支撑以及是否会产生流沙、涌水等现象。需采取必要的施工措施，保证地基土不受扰动。对于有侵蚀性的地下水，应采取防止基础受侵蚀破坏的措施。对位于江河岸边的基础，其埋深应考虑流水的冲刷作用，施工时宜采取相应的保护措施。

**4. 相邻建筑物的基础埋深**

　　在确定基础埋深时，应保证相邻原有建筑物在施工期间的安全和正常使用。一般新建建筑物埋深不宜大于相邻原有建筑物基础。当必须深于原有建筑物基础时，两相邻基础之间应保持一定净距，其数值应根据原有建筑物荷载大小和土质情况确定。一般取两相邻基础底面高差的1~2倍，如图7-98所示。若不能满足上述要求，则需采取加强措施。

**5. 地基土冻胀和融陷的影响**

　　季节性冻土在冻融过程中，反复地产生冻胀和融陷，使土的强度降低，压缩性增大。当基础埋深浅于冻深时，即基础位于冻胀区内，作用在基础顶面上的荷载和基础自重不能平衡这些冻胀力，基础受冻胀力的作用而上抬；到春季冻土融化时，冻胀力消失，基础产生下沉。为了避免基础受到冻害，对于埋置在冻胀土中的基础，应保证有超过冻土深度的最小埋置深度。

此外，高层建筑基础的埋置深度应满足地基承载力、变形和稳定性要求。位于岩石地基上的高层建筑，其基础埋深应满足抗滑稳定性要求。在抗震设防区，除岩石地基外，天然地基上的箱形和筏形基础其埋置深度不宜小于建筑物高度的 1/15；桩箱或桩筏基础的埋置深度（不计桩长）不宜小于建筑物高度的 1/18。

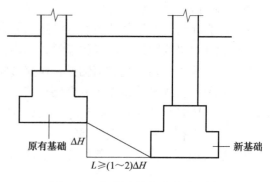

图 7-98　相邻建筑物的基础埋深

（二）承载力计算

1）基础底面的压力，应符合下列规定：

① 当轴心荷载作用时

$$p_k \leq f_a \tag{7-12}$$

式中　　$p_k$ ——相应于作用的标准组合时，基础底面处的平均压力值（kPa）；

　　　　$f_a$ ——修正后的地基承载力特征值（kPa）。

② 当偏心荷载作用时，除上式要求外，尚应符合下列规定：

$$p_{kmax} \leq 1.2 f_a \tag{7-13}$$

式中　　$p_{kmax}$ ——相应于作用的标准组合时，基础底面边缘的最大压力值（kPa）。

2）当基础宽度大于 3m 或埋置深度大于 0.5m 时，从荷载试验或其他原位测试、经验等方法确定的地基承载力特征值 $f_{ak}$ 需修正成 $f_a$ 用于计算。

（三）变形计算

建筑物的地基变形计算值，不应大于地基变形允许值。地基变形的特征可分为沉降量、沉降差、倾斜、局部倾斜。

在计算地基时，由于建筑地基不均匀、荷载差异很大、体形复杂等因素引起的地基变形，对于砌体承重结构应由局部倾斜值控制；对于框架结构和单层排架结构应由相邻柱基的沉降差控制；对于多层或高层建筑和高耸结构应由倾斜值控制；必要时尚应控制平均沉降量。在必要情况下，需要分别预估建筑物在施工期间和使用期间的地基变形值，以便预留建筑物有关部分之间的净空，选择连接方法和施工顺序。

（四）稳定性计算

地基稳定性计算包括地基抗滑稳定性验算和基础抗浮稳定性验算。

## 四、基础的形式及构造详图

多高层建筑的基础形式主要有柱下独立基础、柱下条形基础、筏形基础和桩基础。

（一）柱下独立基础

如图 7-99 所示，独立基础分为阶形和锥形两种形式。基础底板相当于一个倒置的悬臂板，需在底板下部配置钢筋网片，如图 7-100 所示，构造规定如下：

1）锥形基础的边缘高度不宜小于 200mm，且两个方向的坡度不宜大于 1∶3；阶梯形基础的每阶高度，宜为 300 ~ 500mm。

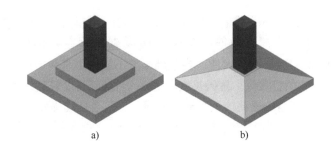

图 7-99 独立基础的形式

a）阶形基础 b）锥形基础

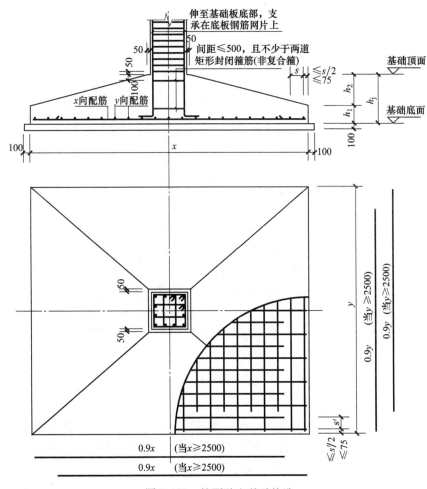

图 7-100 柱下独立基础构造

2）垫层的厚度不宜小于 70mm，垫层混凝土强度等级不宜低于 C10。基础混凝土强度等级不应低于 C20。

3）基础受力钢筋最小配筋率不应小于 0.15%，底板受力钢筋的最小直径不应小于 10mm，间距不应大于 200mm，也不应小于 100mm。钢筋网片中，配筋量较大的钢筋放置在下部。

4）当柱下钢筋混凝土独立基础的边长大于或等于 2.5m 时，除外侧钢筋外，底板受力钢筋的长度可取边长或宽度的 0.9 倍，并宜交错布置。

5）现浇柱的基础，其插筋的数量、直径以及钢筋种类应与柱内纵向受力钢筋相同。当基础高度能够满足直锚要求时，插筋的下端宜做成直钩放在基础底板钢筋网上，竖直段 $\geq l_{aE}$，直钩长度取 $6d$ 和 150 的较大值；当基础高度不能满足直锚要求时，插筋伸至底板的长度应大于 $0.6 l_{aE}$ 和 $20d$ 的较大值，直钩长度取 $15d$；当基础高度较高，如基础高度大于或等于 1400mm 时，也可仅将四角的插筋伸至底板钢筋网上，其余插筋锚固在基础顶面下 $l_{aE}$ 处。

6）由于两相邻柱距离较小，有时需设计成联合基础，联合基础除在板底配筋外，有时还需在板顶面配置钢筋网，如图 7-101 所示。

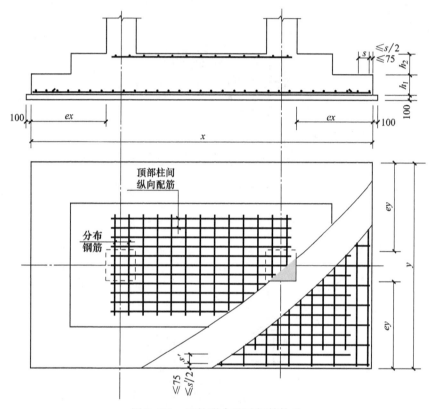

图 7-101　双柱联合基础钢筋构造

**（二）柱下条形基础**

柱下条形基础是指布置成单向或双向的钢筋混凝土条状基础，由肋形梁和横向伸出的翼板组成，如图 7-102 所示。肋梁的截面相对较大且配置一定数量的纵筋和腹筋，具有较大的抗弯和抗剪能力。翼板从肋梁上挑出，需在板的下部配置抗弯钢筋。

柱下条形基础的构造，包括基础梁和翼板的构造。图 7-103 为柱下钢筋混凝土条形基础梁的纵剖面图，表达了基础梁的纵向钢筋和箍筋构造；图 7-104 为基础梁的断面图，表达了翼板配筋构造。柱下条形基础的构造，应满足下列规定：

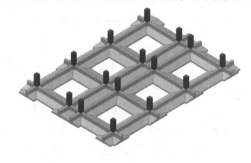

图 7-102　柱下条形基础示意图

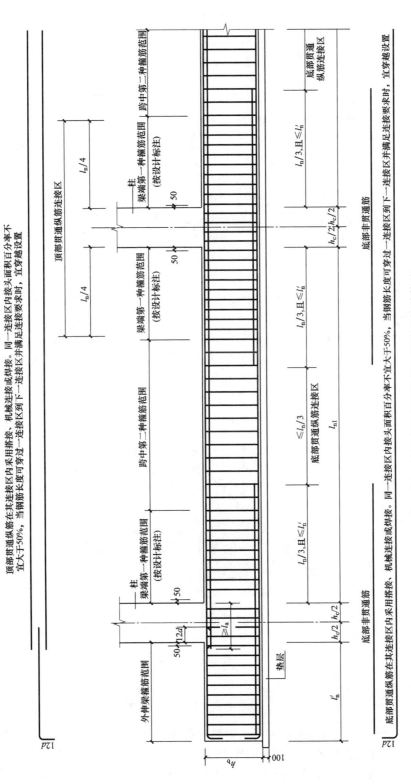

图 7-103 柱下条形基础梁纵向钢筋和箍筋构造

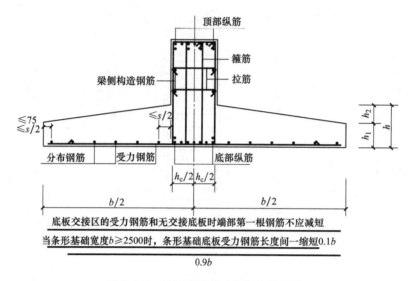

图 7-104　柱下条形基础翼板钢筋构造

1）基础梁的高度宜为柱距的 1/8～1/4。翼板厚度不应小于 200mm。当翼板厚度大于 250mm 时，其顶面坡度宜小于或等于 1:3。

2）条形基础的端部宜向外伸出，其长度宜为第一跨距的 0.25 倍。

3）现浇柱与条形基础梁的交接处，基础梁的平面尺寸应大于柱的平面尺寸，且柱的边缘至基础梁边缘的距离不得小于 50mm。当不能满足时，应在基础梁与柱结合部设置侧腋构造，且应配置构造钢筋，图 7-105 为十字基础梁与柱结合部侧腋构造，其他节点可查阅图集。

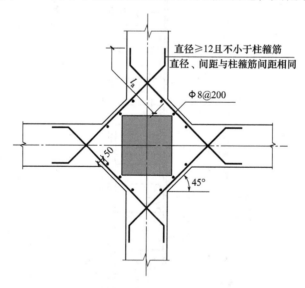

图 7-105　十字基础梁与柱结合部侧腋构造

4）条形基础梁顶部和底部的纵向受力钢筋除应满足计算要求外，顶部钢筋应按计算配筋全部贯通，底部通长钢筋不应少于底部受力钢筋截面总面积的 1/3。

5）基础梁主次梁连接构造与楼盖类似，但由于受力方向相反，吊筋为反扣，如图 7-106 所示。

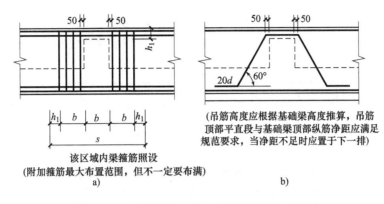

图 7-106 柱下条形基础主次梁连接构造示意图
a）附加箍筋构造 b）附加（反扣）吊筋构造

6）垫层的厚度不宜小于70mm，垫层混凝土强度等级不宜低于C10。柱下条形基础的混凝土强度等级，不应低于C20。

7）翼板纵向分布钢筋的直径不应小于8mm；间距不应大于300mm；每延米分布钢筋的面积不应小于受力钢筋面积的15%。当有垫层时钢筋保护层的厚度不应小于40mm；无垫层时不应小于70mm。

8）翼板宽度大于或等于2.5m时，底板受力钢筋的长度可取边长或宽度的0.9倍，并宜交错布。

9）如图7-107所示，钢筋混凝土条形基础底板在T形及十字交接处，底板横向受力钢筋仅沿一个主要受力方向布置，另一方向的横向受力钢筋可布置到主要受力方向底板宽度的1/4处，在拐角处底板横向受力钢筋应沿两个方向布置。

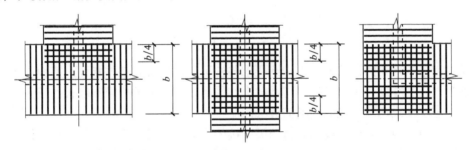

图 7-107 翼板纵横交叉处底板受力钢筋布置

（三）高层建筑筏形基础

高层建筑常采用筏形基础，筏形基础分为梁板式和平板式两种类型，其选型应根据地基土质、上部结构体系、柱距、荷载大小、使用要求以及施工条件等因素确定。与梁板式筏基相比，平板式筏基具有抗冲切及抗剪切能力强的特点，且构造简单，施工便捷，经大量工程实践和部分工程事故分析，平板式筏基具有更好的适应性。框架-核心筒结构和筒中筒结构宜采用平板式筏形基础。

筏形基础的平面尺寸，应根据工程地质条件、上部结构的布置、地下结构底层平面以及荷载分布等因素确定。对单幢建筑物，在地基土比较均匀的条件下，基底平面形心宜与结构竖向永久荷载重心重合。

筏形基础的混凝土强度等级不应低于 C30，当有地下室时应采用防水混凝土。防水混凝土的抗渗等级应按表 7-27 选用。对重要建筑，宜采用自防水并设置架空排水层。

表 7-27　防水混凝土抗渗等级

| 埋置深度 $d/m$ | 设计抗渗等级 | 埋置深度 $d/m$ | 设计抗渗等级 |
|---|---|---|---|
| $d < 10$ | P6 | $20 \leqslant d < 30$ | P10 |
| $10 \leqslant d < 20$ | P8 | $30 \leqslant d$ | P12 |

采用筏形基础的地下室，钢筋混凝土外墙厚度不应小于 250mm，内墙厚度不宜小于 200mm。墙的截面设计除满足承载力要求外，尚应考虑变形、抗裂及外墙防渗等要求。墙体内应设置双面钢筋，钢筋不宜采用光面圆钢筋，水平钢筋的直径不应小于 12mm，竖向钢筋的直径不应小于 10mm，间距不应大于 200mm。

**1. 梁板式筏形基础**

如图 7-108 所示，梁板式筏形基础与十字交叉梁基础相似，不同的是，基础梁之间的空隙全部设置成板，较柱下条形基础，扩大了基础底面面积。根据基础梁与板的位置关系，可分为梁底平板底和梁顶平板顶两种做法。有地下室的建筑，常设计成梁顶与板顶平。

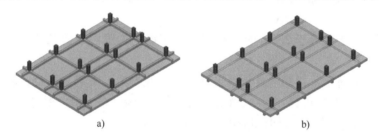

a)　　　　　　　　　　　　　　b)

图 7-108　梁板式筏形基础示意图

a）梁底平板底　b）梁顶平板顶

梁板式筏基基础梁的设计方法与构造要求与柱下条形基础梁基本相同。底板应计算正截面受弯承载力，其厚度尚应满足受冲切承载力、受剪切承载力的要求。底板的配筋相当于一个倒置的楼盖，常采用双面双向的配筋方法。

底层柱、剪力墙与梁板式筏基的基础梁连接的构造应满足图 7-109 的要求。柱、墙边缘到基础梁边缘的距离不应小于 50mm，当交叉基础梁的宽度小于柱截面的边长时，交叉基础梁连接处应设置八字角，柱角与八字角之间的净距不应小于 50mm。

**2. 平板式筏形基础**

如图 7-110 所示，平板式筏形基础整个基础为一块平板，设计时往往将基础底板分为柱下板带和跨中板带分别计算配筋。平板式筏基柱下板带和跨中板带的底部支座钢筋应有不少于 1/3 贯通全跨，顶部钢筋应按计算配筋全部连通，上下贯通钢筋的配筋率不应小于 0.15%。

**（四）桩基础**

桩基础，简称桩基，通常由桩体与承台组成，如图 7-111 所示。当承台底面设于地面以下时，承台称为低桩承台，相应的桩基础称为低承台桩基础，如图 7-111a 所示；当承台底面高于地面时，承台称为高桩承台，相应的桩基础称为高承台桩基础，如图 7-111b 所示。

多高层建筑一般用低承台桩基础。

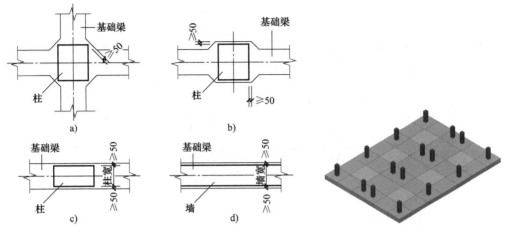

图 7-109　底层柱、剪力墙与梁板式筏基基础梁连接构造　　图 7-110　平板式筏形基础示意图

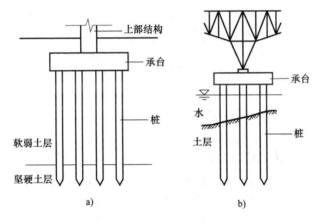

图 7-111　桩基础

a）低承台桩基础　b）高承台桩基础

桩基础是建筑物常用的基础形式之一，当建筑场地浅层地基土比较软弱，不能满足建筑物对地基承载力和变形的要求，又不适宜采取地基处理措施时，常采用桩基础，以下部坚实土层或岩层作为持力层。作为基础结构的桩，是将承台荷载（竖向的和水平的）全部或部分传递给地基土（或岩层）的具有一定刚度和抗弯能力的杆件。桩可以在现场或工厂预制，也可以在土中直接浇灌。桩基础是通过承台把若干根桩的顶部联结成整体，共同承受荷载的一种深基础。

**1. 桩的类型**

桩基础可按承载性状、使用功能、桩身材料、成桩方法及桩径大小进行分类。

（1）按承载性状分类　桩在竖向荷载作用下，桩顶部的荷载由桩与桩侧岩土层间的侧阻力和桩端的端阻力共同承担。由于桩侧、桩端岩土的物理力学性质以及桩的尺寸和施工工艺不同，桩侧和桩端阻力的大小以及它们分担荷载的比例有很大差异，据此将桩分为摩擦型桩和端承型桩，如图 7-112 所示。

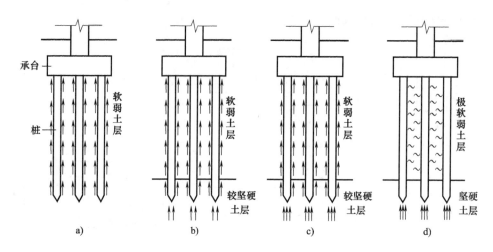

图 7-112　摩擦桩和端承桩
a）摩擦桩　b）端承摩擦桩　c）摩擦端承桩　d）端承桩

① 摩擦型桩：是指在竖向极限荷载的作用下，桩顶荷载全部或主要由桩侧阻力承受。根据桩侧阻力分担荷载的大小，摩擦型桩可以分为摩擦桩和端承摩擦桩两类。摩擦桩是指桩顶荷载的绝大部分由桩侧阻力承受，桩端阻力小到可以忽略不计的桩。端承摩擦桩是指桩顶荷载由桩侧阻力和桩端阻力共同承担，但大部分由桩侧阻力承受的桩。

② 端承型桩：是指在竖向极限荷载的作用下，桩顶荷载全部或主要由桩端阻力承受。根据桩端阻力发挥的程度和分担荷载的比例，端承型桩又可分为摩擦端承桩和端承桩两类。摩擦端承桩是指桩顶荷载由桩侧阻力和桩端阻力共同承担，但主要由桩端阻力承受。端承桩是指桩顶荷载绝大部分由桩端阻力承受，桩侧阻力可以小到忽略不计。

（2）按使用功能分类　当上部结构完工后，承台下部的桩不单要承受上部结构传递下来的竖向荷载，还担负着由于风和振动作用引起的水平力和力矩，保证建筑物的安全稳定。根据桩在使用状态下的抗力性能和工作机理，把桩分为四类：

① 竖向抗压桩：主要承受竖向荷载的桩。

② 竖向抗拔桩：主要承受上拔荷载的桩。

③ 水平受荷桩：主要承受水平方向上荷载的桩。

④ 复合受荷桩：承受竖向、水平向荷载均较大的桩。

（3）按桩身材料分类　桩根据其构成材料的不同主要分为两类：

① 混凝土桩：按制作方法不同又可分为灌注桩和预制桩。在现场采用机械或人工挖掘成孔，就地浇灌混凝土成桩，称为灌注桩。这种桩可在桩内设置钢筋笼以增强桩的强度，也可不配筋。预制桩是在工厂或现场预制成形的混凝土桩，有实心（或空心）方桩、管桩之分。为提高预制桩的抗裂性能和节约钢材可做成预应力桩，为减小沉桩挤土效应可做成敞口式预应力管桩。

② 钢桩：主要有钢管桩和 H 型钢桩等。钢桩的抗弯抗压强度均较高，施工方便，但造价高，易腐蚀。

（4）按成桩方法分类　成桩过程对建筑场地内的土层结构有扰动，并产生挤土效应，引发施工环境问题。根据成桩方法和挤土效应将桩划分为非挤土桩、部分挤土桩和挤土桩三类。

① 非挤土桩：采用干作业法，泥浆护壁法或套管护壁法施工而成的桩。由于在成孔过程中已将孔中的土体清除掉，故没有产生成桩时的挤土作用。

② 部分挤土桩：采用预钻孔打入式预制桩、打入式敞口桩或部分挤土灌注桩。上述成桩过程对桩周土的强度及变形性质会产生一定的影响。

③ 挤土桩：挤土灌注桩（如沉管灌注桩），实心的预制桩在锤击、振入或压入过程中都需将桩位处的土完全排挤开才能成桩，因而使土的结构遭受严重破坏。这种成桩方式还会对场地周围环境造成较大影响，因而事先必须对成桩所引起的挤土效应进行评价，并采取相应的防护措施。

（5）按桩径（设计直径 $d$）大小分类

① 小直径桩：$d \leq 250$。

② 中等直径桩：$250 < d < 800$。

③ 大直径桩：$d \geq 800$。

**2. 基桩的布置**

基桩是指桩基础中的单桩。基桩的最小中心距应符合表 7-28 的规定；当施工中采取减小挤土效应的可靠措施时，可根据当地经验适当减小。

表 7-28　基桩的最小中心距

| 土类与成桩工艺 | | 排数不少于 3 排且桩数不少于 9 根的摩擦型桩桩基 | 其他情况 |
|---|---|---|---|
| 非挤土灌注桩 | | $3.0d$ | $3.0d$ |
| 部分挤土桩 | 非饱和土、饱和非黏性土 | $3.0d$ | $3.0d$ |
| | 饱和黏性土 | $3.0d$ | $3.0d$ |
| 挤土桩 | 非饱和土、饱和非黏性土 | $3.0d$ | $3.0d$ |
| | 饱和黏性土 | $3.0d$ | $3.0d$ |
| 钻、挖孔扩底桩 | | $2D$ 或 $D+2.0\text{m}$（当 $D>2\text{m}$） | $1.5D$ 或 $D+1.5\text{m}$（当 $D>2\text{m}$） |
| 沉管夯扩、钻孔挤扩桩 | 非饱和土、饱和非黏性土 | $2.2D$ 且 $4.0d$ | $2.0D$ 且 $3.5d$ |
| | 饱和黏性土 | $2.5D$ 且 $4.5d$ | $2.2D$ 且 $4.0d$ |

注：1. $d$—圆桩直径或方桩边长，$D$—扩大端设计直径。

　　2. 当纵横向桩距不相等时，其最小中心距应满足"其他情况"一栏的规定。

　　3. 当为端承型桩时，非挤土灌注桩的"其他情况"一栏可减小至 $2.5d$。

基桩应选择较硬土层作为桩端持力层。桩端全断面进入持力层的深度，对于黏性土、粉土不宜小于 $2d$，砂土不宜小于 $1.5d$，碎石类土，不宜小于 $1d$。当存在软弱下卧层时，桩端以下硬持力层厚度不宜小于 $3d$。

**3. 建筑桩基设计等级**

根据建筑规模、功能特征、对差异变形的适应性、场地地基和建筑物体形的复杂性以及由于桩基问题可能造成建筑破坏或影响正常使用的程度，应将桩基设计分为表 7-29 所列的三个设计等级。划分建筑桩基设计等级，旨在界定桩基设计的复杂程度、计算内容和应采取的相应技术措施。

表 7-29　建筑桩基设计等级

| 设 计 等 级 | 建 筑 类 型 |
| --- | --- |
| 甲级 | （1）重要的建筑<br>（2）30 层以上或高度超过 100m 的高层建筑<br>（3）体形复杂且层数相差超过 10 层的高低层（含纯地下室）连体建筑<br>（4）20 层以上框架-核心筒结构及其他对差异沉降有特殊要求的建筑<br>（5）场地和地基条件复杂的 7 层以上的一般建筑及坡地、岸边建筑<br>（6）对相邻既有工程影响较大的建筑 |
| 乙级 | 除甲级、丙级以外的建筑 |
| 丙级 | 场地和地基条件简单、荷载分布均匀的 7 层及 7 层以下的一般建筑 |

**4. 桩基构造**

桩基构造包括桩身构造、承台构造以及桩顶与承台的连接三个部分。

（1）桩身构造　本项目仅介绍灌注桩的桩身构造，其他桩形详见有关图集。灌注桩桩身直径为 300～2000mm 时，正截面配筋率可取 0.65%～0.2%（小直径桩取高值），并满足计算要求。端承型桩和位于坡地岸边的基桩应沿桩身等截面或变截面通长配筋，如图 7-113a 所示；

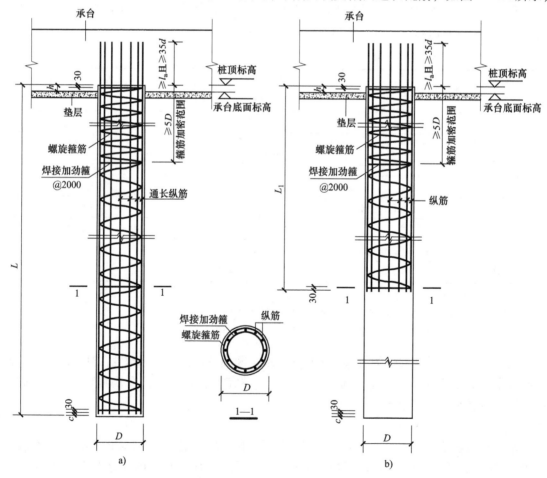

图 7-113　灌注桩配筋构造

a）通常等截面配筋　b）部分长度配筋

摩擦型桩可采用部分长度配筋，如图 7-113b 所示。箍筋应采用螺旋式，直径不应小于 6mm，间距宜为 200～300mm；受水平荷载较大桩基、承受水平地震作用的桩基以及考虑主筋作用计算桩身受压承载力时，桩顶以下 5d 范围内的箍筋应加密，间距不应大于 100mm；当桩身位于液化土层范围内时箍筋应加密；当钢筋笼长度超过 4m 时，应每隔 2m 设一道直径不小于 12mm 的焊接加劲箍筋。桩身混凝土强度等级不得小于 C25，混凝土预制桩尖强度等级不得小于 C30；灌注桩主筋的混凝土保护层厚度不应小于 35mm，水下灌注桩的主筋混凝土保护层厚度不得小于 50mm。

（2）承台构造　桩基承台常设计成单阶形，桩基承台的构造，应满足抗冲切、抗剪切、抗弯承载力和上部结构要求，尚应符合下列要求：独立柱下桩基承台的最小宽度不应小于 500mm，边桩中心至承台边缘的距离不应小于桩的直径或边长，且桩的外边缘至承台边缘的距离不应小于 150mm。对于墙下条形承台梁，桩的外边缘至承台梁边缘的距离不应小于 75mm。承台的最小厚度不应小于 300mm。高层建筑平板式和梁板式筏形承台的最小厚度不应小于 400mm，墙下布桩的剪力墙结构筏形承台的最小厚度不应小于 200mm。此外，承台混凝土材料及其强度等级应符合结构混凝土耐久性的要求和抗渗要求。

承台的钢筋配置应符合下列规定：

1）如图 7-114 所示，柱下独立桩基承台纵向受力钢筋应通长配置，对四桩以上（含四桩）承台宜按双向均匀布置，对三桩的三角形承台应按三向板带均匀布置，且最里面的三根钢筋围成的三角形应在柱截面范围内。纵向钢筋锚固长度自边桩内侧（当为圆桩时，应

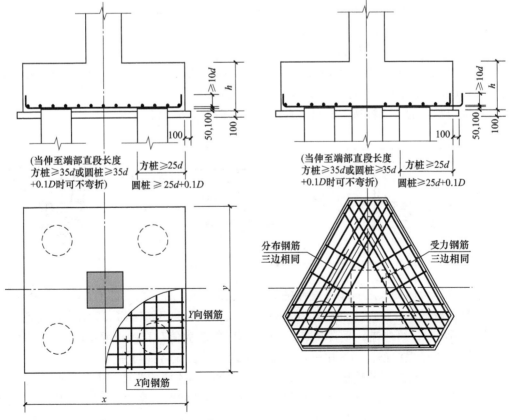

图 7-114　承台配筋示意图

将其直径乘以 0.8 等效为方桩）算起，不应小于 35$d$（$d$ 为钢筋直径）；当不满足时应将纵向钢筋向上弯折，此时水平段的长度不应小于 25$d$，弯折段长度不应小于 10$d$。承台纵向受力钢筋的直径不应小于 12mm，间距不应大于 200mm。柱下独立桩基承台的最小配筋率不应小于 0.15%。

2）如图 7-115 所示，条形承台梁的纵主筋直径不应小于 12mm，架立筋直径不应小于 10mm，箍筋直径不应小于 6mm。承台梁端部纵向受力钢筋的锚固长度及构造应与柱下多桩承台的规定相同。

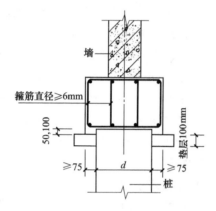

图 7-115 墙下承台梁配筋构造

3）筏形承台板或箱形承台板在纵横两个方向的下层钢筋配筋率不宜小于 0.15%；上层钢筋应按计算配筋率全部连通。当筏板的厚度大于 2000mm 时，宜在板厚中间部位设置直径不小于 12mm、间距不大于 300mm 的双向钢筋网。

4）承台底面钢筋的混凝土保护层厚度，当有混凝土垫层时，不应小于 50mm，无垫层时不应小于 70mm；此外尚不应小于桩头嵌入承台内的长度。

（3）桩与承台的连接构造 桩与承台的连接构造如图 7-116 所示。

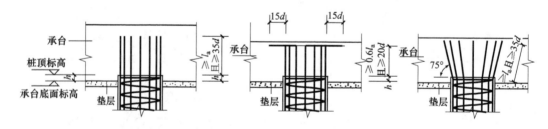

图 7-116 桩与承台的连接构造

① 桩嵌入承台内的长度对中等直径桩不宜小于 50mm；对大直径桩不宜小于 100mm。

② 混凝土桩的桩顶纵向主筋应锚入承台内，其锚入长度不宜小于 35 倍纵向主筋直径。当承台高度不足时，可弯锚，竖直段取 0.6$l_a$ 和 20$d$ 的较大值，直钩长度 ≥15$d$。

③ 对于大直径灌注桩，当采用一柱一桩时可设置承台或将桩与柱直接连接。

（4）承台与承台之间的连接构造 承台与承台之间的连接构造如图 7-117 所示。一柱一桩时，应在桩顶两个主轴方向上设置联系梁，当桩与柱的截面直径之比大于 2 时，可不设联系梁。两桩桩基的承台，应在其短向设置联系梁。有抗震设防要求的柱下桩基承台，宜沿两个主轴方向设置联系梁。联系梁顶面宜与承台顶面位于同一标高。联系梁宽度不宜小于250mm，其高度可取承台中心距的1/15~1/10，且不宜小于400mm。联系梁配筋应按计算确定，梁上下部配筋不宜小于2根直径12mm钢筋；位于同一轴线上的联系梁纵筋宜通长配置。

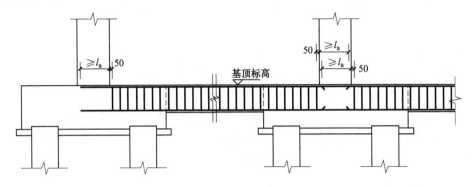

图7-117　基础梁联系梁配筋构造

# 子单元八　多层砖砌体房屋

## 学习目标

1. 熟悉多层砖砌体房屋常用基础形式
2. 了解多层砖砌体房屋抗震构造措施
3. 掌握多层砖砌体房屋构造柱、圈梁、挑梁、过梁、女儿墙等构件构造要求
4. 了解多层砖砌体房屋防裂构造措施

## 任务内容

1. 知识点
（1）多层砖砌体房屋常用基础形式
（2）多层砖砌体房屋抗震构造措施
（3）多层砖砌体房屋各构件构造要求
（4）多层砖砌体房屋防裂构造措施
2. 技能点
读懂砌体结构房屋构造图集与结构施工图

## 知识解读

多层砌体房屋一般指普通砖（包括烧结、蒸压、混凝土普通砖）、多孔砖（包括烧结、混凝土多孔砖）和混凝土小型空心砌块等砌体承重的多层房屋，分为多层砖砌体房屋和多

层砌块房屋。本项目主要学习多层砖砌体房屋的结构构造，包括多层砖砌体房屋常用基础形式，构造柱、圈梁、挑梁、过梁、女儿墙等构件构造要求，多层砖砌体房屋防裂构造措施和抗震构造措施等。

## 一、基础

多层砖砌体房屋的荷载通过底层墙体传递到基础，常用的基础形式为墙下条形基础，墙下条形基础按所使用结构材料的不同分为刚性基础和柔性基础。

刚性基础技术简单、材料充足、造价低廉、施工方便，又称为无筋扩展基础，是多层砌体房屋应优先采用的形式，一般由毛石、砖、混凝土等材料修建而成，这些材料抗压强度大，但承受拉力或弯矩的能力很低，通常做成台阶形，如图7-118所示。这类基础对台阶宽高比有一定的限值，若宽高比过小，基础会发生破坏。

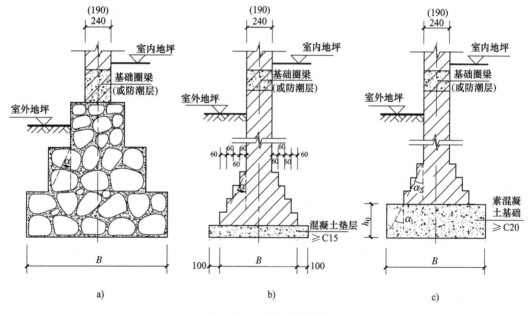

图7-118　刚性基础构造

a）毛石基础　b）砖基础　c）素混凝土基础

由钢筋混凝土材料修建的基础称为柔性基础，又称为扩展基础。如图7-119所示，多层砖砌体房屋的柔性基础主要是钢筋混凝土墙下条形基础，软土地区荷载较大的多层砖砌体房屋，也有采用整板基础的。柔性基础通过在基础内配置足够的钢筋来承受弯矩，使基础在受弯时不致破坏，并通过一定的底板厚度保证基础的抗冲切能力，这种基础不受宽高比限制，基础高度较小。钢筋混凝土墙下条形基础常设计成锥形截面，翼板厚度由计算确定，一般不小于300mm，基础的边缘高度不宜小于200mm，坡度不宜大于1:3。当墙下钢筋混凝土条形基础的宽度大于或等于2.5m时，底板受力钢筋的长度可取边长或宽度的0.9倍，并宜交错布置，如图7-120所示。钢筋混凝土条形基础底板在T形及十字形交接处，底板横向受力钢筋仅沿一个主要受力方向通长布置，另一方向的横向受力钢筋可布置到主要受力方向底板宽度1/4处，如图7-121a、b所示；在拐角处底板横向受力钢筋应沿两个方向布置，如图7-121c所示。

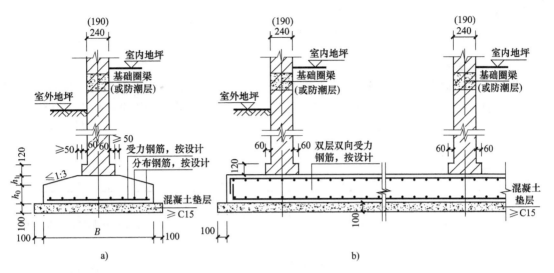

图 7-119 扩展基础构造

a) 钢筋混凝土墙下条形基础 b) 多层砖砌体房屋整板基础

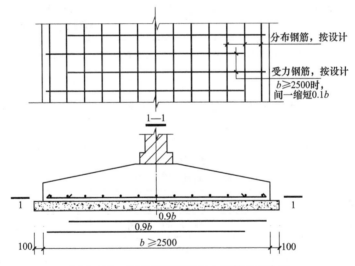

图 7-120 墙下条形基础受力钢筋交错布置

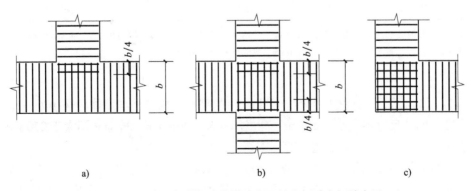

图 7-121 墙下条形基础纵横墙交叉处底板受力钢筋布置

a) T形交叉 b) 十字形交叉 c) L形交叉

## 二、多层砖砌体房屋抗震构造措施

### （一）构造柱

各类多层砖砌体房屋，一般情况下应按表7-30的要求设置现浇钢筋混凝土构造柱（以下简称构造柱）。外廊式和单面走廊式的多层房屋，横墙较少的房屋等应提高要求设置。

表7-30　多层砖砌体房屋构造柱设置要求

| 房屋层数 | | | | 设置部位 | |
|---|---|---|---|---|---|
| 6度 | 7度 | 8度 | 9度 | | |
| 四、五 | 三、四 | 二、三 | | 楼、电梯间四角，楼梯斜梯段上下端对应的墙体处 | 隔12m或单元横墙与外纵墙交接处<br>楼梯间对应的另一侧内横墙与外纵墙交接处 |
| 六 | 五 | 四 | 二 | 外墙四角和对应转角错层部位横墙与外纵墙交接处 | 隔开间横墙（轴线）与外墙交接处<br>山墙与内纵墙交接处 |
| 七 | ≥六 | ≥五 | ≥三 | 大房间内外墙交接处；较大洞口两侧 | 内墙（轴线）与外纵墙交接处<br>内墙的局部较小墙垛处<br>内纵墙与横墙（轴线）交接处 |

注：较大洞口，内墙指不小于2.1m的洞口；外墙在内外墙交接处已设置构造柱时应允许适当放宽，但洞侧墙体应加强。

#### 1. 多层砖砌体房屋中构造柱最小截面尺寸及配筋要求

多层普通砖、多孔砖房屋中构造柱最小截面尺寸及配筋要求按表7-31采用。

表7-31　多层砖砌体房屋中构造柱最小截面尺寸及配筋要求

| 构造要求 | 6、7度时超过六层、8度时超过五层、9度 | 其　他 |
|---|---|---|
| 最小截面尺寸（墙厚240mm） | 180×240 | 180×240 |
| 最小截面尺寸（墙厚190mm） | 180×190 | 180×190 |
| 纵向钢筋 | 4φ14 | 4φ12 |
| 箍筋非加密区 | φ6@200 | φ6@250 |
| 箍筋加密区 | φ6@100 | φ6@100 |

注：房屋四角的构造柱应适当加大截面及配筋，当墙厚为240mm时，最小截面尺寸为240mm×240mm；墙厚为190mm时，最小截面尺寸为190mm×190mm；纵筋均不少于4φ14。

#### 2. 马牙槎与拉结钢筋

如图7-122所示，马牙槎是指构造柱上凸出的部分，构造柱与墙体的连接处应砌成马牙槎，马牙槎的凹凸尺寸不宜小于60mm，高度不应超过300mm（普通砖不大于250mm，多孔砖不大于300mm），并应先退后进，对称砌筑。

构造柱与墙体的连接可沿墙高每隔500mm设2φ6水平钢筋和φ4分布短筋平面内点焊组成的拉结网片或φ4点焊钢筋网片，每边伸入墙内不宜小于1m。6、7度时底部1/3楼层，8度时底部1/2楼层，9度时全部楼层，上述拉结钢筋网片应沿墙体水平通长设置。顶层和

图 7-122　马牙槎

突出屋顶的楼、电梯间，长度大于 7.2m 的大房间以及 8 度时外墙转角以及内外墙交接处也应沿墙体通长设置。构造柱与墙拉结详如图 7-123 所示，水平拉结筋距墙面距离为 50mm，

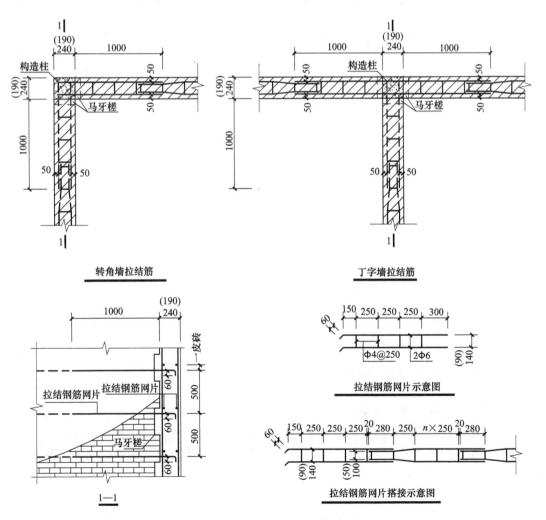

图 7-123　构造柱与墙拉结

虚实线表示错皮设置。

### 3. 构造柱

构造柱的纵筋宜锚入基础内，锚固构造如图 7-124a 所示，基础墙拉结采用 2$\phi$6 水平筋与 $\phi$4@250 的分布短钢筋平面内点焊而成的钢筋网片或 $\phi$4 点焊钢筋网片，沿墙高每隔 500mm 通长设置；也可不单独设置基础，但应伸入室外地面下 500mm，或与埋深小于 500mm 的基础圈梁相连，如图 7-124b 所示。

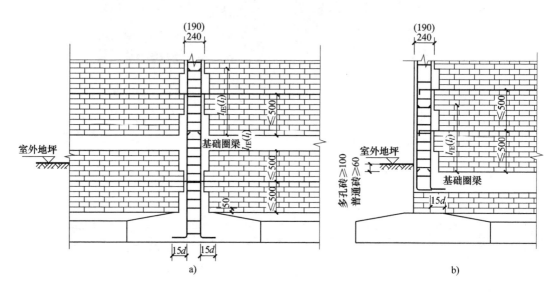

图 7-124　构造柱与基础的连接

a）构造柱伸入混凝土基础　b）构造柱伸入基础圈梁

构造柱纵向钢筋一般在柱根部连接，常采用绑扎搭接，一次搭接，搭接长度为 $l_{lE}$（图 7-125）；构造柱纵向钢筋一般伸至柱顶，锚入顶层圈梁（图 7-125），或伸出顶层圈梁，锚入女儿墙压顶（图 7-135）所示。

### 4. 构造柱与圈梁的交接

构造柱与圈梁连接处，构造柱的纵筋应在圈梁纵筋内侧穿过，保证构造柱纵筋上下贯通。

### 5. 构造柱箍筋

构造柱箍筋按抗震构件箍筋要求制作，设加密区和非加密区，加密区要求详见图 7-125。如为加强构造柱，柱根部的加密区高度应≥700mm。

### （二）圈梁

装配式钢筋混凝土楼、屋盖或木屋盖的砖房，应按表 7-32 的要求设置圈梁；纵墙承重时，抗震横墙上的圈梁间距应比表内要求适当加密。现浇或装配整体式钢筋混凝土楼、屋盖与墙体有可靠连接的房屋，应允许不另设圈梁，但楼板沿抗震墙体周边均应加强配筋并应与相应的构造柱钢筋可靠连接。

### 1. 多层砖砌体房屋中圈梁最小截面尺寸及配筋要求

多层普通砖、多孔砖房屋的圈梁的截面高度不应小于 120mm，配筋应符合表 7-33

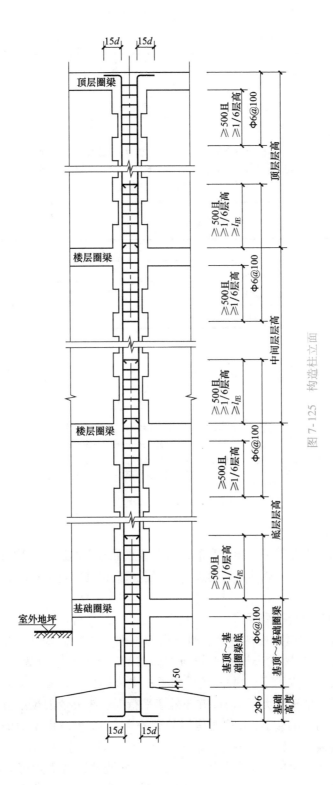

图 7-125 构造柱立面

的要求；基础圈梁的截面高度不应小于120mm，当基础需要加强时，基础圈梁的截面高度不应小于180mm，纵筋不少于4φ12，箍筋不小于φ8@150。

表7-32　多层砖砌体房屋现浇钢筋混凝土圈梁设置要求

| 墙体类别 | 烈　　度 | | |
|---|---|---|---|
| | 6、7 | 8 | 9 |
| 外墙和内纵墙 | 屋盖处及每层楼盖处 | 屋盖处及每层楼盖处 | 屋盖处及每层楼盖处 |
| 内横墙 | 同上<br>屋盖处间距不应大于4.5m<br>楼盖处间距不应大于7.2m<br>构造柱对应部位 | 同上<br>各层所有横墙，且间距不应大于4.5m<br>构造柱对应部位 | 同上<br>各层所有横墙 |

表7-33　多层砖砌体房屋圈梁配筋要求

| 配　　筋 | 烈　　度 | | |
|---|---|---|---|
| | 6、7度 | 8度 | 9度 |
| 最小纵筋 | 4φ10 | 4φ12 | 4φ14 |
| 箍筋最大间距 | 250 | 200 | 150 |

**2. 圈梁的钢筋搭接**

圈梁的钢筋如需搭接，搭接区一般应选在转角1m外，并分批搭接，如图7-126所示。

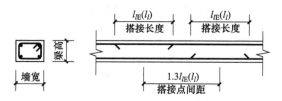

图7-126　圈梁的截面及纵筋的搭接

**3. 圈梁的构造节点**

圈梁的构造节点分为L形、T形和十字形，依据节点处有无构造柱，其构造做法略有区别，图7-127给出L形、T形节点的钢筋构造，十字形双向钢筋穿过节点区。

**（三）楼、屋盖**

多层砖砌体房屋的应符合下列要求：

现浇钢筋混凝土楼板或屋面板伸进纵、横墙内的长度，均不应小于120mm。装配式钢筋混凝土楼板或屋面板，当圈梁未设在板的同一标高时，板端伸进外墙的长度不应小于120mm，伸进内墙的长度不应小于100mm或采用硬架支模连接，在梁上不应小于80mm或采用硬架支模连接。当板的跨度大于4.8m并与外墙平行时，靠外墙的预制板侧边应与墙或圈梁拉结。房屋端部大房间的楼盖，6度时房屋的屋盖和7～9度时房屋的楼、屋盖，当圈梁设在板底时，钢筋混凝土预制板应相互拉结，并应与梁、墙或圈梁拉结。

楼、屋盖的钢筋混凝土梁或屋架应与墙、柱（包括构造柱）或圈梁可靠连接；不得采用独立砖柱。跨度不小于6m大梁的支承构件应采用组合砌体等加强措施，并满足承载力

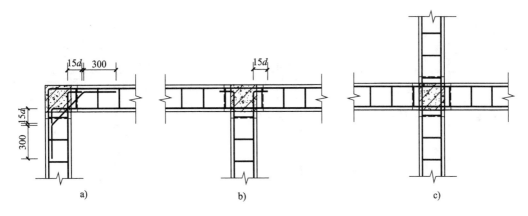

图 7-127　圈梁钢筋节点构造
a）L 形节点　b）T 形节点　c）十字形节点

要求。

**（四）不设置构造柱的墙体拉结**

墙体与构造柱的拉结如图 7-123 所示，本部分主要介绍不设置构造柱的墙角的拉结筋设置。不设置构造柱的墙角，也需设置拉结筋，转角墙、丁字墙拉结钢筋如图 7-128 所示，虚线表示错皮搭接，十字形墙拉结钢筋错皮设置。

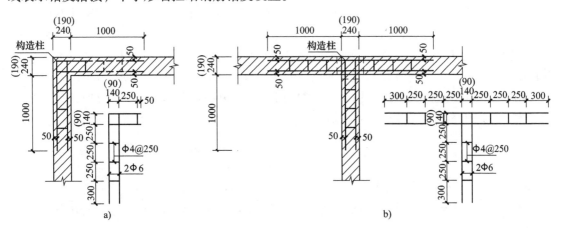

图 7-128　不设构造柱的墙体拉结
a）转角墙　b）丁字墙

**（五）非承重墙**

1）非承重外墙尽端至门窗洞边的最小距离不应小于 1.0m，否则应在洞边设置构造柱。

2）后砌的非承重隔墙应沿墙高每隔 500～600mm 配置 2φ6 拉结钢筋与承重墙或柱拉结，每边伸入墙内不应少于 500mm，如图 7-129 所示；8 度、9 度时，长度大于 5m 的后砌隔墙，墙顶尚应与楼板或梁拉结，独立墙肢端部或大门洞边宜设钢筋混凝土构造柱。

3）烟道、风道、垃圾道等不宜削弱墙体；当墙体被削弱时，应对墙体采取加强措施；不宜采用无竖向配筋的附墙烟囱。

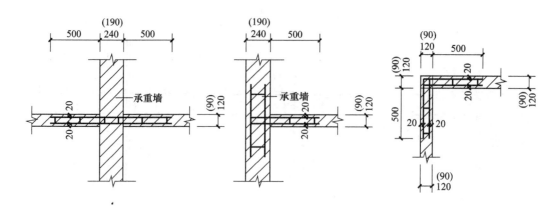

图 7-129　隔墙拉结

### （六）过梁及门窗洞边构造

当墙体上开设门窗洞口且洞口宽度大于300mm时，为了支撑洞口上部砌体所传来的荷载，并将这些荷载传给门窗洞口两边的墙，常在门窗洞口上设置横梁，该梁称为过梁，代号为GL，过梁分为钢筋混凝土过梁和砖砌过梁。现行规范已明确不应采用砖过梁，但砖砌过梁作为传统的过梁形式，存量建筑中有应用。

**1. 钢筋混凝土过梁**

如图 7-130 所示，其端部支承长度，6～8 度时不应小于 240mm，9 度时不应小于360mm。一般为预制过梁，但当过梁的一端或两端设置构造柱或搁置长度不足时，则需现浇。过梁一般为矩形截面，宽度同墙厚，高度依据跨度选用，一般为块材厚度的整倍数，配筋由结构计算确定。当过梁净跨较小时（如净跨度≤1000mm），梁高可取 90mm 或 120mm，可采用如图 7-130a 所示配筋形式；当过梁净跨较大，梁高通常取 180mm、240mm、300mm或更大，可采用如图 7-130b 所示配筋形式。

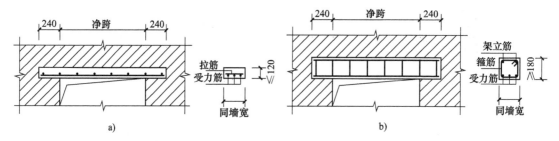

图 7-130　钢筋混凝土过梁
a）钢筋混凝土过梁（一）　b）钢筋混凝土过梁（二）

**2. 砖砌过梁**

砖砌过梁包括钢筋砖过梁、砖砌平拱过梁、砖砌弧拱过梁。

1）钢筋砖过梁，如图 7-128a 所示，过梁底面砂浆层处的钢筋，其直径不应小于5mm，间距不宜大于120mm，钢筋伸入支座砌体内的长度不宜小于240mm，砂浆层厚度不宜小于30mm；过当截面高度内砂浆强度等级不应低于 M5；砖的强度等级不应低于 MU10；跨度不应超过 1.5m。

2）砖砌平拱过梁，如图 7-131b 所示，高度不应小于 240mm，跨度不应超过 1.2m，砂浆强度等级不应低于 M5。

3）砖砌弧拱过梁，如图 7-131c 所示。

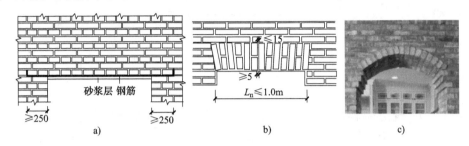

图 7-131　砖砌过梁
a）钢筋砖过梁　b）砖砌平拱过梁　c）砖砌弧拱过梁

### （七）楼梯间

历次地震震害表明，楼梯间由于比较空旷常常破坏严重，必须采取一系列有效措施。

**1. 楼梯间的构造柱设置**

楼梯间四角，楼梯斜梯段上下端对应的墙体处应设置构造柱。突出屋顶的楼、电梯间，地震中受到较大的地震作用，因此在构造措施上也需要特别加强。构造柱应伸到顶部，并与顶部圈梁连接。

**2. 楼梯间的圈梁、钢筋混凝土带或配筋砖带设置**

楼梯间一般应在屋盖及每层楼盖处均设置圈梁；7～9 度时除顶层外其他各层楼梯间墙体应在休息平台或楼层半高处设置 60mm 厚、纵向钢筋不应少于 2ϕ10 的钢筋混凝土带或配筋砖带，配筋砖带不少于 3 皮，每皮的配筋不少于 2ϕ6，砂浆强度等级不应低于 M7.5，且不低于同层墙体的砂浆强度等级。

**3. 楼梯间墙体拉结**

顶层楼梯间和突出屋顶的楼、电梯间墙体应沿墙高每隔 500mm 设 2ϕ6 通长钢筋和 ϕ4 分布短钢筋平面内点焊组成的拉结网片，或 4 点焊网片。实际设计与施工过程中，常采用整个楼梯间墙体加强拉结的措施。

### （八）挑梁

多层砖砌体房屋的挑梁主要有阳台挑梁、外廊挑梁和雨篷挑梁，如图 7-132 所示，它们的受力特点是相同的，挑梁的端部一般受到边梁传来的集中力，挑梁挑出部分受分布荷载作用，挑梁尾部（拖梁）嵌入墙中，荷载如图 7-133 所示。

a）　　　　　　　　　b）　　　　　　　　　c）

图 7-132　多层砖砌体房屋的挑梁
a）阳台挑梁　b）外廊挑梁　c）雨篷挑梁

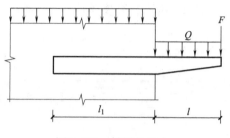

图 7-133　挑梁的受力

图 7-134 为一现浇挑梁结构图，挑梁的端部设有边梁，内外墙交接处设有构造柱，拖梁与楼层圈梁相连。挑梁在荷载的作用下，受到负弯矩和剪力的作用，其中根部受到的弯矩和剪力最大，需沿梁全长配置受力钢筋和箍筋，钢筋的配置由计算确定。纵向受力钢筋配置在梁的上部，其中上角钢筋（①号钢筋）不少于 2φ14 且大于全部受力钢筋的 1/2，伸入拖梁尾端，与圈梁上筋搭接，端部则下弯 12d；其余受力钢筋（②号钢筋），伸入支座的长度不应小于 $2l_1/3$，端部可按图示方法弯折。梁下部设立的钢筋（③号钢筋）不少于 2φ12，沿梁下通长配置。箍筋不少于 φ6@200，挑梁部位箍筋常加密，间距取 100mm。

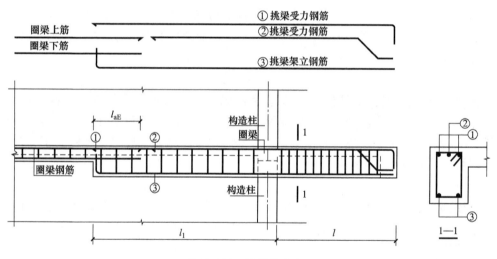

图 7-134　挑梁的构造

挑梁埋入砌体长度 $l_1$ 与挑出长度 $l$ 之比应根据具体工程由设计计算确定。挑梁埋入砌体长度 $l_1$ 与挑出长度 $l$ 之比宜大于 1.2；当拖梁上方无砌体时（顶层），$l_1$ 与 $l$ 之比宜大于 2.0。与挑梁相连的圈梁截面高度不应小于挑梁截面高度的 1/2。

（九）女儿墙

女儿墙是建筑物屋顶四周围的矮墙，主要作用是维护安全，也用作屋面防水层收头。砌体结构房屋女儿墙高度不宜大于 1m，且应采取措施防止地震时倾倒。当女儿墙高度大于 1m 时，应根据设计计算另外采取加强措施。女儿墙一般应设置构造柱和压顶，并在墙体内设置拉结钢筋，施工时，先砌墙，后浇柱和压顶，混凝土强度等级不低于 C20。

女儿墙构造柱最大间距 S 应满足表 7-34 要求，女儿墙与构造柱连接处应砌成马牙槎，设 2φ6 通长钢筋和 φ4 分布短筋平面内点焊组成的钢筋网片或 φ4 点焊网片，间距不大于 300mm。

表 7-34　女儿墙构造柱最大间距 $S$　　　　　　　　（单位：m）

| 高度 $H$/mm | 6 度 | 7 度 | 8 度（丙类） | 8 度（乙类） |
|---|---|---|---|---|
| $H \leqslant 500$ | 4 | 4 | 4 | 3 |
| $500 < H \leqslant 800$ | 3 | 3 | 3 | 2 |
| $800 < H \leqslant 1000$ | 2 | 2 | 2 | 1.5 |

注：女儿墙在人流出入口和通道处的构造柱间距不大于半开单，且不大于 1.5m。

女儿墙构造节点如图 7-135 所示，在人流出入口和通道处尚需增加 φ8@500 钢筋，图中虚线。

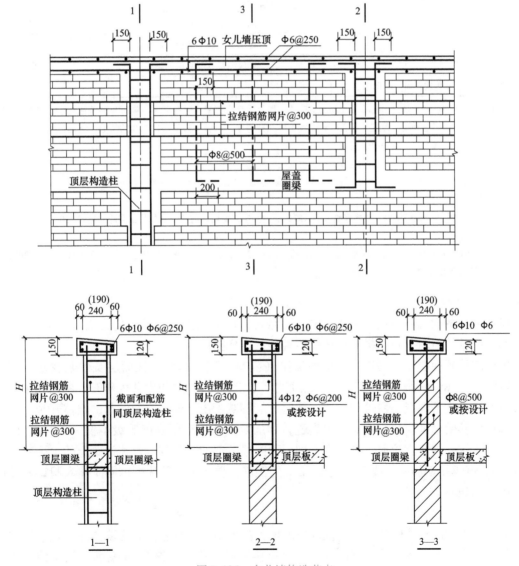

图 7-135　女儿墙构造节点

## 三、防止或减轻墙体开裂的主要措施

### （一）伸缩缝

为防止墙体房屋因长度过大由于温差和砌体干缩引起墙体产生竖向整体裂缝，在正常使用条件下，应在墙体中设置伸缩缝。伸缩缝应设在因温度和收缩变形引起应力集中、砌体产生裂缝可能性最大处。伸缩缝的间距可按表 7-35 采用。

表 7-35　砌体房屋伸缩缝的最大间距　　　　　　　　　　　（单位：m）

| 屋盖或楼盖类别 | | 间　距 |
|---|---|---|
| 整体式或装配整体式<br>钢筋混凝土结构 | 有保温层或隔热层的屋盖、楼盖 | 50 |
| | 无保温层或隔热层的屋盖 | 40 |
| 装配式无檩体系<br>钢筋混凝土结构 | 有保温层或隔热层的屋盖、楼盖 | 60 |
| | 无保温层或隔热层的屋盖 | 50 |
| 装配式有檩体系<br>钢筋混凝土结构 | 有保温层或隔热层的屋盖 | 75 |
| | 无保温层或隔热层的屋盖 | 60 |
| 瓦材屋盖、木屋盖或楼盖、轻钢屋盖 | 100 | |

注：1. 对烧结普通砖、烧结多孔砖、配筋砌块砌体房屋，取表中数值；对石砌体、蒸压灰砂普通砖、蒸压粉煤灰普通砖、混凝土砌块、混凝土普通砖和混凝土多孔砖房屋，取表中数值乘以 0.8 的系数，当墙体有可靠外保温措施时，其间距可取表中数值。

2. 在钢筋混凝土屋面上挂瓦的屋盖应按钢筋混凝土屋盖采用。

3. 层高大于 5m 的烧结普通砖、烧结多孔砖、配筋砌块砌体结构单层房屋，其伸缩缝间距可按表中数值乘以 1.3。

4. 温差较大且变化频繁地区和严寒地区不采暖的房屋及构筑物墙体的伸缩缝的最大间距．应按表中数值予以适当减小。

5. 墙体的伸缩缝应与结构的其他变形缝相重合，缝宽度应满足各种变形缝的变形要求；在进行立面处理时，必须保证缝隙的变形作用。

### （二）屋面及顶层墙体

做好屋面的保温隔热或采用柔性的屋面结构，能够减少由于温度应力引起的墙体开裂，加强顶层的结构材料，也是提高墙体抗裂性能的重要措施。

屋面应设置保温层、隔热层，屋面保温（隔热）层或屋面刚性面层及砂浆找平层应设置分隔缝，分隔缝间距不宜大于 6m，其缝宽不小于 30mm，并与女儿墙隔开。屋面如采用装配式有檩体系钢筋混凝土屋盖和瓦材屋盖时，能够减少由于温度应力引起的墙体开裂。由于顶层墙体更易受温度应力影响而出现裂缝，顶层及女儿墙砂浆强度等级不低于 M7.5，两山墙顶层墙体拉结钢筋宜拉通，有高度不到屋面圈梁下部的门窗洞时，在过梁上的水平灰缝内设置 2~3 道焊接钢筋网片或 2 根直径 6mm 的钢筋，焊接钢筋网片或钢筋应伸入洞口两端墙内不小于 600mm。

### （三）底层墙体

为了防止或减轻墙体开裂，宜根据情况增大基础圈梁的刚度，底层墙体除设置通长拉结钢筋外，还应在窗台下墙体灰缝内设置 3 道焊接钢筋网片或 2 根 6mm 钢筋，并应伸入两边窗间墙内不小于 600mm。

### （四）门窗洞上方或窗台下方

在每层门、窗过梁上方的水平灰缝内及窗台下第一、第二道水平灰缝内，宜设置焊接钢筋网片或 2 根直径 6mm 钢筋，焊接钢筋网片或钢筋应伸入两边窗间墙内不小于 600mm。当墙长大于 5m 时，宜在每层墙高度中部设置 2～3 道焊接钢筋网片或 3 根直径 6mm 的通长水平钢筋，竖向间距为 500mm。

### （五）房屋两端和底层第一、第二开间门窗洞处

1）在门窗洞口两边墙体的水平灰缝中，设置长度不小于 900mm、竖向间距为 400mm 的 2 根直径 4mm 的焊接钢筋网片。

2）在顶层和底层设置通长钢筋混凝土窗台梁，窗台梁高宜为块材高度的模数，梁内纵筋不少于 4 根，直径不小于 10mm，箍筋直径不小于 6mm，间距不大于 200mm，混凝土强度等级不低于 C20。

# 子单元九 非结构构件

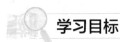

## 学习目标

1. 了解非结构构件的概念
2. 了解非结构构件的震害
3. 了解非结构构件的抗震设防目标
4. 了解非结构构件的功能级别
5. 熟悉建筑非结构构件的基本抗震措施

## 任务内容

1. 知识点
（1）非结构构件的概念
（2）非结构构件的震害
（3）非结构构件抗震设防目标
（4）非结构构件功能级别划分
（5）建筑非结构构件的基本抗震措施
2. 技能点
（1）混凝土结构房屋填充墙的深化设计
（2）混凝土结构房屋女儿墙的深化设计

## 知识解读

非结构构件包括持久性的建筑非结构构件和支承于建筑结构的附属机电设备。建筑非结构构件是指建筑中除承重骨架体系以外的固定构件和部件，主要包括非承重墙体，附

着于楼面和屋面结构的构件、装饰构件和部件、固定于楼面的大型储物架等。建筑附属机电设备是指为现代建筑使用功能服务的附属机械、电气构件、部件和系统，主要包括电梯、照明和应急电源、通信设备，管道系统，采暖和空气调节系统，烟火监测和消防系统，公用天线等。

长期以来，建筑抗震设计的主要责任落在结构工程师的肩上，由结构工程师对结构构件进行抗震设计；至于非结构构件及其连接，一般都没有经结构工程师分析计算，而是由建筑师、设备工程师或室内设计师指定，或者在没有任何专业技术人员参与的情况下，由业主或住户在房屋竣工之后自行购置安装，以至于非结构构件的安全可靠性长期被人们所忽视。近30年来的多次强烈地震灾害表明，许多非结构构件的破坏或功能的丧失，会造成严重的经济损失，还可能危及用户甚至附近人员的生命安全，必须重视非结构构件的抗震设计及施工质量，特别是抗震构造措施。

## 一、非结构构件震害

非结构构件在地震时遭到破坏主要有两个原因：惯性作用和结构系统变形。地震加速度可引起非结构构件的破坏；嵌固于结构构件内的非结构构件不能适应地震作用下结构发生变形，也要遭到破坏或功能丧失。

### （一）建筑非结构构件的震害

建筑非结构构件在强烈地震中的破坏规律，大致归纳如下：

1）无拉结的黏土砖和砌块隔墙，极易破坏；拉结较好的砌体隔墙，裂缝较少；轻质材料的隔墙，如加气条板、纸面石膏板等，破坏较轻。

2）无锚固的砌体女儿墙，破坏严重，即使女儿墙根部截面被防水卷材加强，也会导致破坏。

3）仅用单排柱子支承的大雨篷，地震时往往倒塌。

4）与主体结构无可靠连接的大型墙板，容易掉落；石材饰面有可靠拉结时，才不致脱落；变形能力好的轻质幕墙，包括细部安装可靠的玻璃幕墙，一般保持完好。

5）格构架与楼盖拉结不牢的悬挂顶棚，容易脱落，尤其有悬挂重物的情况。

6）自由搁置的文件柜、货柜，容易倾倒。

7）刚性房屋中的建筑构件，其破坏比柔性房屋中的同类构件要轻。

8）地震时楼梯间粉刷层的脱落，会导致人们疏散困难，造成次生灾害。

9）防震缝处的楼、屋盖饰面层未留缝或缝隙不足，也会引起饰面破坏。

10）各种标志、广告牌，当未与主体结构可靠锚固时，容易掉落。

### （二）附属机电设备的震害

建筑附属机电设备的连接构件和部件在地震时造成破坏的主要原因：

1）电梯配重脱离导轨，甚至与电梯轿厢碰撞，导致电梯使用失效；钢结构中的电梯损坏比钢筋混凝土结构中的电梯严重。

2）支架间相对位移导致管道接头损坏；重量较轻的管线，一般无震害；水平向的管线一般比竖向管线更易破坏。

3）设备后浇基础与主体结构连接不牢或设备支架的固定螺栓强度不足，造成设备移位或从支架上脱落。

4）悬挂构件仅连接于顶棚而未锚固于楼板上或悬挂构件强度不足，导致电气灯具坠落。

5）隔振装置设计不合理，加大了设备的振动或发生共振，反而降低了抗震性能等。

6）设置于屋顶的设备，通常比设置于较低楼层的设备更容易破坏。

## 二、非结构构件抗震设防目标

非结构构件的抗震设计应达到以下抗震设防目标：

1）建筑非结构构件及其与结构的连接，当建筑遭受到低于本地区抗震设防烈度的多遇地震影响时，可能发生轻微损坏经一般性修理后可恢复正常使用；当建筑遭受到相当于本地区抗震设防烈度的地震影响时，可能发生不致造成人员伤亡和危及主体结构安全的严重损坏；当建筑遭受到高于本地区抗震设防烈度的罕遇地震影响时，不致倒塌伤人。

2）建筑附属设备与结构的连接，当建筑遭受到低于本地区抗震设防烈度的多遇地震影响时，连接不受损坏，相连附属设备能正常运行；当建筑遭受到相当于本地区抗震设防烈度的地震影响时，相连附属设备可能损坏经一般修理后仍可继续运行；当建筑遭受到高于本地区抗震设防烈度的罕遇地震影响时，相连附属设备不至于严重损坏，造成人员伤亡和危及主体结构的次生灾害。

## 三、非结构构件功能级别划分

非结构构件应根据所属建筑的抗震设防类别和非结构构件地震破坏的后果及其对整个建筑结构影响的范围，划分为下列功能级别：

1）一级，地震破坏后可能导致甲类建筑使用功能的丧失或危及乙类、丙类建筑中的人员生命安全。

2）二级，地震破坏后可能导致乙类、丙类建筑的使用功能丧失或危及丙类建筑中的人员安全。

3）三级，除一、二级及丁类建筑以外的非结构构件。

很多情况下，同一部位有多个非结构构件，如出入口通道可包括非承重墙体、悬吊顶棚、应急照明和出入信号设备四个非结构构件；电气转换开关可能安装在非承重隔墙上等。当抗震设防要求不同的非结构连接在一起时，要求低的构件也需按较高的要求设计，以确保高设防要求的构件能满足规定。

## 四、地震作用与抗震验算简介

世界各国的抗震规范、规定中，有60%对非结构构件的地震作用计算做了规定，而仅有28%对非结构构件的构造做出规定。考虑到我国设计人员的习惯，尽量减少地震作用计算的范围。我国非结构构件的抗震验算，按下列要求：

1）8度且功能级别为一级、9度且功能级别为一、二级的非结构构件，或有具体规定时，应进行抗震承载力验算。

2）框架结构、部分框支抗震墙结构的框支层中，需进行抗震承载力验算的非结构构件，还需进行地震作用下的抗震变形验算。

3）其他情况，可不进行抗震验算。

### 五、建筑非结构构件的基本抗震措施

建筑非结构构件包括围护墙、隔墙、女儿墙、幕墙、雨篷、广告牌、顶棚支架、大型储物架等，这些构件不仅要满足自身强度、刚度和稳定性要求，还应保证与主体结构的连接，同时，建筑非结构构件在主体结构上的预埋件、锚固件的部位，应采取加强措施，以承受建筑非结构构件传给主体结构的地震作用。

#### （一）非承重墙体

非承重墙体主要指多层砌体结构中后砌的非承重隔墙，钢筋混凝土结构中的砌体填充墙，单层钢筋混凝土柱厂房的围护墙与隔墙，钢结构厂房的围护墙以及外墙板和女儿墙，是建筑中数量最多的非结构构件，本项目主要学习钢筋混凝土结构中的砌体填充墙和女儿墙的基本抗震措施，其他结构中的非承重墙体分别相应项目解读。

汶川地震建筑震害表明：框架结构的抗震性能总体表现基本良好，但框架结构的围护结构、填充墙的破坏非常严重，造成了较大的生命和财产损失，应重点加强围护结构和填充墙与主体框架结构的抗震构造措施；填充墙有时可协助主体结构共同抗震，提高整体结构的抗震能力，有时由于填充墙开洞易造成主体结构形成短柱剪切破坏，因此应加强填充墙对整体结构的抗震贡献和影响的研究，特别是应加强填充墙与主体结构抗震构造措施和性能化设计的研究，避免填充墙严重破坏。

##### 1. 非承重墙概念设计

非承重墙的抗震设计既要考虑其设置对主体结构的影响，也要考虑非承重墙自身的抗震设计要求。非承重墙体的材料、选型和布置，应根据烈度、房屋高度、建筑体形、结构层间变形、墙体自身抗侧力性能的利用等因素确定，并应符合下列规定：

1）非承重墙体宜优先采用轻质材料；采用砌体墙时，应采取措施减少对主体结构的不利影响，并应设置拉结筋、水平系梁、圈梁、构造柱等与主体结构可靠连接。

2）刚性连接的非承重墙体布置，应避免使结构形成刚度和强度分布上的突变；非对称均匀布置时，应考虑地震扭转效应对结构的不利影响。

3）非承重墙体与主体结构应有可靠的拉结，应能满足主体结构不同方向的层间变形的能力，与悬挑构件相连接时，尚应具有满足节点转动引起的竖向变形的能力。

4）外墙板的连接件应具有满足设防烈度地震作用下主体结构层间变形的延性和转动能力。

5）圆弧形外墙应加密构造柱，墙高中部宜设置钢筋混凝土现浇带或腰梁。

6）应避免设备管线的集中，设置对填充墙的削弱。

##### 2. 非承重墙基本抗震措施（刚性连接）

层间变形较大的框架结构和高层建筑中的填充墙，宜采用钢材或木材为龙骨的隔墙及轻质隔墙。砌体填充墙宜与主体结构采用柔性连接，当采用刚性连接时应符合下列要求：

（1）非承重墙的建筑布置　填充墙在平面和竖向的布置，宜均匀对称，避免形成薄弱层或短柱。

图 7-136a、b 为框架结构，填充墙竖向布置不均匀，底层填充墙少，上部结构刚度较大，在地震中，使得底层柱顶端出现严重的剪切破坏；图 7-136c、d 所示框架结构，填充墙面置于在角部，且有部分弧墙，地震破坏严重；图 7-136e、f 中，由于窗下墙的布置，形成

了短柱，地震中引起剪切破坏。

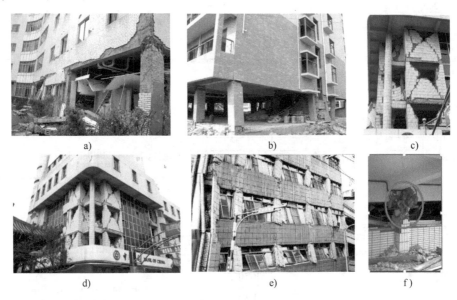

图 7-136　填充墙布置不当地震中引起的破坏

a）底层墙体布置（一）　b）底层墙体布置（二）　c）角部弧形墙体（一）

d）角部弧形墙体（二）　e）窗下墙形成短柱（一）　f）窗下墙形成短柱（二）

（2）非承重墙的材料与选型　混凝土结构中的填充墙宜优先采用轻质墙体材料；砂浆的强度等级不应低于 M5，实心砌块的强度等级不宜低于 MU2.5，空心砌块的强度等级不宜低于 MU3.5；根据填充墙的高度选择墙体厚度，最小不应小于 90mm；墙顶应与框架梁紧密结合，顶面与上部结构接触处宜用一皮砖或配砖斜砌楔紧，如图 7-137 所示。

图 7-137　填充墙顶部配筋斜砌构造

（3）拉结钢筋　沿柱高每隔 500～600mm 配置 2 根直径 6mm 的拉结钢筋（墙厚大于 240mm 时配置 3 根直径 6mm），拉结钢筋伸入墙内的长度，6、7 度时宜沿墙全长贯通，8、9 度时应全长贯通。如未全长贯通，钢筋伸入填充墙长度不宜小于 700mm，且拉结钢筋应错开截断，相距不宜小于 200mm。混凝土柱（墙）中预留拉结钢筋如图 7-138 所示，拉结筋与预留钢筋的连接如图 7-139a 所示，墙体水平拉结钢筋连接如图 7-139b 所示。也可在混凝土柱（墙）中留设预埋件，并焊接拉结钢筋，如图 7-140 所示。

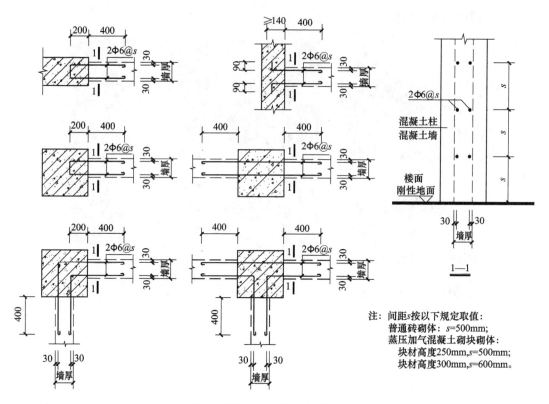

注：间距s按以下规定取值：
普通砖砌体：s=500mm；
蒸压加气混凝土砌块砌体：
块材高度250mm,s=500mm；
块材高度300mm,s=600mm。

图7-138　混凝土柱（墙）中预留拉结钢筋

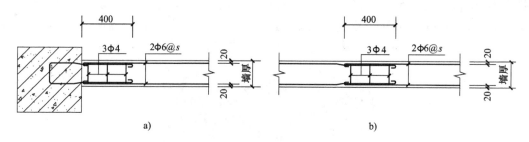

a)　　　　　　　　　　　　　　　b)

图7-139　拉结钢筋的连接

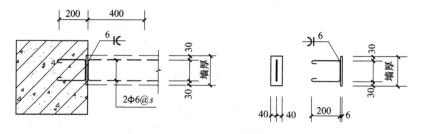

图7-140　设置预埋件焊接拉结钢筋

（4）门窗洞口　当填充墙洞口宽度小于2100mm，宜在两侧设置抱框柱，抱框柱的截面宽度大于50mm，厚度同墙厚，在不落地的窗洞下方设置窗台梁，与过梁一起形成封闭门窗框，如图7-141a所示。如洞口宽度不小于2100mm，则需在洞口两侧设置构造柱，如图7-141b所示。当有洞口的填充墙尽端至门窗洞口边距离小于 240mm 时，抱框柱或构造柱与框架柱或剪力墙可靠连接，如图 7-141c 所示。图 7-142 为门窗洞口周边的构件详图。

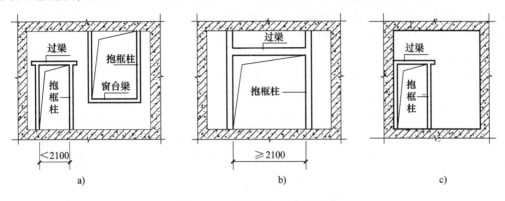

图 7-141　门窗洞口周边构造

a）抱框柱、窗台梁设置　b）大门窗洞构造柱设置　c）填充墙尽端门洞构造

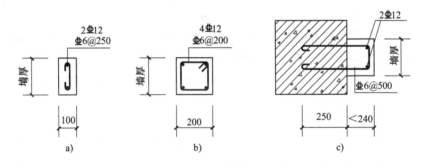

图 7-142　门窗洞口周边节点示例

a）抱框柱　b）构造柱　c）填充墙尽端抱框柱

（5）构造柱与水平系梁　填充墙端部无框架柱（剪力墙）约束时，一般需在端部设置构造柱；填充墙长度超过 5m 或墙长大于 2 倍层高时，墙顶与梁宜有拉接措施，墙体中部应加设构造柱，构造柱间距不宜大于 4m，框架结构底部二层的构造柱宜加密；墙高度超过 4m 时宜在墙高中部设置与柱连接的水平系梁，墙高超过 6m 时，宜沿墙高每 2m 设置与柱连接的水平系梁，梁的截面高度不小于 60mm。图 7-143 为填充墙内构造柱及水平系梁布置。

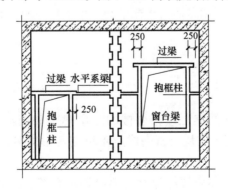

图 7-143　填充墙内构造柱及水平系梁布置

**3. 非承重墙基本抗震措施（柔性连接）**

填充墙与框架（剪力墙）的连接，可根据设计要求采用脱开或不脱开方法。有抗震设防要求时宜采用填充墙与框架（剪力墙）脱开的方法，即砌体填充墙宜与主体结构柔性连接，当采用柔性连接时应符合下列要求：

（1）间隙　填充墙两端与框架柱，填充墙顶面与框架梁之间留出不小于 20mm 的间隙。填充墙与框架柱、梁的缝隙可采用聚苯乙烯泡沫塑料板条或聚氨酯发泡材料充填，并用硅酮胶或其他弹性密封材料封缝。

（2）构造柱　填充墙端部应设置构造柱，柱间距宜不大于 20 倍墙厚且不大于 4000mm，柱宽度不小于 100mm。柱竖向钢筋不宜小于 $\phi10$，箍筋宜为 $\phi^R5$，竖向间距不宜大于 400mm。竖向钢筋与框架梁或其挑出部分的预埋件或预留钢筋连接，绑扎接头时不小于 $30d$，焊接时（单面焊）不小于 $10d$（$d$ 为钢筋直径）。柱顶与框架梁（板）应预留不小于 15mm 的缝隙，用硅酮胶或其他弹性密封材料封缝。当填充墙有宽度大于 2100mm 的洞口时，洞口两侧应加设宽度不小于 50mm 的单筋混凝土柱。

（3）卡口铁件　填充墙两端宜卡入设在梁、板底及柱侧的卡口铁件内，墙侧卡口板的竖向间距不宜大于 500mm，墙顶卡口板的水平间距不宜大于 1500mm。

（4）水平系梁　墙体高度超过 4m 时宜在墙高中部设置与柱连通的水平系梁。水平系梁的截面高度不小于 60mm。填充墙高不宜大于 6m。

（5）防腐防锈处理　所有连接用钢筋、金属配件、铁件、预埋件等均应作防腐防锈处理，满足耐久性要求。嵌缝材料应能满足变形和防护要求。

**（二）女儿墙**

不应采用无锚固的砖砌镂空女儿墙；非出入口无锚固砌体女儿墙的最大高度，6 ~ 8 度时不宜超过 0.5m；超过 0.5m 时、人流出入口、通道处或 9 度时，出屋面砌体女儿墙应设置构造柱与主体结构锚固，构造柱间距宜取 2.0 ~ 2.5m；砌体女儿墙内不宜埋设灯杆、旗杆、大型广告牌等构件；因屋面板插入墙内而削弱女儿墙根部时应加强女儿墙与主体结构的连接；砌体女儿墙顶部应采用现浇的通长钢筋混凝土压顶；女儿墙在变形缝处应留有足够的宽度，缝两侧的女儿墙自由端应予以加强；高层建筑的女儿墙，不得采用砌体女儿墙。

**（三）楼电梯间及人流通道处的墙体和饰面**

楼梯间和人流通道处的墙体，应采用钢丝网砂浆面层。楼梯踏步板底的饰面层，应与板底有可靠的黏结性能。电梯隔墙不应对主体结构产生不利影响，应避免地震时破坏导致电梯轿厢和配重运行导轨的变形。

 **能力训练**

1. 如图 7-144 所示，已知某二层办公楼的二层建筑平面如图 7-144 所示，结构层高 3.5m，填充墙采用加气混凝土砌块，试完成后砌填充墙中构造柱、抱框柱的布置，并讨论钢筋配置。

2. 已知任务 1 中的二层办公楼屋顶女儿墙沿周边布置，试确定女儿墙构造柱的布置，并画出典型断面。

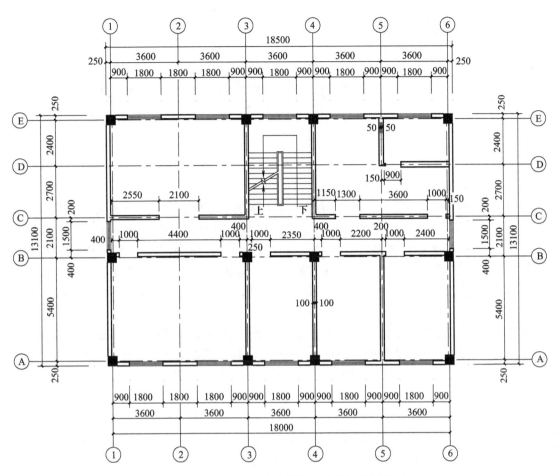

图 7-144　某二层办公楼的二层建筑平面图

# 单元八　平法制图规则及施工图识读

结构施工图是表述建筑中的结构构件布置与做法的图样。结构设计首先根据建筑设计要求选择结构类型，布置结构构件，选定结构材料，再通过力学计算确定构件的断面形状、尺寸、钢筋用量及构造等具体做法，并将设计结果绘成图样，这种图样称为结构施工图，简称"结施"。结构施工图是施工的依据，也是计算工程量、编制预算和编制施工进度计划的依据。一套完整的结构施工图包括结构设计总说明、结构平面布置图和结构详图。

建筑结构施工图平面整体表示方法（简称平法），对混凝土结构施工图的传统设计表达方法做了重大改革，它将结构构件的尺寸和配筋，按照平面整体表示方法的制图规则，直接表达在结构平面布置图上，再与标准构造详图配合，构成一套新型完整的结构设计图，避免了传统的将各个构件逐个绘制配筋详图的繁琐方法，大大地减少了传统设计中大量的重复表达内容，变离散的表达方式为集中的表达方式，并将表达内容以可重复使用的通用标准图的方式固定下来。101 系列图集《混凝土结构施工图平面整体表示方法制图规则和构造详图》是混凝土结构施工图采用平面整体表示方法的国家建筑标准设计图集，901 系列图集《混凝土结构施工钢筋排布规则与构造详图》是对 101 系列图集钢筋排布构造的深化设计。目前使用的版本为 16G101 与 12G901 系列图集，如图 8-1 所示。

图 8-1　101 与 901 系列图集

# 子单元一　结构设计总说明

 **学习目标**

1. 了解结构施工图的组成
2. 了解结构施工图的图纸目录的编制
3. 熟悉结构设计总说明的主要内容

 **任务内容**

1. 知识点
（1）结构施工图的组成
（2）图纸目录的编制要求
（3）结构设计总说明的主要内容
2. 技能点
（1）图纸目录的识读
（2）结构设计总说明的识读

 **知识解读**

## 一、图纸目录及结构施工图的组成

结构施工图的识读始于结构施工图的图纸目录，如图 8-2 所示，结构施工图图纸目录包括每张图纸的序号、编号、名称、图幅等，一般按结构设计总说明、基础平法施工图、柱（墙）平法施工图、梁平法施工图、板平法施工图、楼梯平法施工图顺序编排。

## 二、结构设计总说明的主要内容

识读结构设计总说明，可以对建筑工程项目结构特点和基本要求有一个全面的了解，图 8-3 为某教学楼结构设计总说明。每个单项工程的结构设计总说明通常由以下内容组成。

（一）工程概况
工程概况主要包括：
1）项目名称。
2）建设地点。
3）项目概况（层数、房屋高度、结构类型、基础类型、地基形式等）。
4）建筑功能及建筑面积。
5）人防地下室范围。
6）±0.000 相当于绝对标高值及室内外高差。

| | | 图 纸 目 录 | | 设 计 编 号 17028-16 | |
|---|---|---|---|---|---|
| ××市××建筑设计院有限公司 | | 建 设 单 位 | ××职业技术学院 | 专业　结构 | |
| ×××××× Institute Of Architecture Design Co.,Ltd. | | 项 目 名 称 | ××职业技术学院新校区 | 阶段　施工图 | |
| 设计资质证书编号：A××××××××× | | 子 项 名 称 | 教学楼 | 共1页　第1页 | |
| 序 号 | 图 纸 编 号 | 图 纸 名 称 | | 图 幅 | 备 注 |
| 1 | 结施-01 | 结构设计总说明(一) | | A2 | |
| 2 | 结施-02 | 结构设计总说明(二) | | A2 | |
| 3 | 结施-03 | 结构设计总说明(三) | | A2 | |
| 4 | 结施-04 | 结构设计总说明(四) | | A2 | |
| 5 | 结施-05 | 基础平面图布置图(一)——基础梁标注 | | A0 | |
| 6 | 结施-06 | 基础平面图布置图(二)——基础平板标注 | | A0 | |
| 7 | 结施-07 | 基顶～-0.050柱、墙平法施工图 | | A0 | |
| 8 | 结施-08 | -0.050～4.750柱平法施工图 | | A0 | |
| 9 | 结施-09 | 4.750～9.250柱平法施工图 | | A0 | |
| 10 | 结施-10 | 9.250～21.850柱平法施工图 | | A0 | |
| 11 | 结施-11 | 21.850～26.050柱平法施工图 | | A0 | |
| 12 | 结施-12 | 26.050～34.150柱平法施工图 | | A0 | |
| 13 | 结施-13 | -0.050梁平法施工图 | | A0 | |
| 14 | 结施-14 | -0.050板结构平面图 | | A0 | |
| 15 | 结施-15 | 4.750梁平法施工图 | | A0 | |
| 16 | 结施-16 | 4.750板结构平面图 | | A0 | |
| 17 | 结施-17 | 9.250梁平法施工图 | | A0 | |
| 18 | 结施-18 | 9.250板结构平面图 | | A0 | |
| 19 | 结施-19 | 13.450～17.650梁平法施工图 | | A0 | |
| 20 | 结施-20 | 13.450～17.650板结构平面图 | | A0 | |
| 21 | 结施-21 | 21.850梁平法施工图 | | A0 | |
| 22 | 结施-22 | 21.850板结构平面图 | | A0 | |
| 23 | 结施-23 | 26.050梁平法施工图、30.250梁平法施工图、34.150梁平法施工图 | | A0 | |
| 24 | 结施-24 | 26.050板结构平面图、30.250板结构平面图、34.150板结构平面图 | | A0 | |
| 25 | 结施-25 | 楼梯大样 | | A0 | |
| | | | | | |
| | | | | | |
| | | | | | |

审核人：　　　校对人：　　　设计人：　　　　　　　　　　　　　　　年　月　日

图 8-2　图纸目录

未加盖"××市×××市建筑设计院有限公司出图专用章"的蓝图，概不生效

## 结构设计总说明（一）

× × 市 × × 建 筑 设 计 院 有 限 公 司

**1 工程概况**

1.1 项目名称：××职业技术学院新校区教学楼
1.2 建设地点：××市医药商商产业开发区
1.3 项目概况详见下表

| 层 数 | 房屋高度 | 结构类型 | 基础类型 | 地基形式 |
|---|---|---|---|---|
| 地下1层地上3层 | 35.4m | 框架结构 | 筏板式形基础 | 天然地基 |

地上主要建筑功能：教学楼；总建筑面积25438.6m²，其中地上建筑面积19826.8m²，地下建筑面积5611.8m²。

1.4 本工程主要建筑功能：教学楼

1.5 本工程地下室为人防地下室。

1.6 本工程建设标高±0.000相当于地面高度为90.900m。

**2 设计总则**

2.1 本工程采用正向投影法进行绘制。

2.2 图中注单位除注明外：长度均以为米（mm）；角度单位为度（°）。

2.3 结构主要建筑构件见结构施工图。

2.4 本工程施工应符合国家现行有关规范、规程等。

2.5 施工前应认真核对建筑及各设计图施工图纸的要求。

2.6 尚应满足现行国家及所在地区有关规范标准规范的要求。

2.7 本说明应与国家及现行有关规范配合使用。

**3 设计依据**

3.1 本工程所依据的国家及地方规范、规程和标准

| 《工程结构可靠性设计统一标准》 | GB 50153-2008 |
|---|---|
| 《建筑结构可靠度设计统一标准》 | GB 50068-2001 |
| 《建筑工程抗震设防分类标准》 | GB 50223-2008 |
| 《建筑结构荷载规范》 | GB 50009-2012 |
| 《混凝土结构设计规范（2015年版）》 | GB 50010-2010 |
| 《建筑抗震设计规范（2016年版）》 | GB 50011-2010 |
| 《砌体结构设计规范》 | GB 50003-2011 |
| 《高层建筑混凝土结构技术规程》 | JGJ 3-2010 |
| 《建筑桩基技术规范》 | JGJ 6-2011 |
| 《建筑地基基础设计规范》 | GB 50007-2011 |
| 《人民防空地下室设计规范》 | GB 50038-2005 |
| 《混凝土结构施工规范》 | GB 50666-2011 |
| 《建筑地基基础工程施工质量验收规范》 | GB 50202-2002 |
| 《建筑地基处理技术规范》 | JGJ 79-2001 |
| 《混凝土外加剂应用技术规范》 | GB 50119-2013 |
| 《混凝土结构耐久性设计规范》 | GB/T 50476-2008 |
| 《地下工程防水技术规范》 | GB 50108-2008 |
| 《建筑边坡工程技术规范》 | GB 50330-2013 |
| 《建筑机械使用安全技术规程》 | JGJ 33-2012 |

3.2 本工程勘察设计审批意见

× × 市 在 规 和 建 设 局 批 准 岩 土 工 程 勘 察 设 计 审 批 意 见。

3.3 岩土工程勘察报告

报告名称：××职业技术学院新校区岩土工程勘察报告 报告编号：20170609
勘察单位：××市医药工程勘察院 编制日期：2017年6月

**4 结构设计主要技术参数**

4.1 结构设计标高

4.1.1 设计基准期为50年，设计使用年限为50年。

4.1.2 建筑结构安全等级为二级，结构构件重要性系数为1.0。

4.1.3 地基基础设计等级为乙级。

4.1.4 抗浮设防水位绝对标高为90.900m，相当于设计标高－1.800m。

4.1.5 建筑防火分类为一类，耐火等级为二级。

4.1.6 人防地下室防护等级为乙级，防护级别为六级。

4.1.7 防水等级为一级。

4.2 抗震设计有关参数

4.2.1 抗震设防烈度为7度；设计基本地震加速度值：0.10g，水平地震影响系数最大值：0.08；

4.2.2 场地类别：Ⅲ类；设计地震分组：第一组；特征周期值：0.45s。

4.2.3 场地土层地震液化判定：不液化。

4.2.4 本场地建筑抗震地段类别为有利地段。

4.2.5 本工程混凝土结构的环境类别划分（内）为：地下室外墙外侧、露天及与水土直接接触的地下室顶板、梁为二a类；其他为一类。

4.2.6 结构的耐久性年限为50年。

4.2.7 裂缝控制等级：三级（地下室外墙有地下水部位的应为裂缝控制三级（内有裂缝宽度≤24mm的伸缩缝底板）

4.3 本工程排布采用了地下室钢筋混凝土墙1G329-1-34构造做法。

**5 主要设计荷载取值**

5.1 活荷载标准值见表5.1

表5.1 活荷载标准值

| 名 称 | | 标准值/（kN/m²） |
|---|---|---|
| | | 值班、办公 2.0 |
| 教室 | | 2.5 |
| 卫生间 | | 2.0 |
| 上人屋面 | | 2.0 |

表5.2

| 名 称 | | 标准值/（kN/m²） |
|---|---|---|
| 楼梯、楼层活荷载取值 | | 1.0kN/m |
| 卫生间、楼梯间荷载标准值 | | 1.0kN |

5.2 风荷载取值：风荷载基本风压：$W_0=0.40kN/m^2$；地面粗糙度类别：B类。

5.3 雪荷载基本雪压：$S_0=0.35kN/m^2$

**6 结构设计采用的计算程序**

6.1 结构设计采用中国建筑科学研究院开发的PKPM系列软件（2016年10月版）。

**7 主要结构材料**

7.1 设计中所采用的材料，必须具有《质量证明书》或出厂合格证等，并应进行符合国家有关标准规定的复验方可用于工程中使用。

7.1.1 混凝土强度等级见表7.1；

7.1.2 混凝土耐久性基本要求见表7.2

表7.1 混凝土强度等级

| 项目 | 基础垫层 | 基础、基础梁 | 混凝土强度等级 |
|---|---|---|---|
| 适用 构件 | C15 | C30 | C30 |
| 墙、柱、梁、板、楼梯 | C25 |

表7.2 混凝土耐久性的基本要求

| 环境等级 | 最大水胶比 | 最大氯离子含量（%） | 最低混凝土强度等级 |
|---|---|---|---|
| 一 | 0.60 | 0.30 | 不限制 |
| 二a | 0.55 | 0.20 | 3.0 |

7.2 钢筋及钢材

7.2.1 钢筋：钢筋强度按标准值具有不小于95%的保证率。
中未表示HPB300级钢筋（$f_y$=300N/mm²）；中表示HRB335级钢筋（$f_y$=300N/mm²）。
中表示HRB400级钢筋（$f_y$=360N/mm²）。

7.2.2 本工程设计一、二、三级抗震框架梁柱纵向受力钢筋（含钢筋），其强度实测值应符合下列要求：
钢筋的抗拉强度实测值与屈服强度实测值的比值不应小于1.25；钢筋的屈服强度实测值与屈服强度标准值的比值不应大于1.3，且钢筋在最大拉力下的总伸长率实测值不应小于9%。

7.2.3 钢材：Q235B符合《碳素结构钢》GB/T 700的要求。
Q345B符合《低合金高强度结构钢》GB/T 1591的要求。

7.2.4 吊钩应采用HPB300级钢筋制作。严禁采用冷加工钢筋。

7.2.5 焊条：HPB300级钢筋、Q235B钢材之间焊接用E43系列焊条与HRB335级钢筋、GB/T 5117加钢之间焊接时用E50系列焊条，Q345B钢材焊接用E55xx系列。
并应符合《低合金钢焊条》（GB/T5118）的规定：焊接、埋弧焊与钢材应按照钢筋及加工的规定执行。

7.2.6 玻璃幕墙预埋件等由有相应资质的生产厂家提出要求。
在混凝土浇灌前应按照以下手续，预埋钢材应用Q235B钢。

7.2.7 后浇注混凝土、型钢结构所采用见本表设计（04G362），预埋钢件的埋脚与主筋应防内侧。

**7.3 砌体**

7.3.1 砌体结构材料性能指标评评见表7.3

表7.3 砌体结构材料性能指标

| 部 位 | | 块材 | 砂 浆 |
|---|---|---|---|
| 基础砌块材 | | 蒸压灰砂砖MU10 | 水泥砂浆 M7.5 |
| 框架填充墙 | | 加气混凝土砌块 | 混合砂浆 M5 |

砌体填充墙的砌体施工质量控制等级为B级。

**8 地基与基础**

8.1 地基：基础设计见本文条本文条件

8.1.1 拟建场地地基类别类别按注三角网坐标进行场地平整，场地内及周边成型土层填方场地，同标高距起起标、最大填高差约4.59m。
地形及平整、各类取土现况描述。

8.1.2 场地层情况况描述：各地层情况描述。

**8.1.3**

地下水：地下水稳定水位埋深1.90～3.55m，对混凝土结构具有微腐蚀性。
压缩度差异性较大、稳压缩层地质土，厚填土上回填约10个自然层，计入工程地基整体性、计算沉降等。
地下：地下室稳定水位埋深1.90～3.55m，对混凝土结构具有微腐蚀性。

| | 总 负 责 | 批 准 AUTHORIZE | | 建设单位 ERECTOR | × × 市 × × 建 筑 设 计 院 有 限 公 司 | 图纸编号 JOB NO. | 17028-16 | 图别 EDITION | 结施 | 专业 DRW NO. | 23 |
|---|---|---|---|---|---|---|---|---|---|---|---|
| 会签 | 建筑 ARCHITECTURE | 审定 AUTHORIZE | | ×××× Institute Of Architecture Design Co.,Ltd. | | 建设名称 DRW TITLE | ××职业技术学院新校区 | 中专 SCALE | 结构 | 比例 SCALE | |
| | 结构 STRUCTURE | 审核 AUDITING | | 设计世界设计院名称 X××××××× | | 项目名称 PROJECT | ××职业技术学院教学楼 | 版次 EDITION | | 日期 DATE | 2017.11 |
| | 电气 ELECTRIC | 方案 SCHEME | | | | 子项名称 SUBITEM | 教学楼 | | | | |
| | 给排水 WATER | 设计 DESIGN | | 项目负责 PROJECT LEADER | | | 结构设计总说明（一） | | | | |
| | 暖通 HVAC | 校对 CHECKED | | 专业负责 | | | | | | | |
| | | 制图 DRAWN | | 制图 | | | | | | | |

图 8-3 某教学楼结构设计总说明

××市×× 建 筑 设 计 院 有 限 公 司

未加盖"××市××建筑设计院有限公司出图专用章"的蓝图，概不生效

# 结构设计总说明（二）

8.2 地基、基础形式

8.2.1 本工程采用天然地基，基础形式为梁板式筏形基础，基底标高为-5.300m，持力层为第2层粉砂层，地基承载力特征值为150kPa。

8.3 基坑开挖、验槽及回填

8.3.1 开挖基坑时应注意边坡稳定，定期观测其对周围道路、市政设施和建筑物有无不利影响；基坑较深、非自然放坡开挖时，基坑支护应由有资质的单位做专门设计，基坑支护系统应确保场区内外原有建筑安全无损并保证人员安全。

8.3.2 采用机械挖土时严禁扰动基底持力层，施工时应保留不少于300mm厚土层，再用人工挖至槽底标高。如已扰动基底持力层，应通知勘察、设计、监理和业主等有关单位共同协商并采取处理措施。

8.3.3 基坑开挖后，应通知勘察、设计、监理和业主等有关单位共同进行基槽检验。当发现与勘察报告和设计文件不一致或遇到异常情况时，应结合地质条件提出处理意见。验槽合格后方可继续施工。

8.3.4 在基础或承台及地下室外墙与基坑侧壁间隙回填土前，应排除积水，清除虚土和建筑垃圾，地下室外墙需待主体结构施工至地面以上并待建筑防水施工完成后及时进行外侧壁回填土工作。回填土应分层对称夯实，每层厚度不大于300mm，压实系数不应小于0.94，填土采用素土(黏性土或粉质黏土)或2:8灰土，不得采用建筑垃圾土、耕植土、冻土、淤泥质土等。

9 混凝土结构构造要求

9.1 构件中钢筋的混凝土保护层厚度应满足表9.1的要求：

表9.1 混凝土保护层厚度(单位：mm)

| 环境类别 | 板、墙、壳 | 梁、杆、柱 | 基 础 |
|---|---|---|---|
| 一类 | 15 | 20 | 有垫层时 40 |
| 二a类 | 20 | 25 | 基础顶面和侧面 30 |
| 二b类 | 25 | 35 | 挡土墙外侧筋 30 |

注:1 表中钢筋的混凝土保护层厚度为最外层钢筋(包括箍筋、构造筋、分布筋等)的外边缘至混凝土表面的距离。
2 混凝土强度等级不大于C25时，表中保护层厚度数值应增加 5mm。
3 构件中受力钢筋的保护层厚度不应小于钢筋的公称直径。
4 当钢筋采用机械连接时，机械连接套筒的保护层厚度应满足受力钢筋的最小保护层厚度的要求，且不得小于15mm。

9.2 钢筋的锚固和连接

9.2.1 本工程受拉钢筋的锚固长度、抗震锚固长度、搭接长度、抗震搭接长度以及受拉钢筋搭接长度修正系数均按标准图集16G101-1执行；纵向受压钢筋锚固长度不小于上述受拉钢筋值的70%，纵向受压钢筋绑扎搭接长度不小于上述受拉钢筋值的70%，且不得小于200mm。

9.2.2 纵向受力钢筋连接形式选择：

(1) 柱、剪力墙：$d<16$时，采用绑扎搭接；$d$为16~22时，采用电渣压力焊；$d\geqslant25$时，采用机械连接。

(2) 梁、板：$d<25$时，采用绑扎搭接或焊接；$d\geqslant25$时，采用机械连接。

(3) 轴心受拉及小偏心受拉杆件(如桁架和拱的拉杆)的纵向受力钢筋不得采用绑扎搭接接头。

9.2.3 纵向受力钢筋的连接要求：

(1) 纵向受力钢筋的绑扎搭接接头、机械连接接头以及焊接接头的具体构造均按国标图集16G101执行。

(2) 梁柱构件在纵向受力钢筋搭接接头范围内应配置箍筋，其直径不应小于搭接钢筋较大直径的0.25倍。当钢筋受拉时，箍筋间距不应大于搭接钢筋较小直径的5倍，且不应大于100mm；当钢筋受压时，箍筋间距不应大于搭接钢筋较小直径的10倍，且不应大于200mm；当受压钢筋直径$d>25$mm时，尚应在搭接接头两个端面外100mm范围内各设置两个箍筋。

(3) 钢筋的接头无论采用何种型式均宜设置在构件受力较小处，且宜避开梁端、柱端。

(4) 梁、板连续通长配筋钢筋接长位置：
A. 基础梁、板：上部钢筋在支座范围内，下部钢筋在跨中1/3跨度范围内。
B. 各楼层梁、板，上部钢筋在跨中1/3跨度范围内，下部钢筋在支座范围内。

(5) 当采用焊接接头时，应符合《钢筋焊接及验收规程》(JGJ18-2003)；当采用机械连接时，接头等级采用Ⅱ级，并应按《钢筋机械连接通用技术规程》(JGJ107-2003)等有关规范、规程执行。

9.3 基础

9.3.1 基础构造要求详见国标图集16G101-3，施工钢筋排布详见国标图集12G901-3。

9.4 柱

9.4.1 柱构造要求详见国标图集16G101-1，施工钢筋排布详见国标图集详见12G901-1。

9.4.2 梁柱节点处，当柱混凝土强度等级高于楼层梁板时，梁柱节点处的混凝土按以下原则处理：以混凝土强度5MPa为一级，凡柱混凝土强度等级高于梁板混凝土强度等级不超过一级时，梁柱节点处的混凝土随梁板混凝土一起浇筑；当不符合上述规定时，梁柱节点处的混凝土应按柱混凝土强度等级单独浇筑，做法详见"梁柱节点混凝土浇筑范围示意图"。在节点混凝土初凝前及时浇筑梁板混凝土，并加强混凝土的振捣与养护。

9.5 剪力墙

9.5.1 剪力墙构造要求详见国标图集16G101-1，施工钢筋排布详见国标图集详见12G901-1。

9.5.2 除图中注明外，剪力墙墙身均为双层双向配筋，且竖向分布钢筋在内侧，水平分布钢筋在外侧。

9.5.3 拉筋直径和间距详见具体标注，拉筋采用双向梅花布置。

9.5.4 剪力墙连梁高度范围内的墙肢水平分布钢筋应在连梁内拉通作为连梁的腰筋。除图中注明附加钢筋的情况外，可仅将剪力墙水平分布钢筋拉通作为连梁腰筋。

9.6 梁

9.6.1 梁构造要求详见国标图集16G101-1，施工钢筋排布国标图集详见12G901-1。

9.6.2 除图中注明外，本工程次梁端部按铰接进行锚固。

9.6.3 当梁侧边与柱侧边齐平时，梁外侧纵向钢筋应在柱附近按1:12自然弯折，且从柱纵筋内侧通过或锚固。

9.6.4 主次梁相交处，主梁箍筋应贯通设置，在次梁两侧的主梁中应设置附加箍筋或吊筋，配筋详见梁平法施工图。

9.6.5 当梁板底面标高相同时，应将板底筋弯入梁底筋之上。
当主次梁底面标高相同时，应将次梁底筋放置主梁底筋之上，详见"主次梁底面标高相同时梁下纵筋做法"；当次梁底标高低于主梁底标高时，构造做法详见"当次梁底标高低于主梁底标高时构造做法"。

9.6.6 所有梁(框架梁)上孔洞均需预留，不得后凿；详见"预留圆形孔洞加强筋构造"，"预留方形孔洞加强筋构造"。本图示意留洞均为尺寸较小留洞且洞边尺寸距离支座净距应不小于1.5倍梁高，连续开洞时净距应不小于2.5倍洞口高度，数量不多于两个，否则应另行设计；预留洞应优先采用圆形孔洞并采用钢套管。

9.7 现浇楼板及屋面板构造要求

9.7.1 板构造要求详见国标图集16G101-1，施工钢筋排布国标图集详见12G901-1。

9.7.2 本工程板端部按充分利用钢筋的抗拉强度进行锚固。

9.7.3 板支座处负筋标注长度为自标注侧梁边(墙边)算起，详见"板支座负筋标注长度示意"。

9.7.4 板底部的长向钢筋应置于短向钢筋之上；支座处板的长向负筋应置于短向钢筋之下。
当板底与梁底齐平时，板的下筋在梁边附近按1:6的坡度弯折后伸入梁内并置于梁下部钢筋之上。

9.7.5 除图中注明者外，现浇板内分布钢筋可根据板厚，按表9.2选用。

表9.2 现浇板分布筋选用表

| 板厚/mm | ≤80 | 90~120 | 130 | 140~160 | 170~210 | 220~250 |
|---|---|---|---|---|---|---|
| 分布筋直径、间距 | ϕ6@200 | ϕ6@180 | ϕ8@250 | ϕ8@200 | ϕ8@150 | ϕ10@200 |

注：单位宽度上板分布筋的配筋面积不小于受力钢筋配筋面积的15%。

9.7.6 当板上部受力钢筋未双向拉通，且图中未注明防裂钢筋时，应按表9.3.设置，其与受力钢筋的搭接长度为$L_L$，构造做法详见国标图集16G101-1第102页。

表9.3 防裂钢筋选用表

| 板厚/mm | ≤140 | 150~180 | 190~250 |
|---|---|---|---|
| 分布筋直径、间距 | ϕ6@200 | ϕ6@150或ϕ8@200 | ϕ8@200 |

9.7.7 后浇设备管井处，板钢筋不应截断，待设备管道安装完成后，应采用不低于板强度等级的微膨胀混凝土浇筑完成。

9.7.8 板内预埋管线时，管线应放置在板底与板顶钢筋之间，管外径不得大于板厚的1/3。当管线并列设置时，管道之间的水平净距不应小于$3d$($d$为管径)。当有管线交叉时，交叉处管线的混凝土保护层厚度不应小于25mm。
当预埋管线处板顶未设置钢筋时，应在管线顶部设置防裂钢筋网，做法见"板内预埋管处构造做法"。

9.7.9 外露的现浇钢筋混凝土女儿墙、挂板、栏板、檐口等构件，当其水平直线长度超过12m时，应设置伸缩缝，伸缩缝间距不大于12m，缝宽20mm，缝内填塞油膏或其他防水嵌缝膏,伸缩缝处水平钢筋应断开，做法详见"钢筋混凝土女儿墙、挂板等构件伸缩缝做法"图。也可设置诱导缝，即水平钢筋不断，只将钢筋的混凝土保护层断开，做法详见"钢筋混凝土女儿墙、挂板等构件诱导缝做法"图。

9.8 楼梯

9.8.1 楼梯构造要求详见国标图集16G101-2，施工钢筋排布详见国标图集12G901-2。

9.8.2 当选用ATa、ATb、ATc、CTa或CTb型楼梯时，楼梯的抗震等级同主体结构。

9.8.3 当选用AT~GT型楼梯时，上部纵向钢筋在端支座处的锚固按设计为铰接，即平直段伸至端支座对边后弯折，且平直段长度不小于$0.35l_{aE}$,弯折段投影长度$15d$($d$为纵向钢筋直径)。

9.8.4 当选用ATa、ATb或CTa型楼梯时，采用图集中滑动支座的做法。

9.9 后浇带

9.9.1 后浇带分为沉降后浇带和收缩后浇带两种类型：沉降后浇带主要用于减小施工期间地基不均匀沉降对结构的不利影响，同时也兼作收缩后浇带;收缩后浇带主要用于减小施工期间混凝土初期收缩及温度应力。本工程各后浇带位置详见平面图。

9.9.2 后浇带钢筋应按贯通留筋。地上结构和地下室内部的混凝土墙、梁及板的后浇带构造做法详见国标图集16G101-1第107页。地下室基础底板、基础梁后浇带构造做法详见"基础底板或基础梁后浇带构造"。地下室外墙后浇带构造做法详见"地下室外墙后浇带构造"。

9.9.3 后浇带封闭时间：沉降后浇带在高层结构主体封顶后，根据沉降观测记录，由设计单位确认后方可封闭;收缩后浇带：应在其两侧混凝土龄期达到$45d$后封闭。

9.9.4 后浇带施工

(1) 封闭后浇带的混凝土应采用比两侧混凝土强度等级高一级的补偿收缩混凝土。

(2) 施工时，后浇带两边墙、梁、板必须支撑好，直到后浇带封闭且混凝土达到设计强度要求后方能拆除。

(3) 后浇带浇筑混凝土前，应清除浮浆、松动石子、松软混凝土层，并将结合面处洒水湿润，但不得积水。

(4) 柱、墙水平缝水泥砂浆接浆层厚度不应大于30mm，接浆层水泥砂浆应与混凝土浆液成分相同。

(5) 浇筑混凝土时，应选择气温较低的时间进行，但不得低于5℃。

(6) 浇筑后其养护时间不应少于$28d$。

9.10 施工缝

9.10.1 施工缝的留设位置应在混凝土浇筑之前确定，施工缝宜设置在结构受剪力较小且便于施工的位置。受力复杂的结构构件或有防水防渗要求的结构构件，施工缝留设位置应经设计单位确认。

9.10.2 施工缝的处理

(1) 在已硬化的混凝土表面上(要求混凝土强度达到$1.2kN/m^2$以后)继续浇筑混凝土前，应清除垃圾、水泥薄膜、表面松动的砂石和松软的混凝土层，同时，还应将表面凿毛，用水冲洗干净并充分湿润，一般湿润时间不少于24小时，残留在混凝土表面的积水应清除。

(2) 施工缝附近的钢筋如需恢复设计位置时，注意不要使已浇筑的混凝土受到松动和损坏。钢筋上的油污、水泥浆及浮锈等杂物也应清除。

(3) 浇筑前，水平施工缝宜先铺上一层10~15mm厚的水泥砂浆，其配合比与混凝土内的砂浆相同。也可在已硬化化的混凝土表面涂刷界面剂后浇筑。

(4) 应避免直接靠近施工缝已终凝的混凝土边缘堆料(下料)或机械振动，但应对施工缝处新浇筑的混凝土加强振捣，使其结全密实。

9.10.3 施工缝的防水要求同后浇带防水要求(本条仅适用于有防水要求的部位)

| 会签 | | | | | |
|---|---|---|---|---|---|
| 总图 GENERAL PLAN | | | 给排水 WT&WWT | | |
| 建筑 ARCHITECTURE | | | 电气 ELECTRI | | |
| 结构 STRUCTURE | | | 暖通 HV&AC | | |

××市××建筑设计院有限公司
××× ××× Institute Of Architecture Design Co.,Ltd.
设计资质证书编号：A×××××××××

| | | | | | |
|---|---|---|---|---|---|
| 批准 AUTHORIZE | | 项目负责 PROJECT LEADER | | 设计 DESIGN | |
| 审定 EXAMINE & APPROVE | | 专业负责 MAIN ENGINEER | | 绘图 DRAWN | |
| 审核 AUDITING | | 方案 SCHEME | | 校对 CHECKED | |

| | | | | | | | |
|---|---|---|---|---|---|---|---|
| 建设单位 ERECTOR | ××职业技术学院 | | | 设计编号 JOB NO. | 17028-16 | 图号 DRW NO. | 结施-02 |
| 项目名称 PROJECT | ××职业技术学院新校区 | 图纸名称 DRW TITLE | 结构设计总说明(二) | 版本 EDITION | | 专业 DISCIPLINE 结构 | 张数 NUMBER 23 |
| 子项名称 SUBITEM | 教学楼 | | | 比例 SCALE | | 阶段 STATUS 施工图 | 日期 DATE 2017.11 |

## 结构设计总说明（三）

**10 非结构构件构造要求**

**10.1 砌体填充墙**

10.1.1 砌体填充墙结构构造详见《砌体填充墙结构构造》国标图集（12G614-1）。

10.1.2 线条砌块排序、平砌砖、平砌块。门窗洞口尺寸无变动时按本图施工，不明处须征询设计院。

10.1.3 后砌砌体填充墙结构构造：

(1) 后砌砌体墙宜按结构柱抗侧力及全长度设置。

(2) 后砌砌体墙与抗侧柱拉筋共同抗侧力构造时按本洪度。详见《砌体填充墙结构构造》（12G614-1）第11~13页。

10.1.4 后砌砌体墙与主体结构柱拉结，应满足下列要求：

(1) 后砌砌体填充墙宜按连接详见构造要求（12G614-1）第10页。

(2) 后砌砌体墙中构造柱顶部构造。

(3) 后砌砌体墙中构造柱宜设置角柱。

填充墙填充墙

1) 当墙洪度超过墙高两倍以上时，应在墙中部位置。

2) 当墙长度超过5m或层高设置时。

3) 当老砖墙上下部位为自由端时，构造柱应设置。

4) 当洞口无侧端构造柱与之拉结时，端部两侧应设置。

5) 当门洞口宽度不小于2.1m时，洞口两侧应设置构造柱，洞口上及设置过梁。

6) 外墙上另有洞宜采用构造柱、电梯井道拉结。

(2) 当电梯井道采用砌体填充时，且应采用构造四角设置。

(3) 构造柱截面尺寸详见砌体墙详见《砌体填充墙结构构造》（12G614-1）第10、26页。

10.1.5 后砌砌体填充墙水平系梁设置构造要求：

(1) 当后砌砌体填充墙高度超过4m时，应在墙中部设置一道水平系梁；剪力墙、构造柱拉结构造，且持构水平度度皆可系梁。

(2) 水平系梁截面宽度或量为6@250。

(3) 当水系梁引门洞或墙洞较低时，应与楼板分层度。当系梁高度为门窗过梁时，兼系门洞过梁设置的相度结构时则设置过梁。

(4) 当电梯间门洞采用构造时，水平系梁应采用构造；电梯井道并门道过梁。

(5) 当后砌砌体填充墙水平系梁截面宽度尺寸不小于200，纵筋4∮12，箍筋∮6@200。

10.1.6 门窗过梁构造：

(1) 后砌砌体墙门窗上部设过梁构造，详见砌体填充墙结构构造（12G614-1）第10页。门过梁钢筋采用过梁截面尺寸钢筋配置尺寸按表10.1。

**表10.1 填充墙洞口过梁配筋**

| 洞口宽度/mm | 梁宽/mm | 梁高/mm | 支座长/mm | 钢筋 | | |
| --- | --- | --- | --- | --- | --- | --- |
| | | | | 面筋 | 底筋 | 箍筋 |
| L≤1000 | 120 | 250 | 250 | 2∮10 | 2∮10 | ∮6@200 |
| 1000<L≤1500 | 180 | 250 | 250 | 2∮12 | 2∮12 | ∮6@200 |
| 1500<L≤2000 | 240 | 250 | 250 | 2∮10 | 2∮10 | ∮6@200 |
| 2000<L≤2500 | 240 | 250 | 250 | 2∮14 | 2∮14 | ∮6@200 |
| 2500<L≤3000 | 300 | 250 | 250 | 3∮14 | 3∮14 | ∮6@200 |

注：梁座长每一侧净宽L≥500每边进墙250。

(2) 底梁顶或底梁顶过墙洞过梁构造，当洞口一侧为混凝土柱或剪力墙时，应在过梁端应设置预埋件。过梁截面尺寸钢筋如表按过梁配筋。筋配置一次浇筑混凝土。门窗过梁采用一道过梁构造。

(3) 当过墙洞标高与楼板底标高相近时，宜不过墙梁、设过梁施工。

10.1.7 门洞过梁：

(1) 当门洞口宽度小于2.1m时，洞口应设置过梁，截面尺寸方梁厚×120，纵筋2∮12，横向钢筋为∮6@250。当门窗洞口宽度不小于2.1m时，洞口应设置构造柱。按洪详见（12G614-1）第17页。

(2) 窗洞下面设水平过梁，截面尺寸方墙厚×60，纵筋2∮10，横向钢筋为∮6@250，纵筋沿宽上端入内满砌构造柱内满足锚固可靠长拉结。

10.1.8 当电梯井采用砌体填充墙时，在电梯门门洞口两侧设置构造柱，洞口上端应设置过梁。

10.1.9 当后砌砌体填充墙为砌体填充墙时，填充墙墙身宜为C25砌细混凝土填充，可采用C25砌细混凝土填充，做法详见（12G614-1）第9页。

10.1.10 楼梯间及人流通道两侧墙的墙体，应采用钢丝网加强。钢丝网规格∮4@150，砂浆厚度不宜小于30mm。

10.1.11 砌体填充墙施工应满足以下要求：砌体填充墙施工不得留斜槎不平。

10.1.12 当门窗洞宽大于2.1m时，当门窗洞口端宜从上而下逆层混凝土施工，洞口处填充墙应自上而下砌筑。

**10.2**

10.2.1 所有建筑墙身应严格根据厂家技术关系置准图进行施工和施工，跨度满足。专业国家行业有关准则的安全工作性质要求。

10.2.2 由专业设计人员应自上而下与厂家做，应由构造详见《砌体填充墙结构构造》的专业设计说明设计和施工。基础设计和施工必须具有资质的设计制作单位和专业度。面经设计人员与设计和施工中幕墙设计制作和施工中工作。

**11 预制件**

11.1 本工程预制件砌体填充墙构造做法详见预制件及预制砌块砌体施工验收规范收规范的规定：

11.2 承担本工程结构施工的单位应应应具有相应的资质。结构施工应严格按相关的有关工程有关相关实行国家标准。进行施工和验收。主要根据如下：

《建筑工程施工质量验收统一标准》 GB 50300-2013

《砌体结构工程施工质量验收规范》 GB 50203-2011

《混凝土结构工程施工质量验收规范》 GB 50204-2002(2010年版)

《钢结构工程施工质量验收规范》 GB 50205-2001

《混凝土结构工程施工质量验收规范》 GB 50066-2011

**11.3** 混凝土结构施工要求

11.4 施工过程中，还应做好做好隐蔽工程的检查和验收记录。

11.5 混凝土单位检查施工重做工程的各相工程工作，并对其实按质量验收规范。在混凝土浇筑前上料检查验收重做度有数位设计。在浇筑混凝土相关时满应按在隐蔽工程度相度检查，各相混工相当度数度预度及度记录和对度相度度度。

11.6 结构施工件及预埋件及预埋件施工时不得失失当度度度。若结构构度及预度度度度度度度度，无论是度度度度度。尤其度度度注意详细详细核对尺寸位置度度度度度度度度，并度度度度度度度度度度度。

××市××建筑设计院有限公司
×× City ×× Institute Of Architecture Design Co.,Ltd.
设计资质证书等级号：A×××××××××

---

**11.7** 与电梯有关的预留孔洞、预埋件、电梯门洞处牛腿等的布置，坑底标高、领冲缓的设置、井道尺寸等，施工单位应仔细核对建筑、结构及重度度度度度度，确认无误方可进行施工。电梯厂家施工图，确认无误后须在允许范围之内。

11.8 柱内严重预留孔洞的度度，前度、挑梁、人检梯、施工时要加度度度度度及度及度度度度。

11.9 悬挑构件在度度度，并度度上为度度度度。施工时度度度加固度及度度度度度。

11.10 当柱、梁跨度大于或等于4m时，梁应按规度度度度度度1/1000~3/1000起拱；基础反梁按规度度度度度1/1000起拱度，起拱不得减少度度度度。

11.11 现浇板施工度度，应采度度消防条度钢筋度度度，严度度度度度度度。

11.12 后度连度度度度度，应度度度度度度度度度。度度度度度度度，度度度度度度，特度度度度度度度度度度。

11.13 施工度度度度度度度度度度度度度度度度度度度度度度度度度度度度度度度度度度度度度度度度度度。

**12 沉降观测**

12.1 本工程应进行度度度度度度度度度度度度度度度度度。

12.2 沉降观测应由有相度度度度度度度度度度度度度度度。

12.3 沉降观测度度度度度度度度度度度，测度度度，度度度，度度方、度度方，度度方，度度，度度，度度度度度度的度度度度度度度度度度度度度度度。度度度度度。

12.4 沉降观测度度度度度度度度度度度度度度度度度度度度度度度度度度度，施工度度度度度。度度度度度度度度，度度度度度度度度度度度度度度度。

12.5 沉降观测度度度度度《建筑变形测量规范》JGJ 8-2016的相关度度度度度度进行；度度度度度度度度度度度度度度度度度度度度度度度度度度度度度度度度度度度度度度度度度度度度度度度度度度度度度度度度度度度度度度度度度度。

| 建设单位 EXECTION | | ××技术学院 ××职业技术学院 | 设计号 JOB NO. | 17028-16 | 图号 DWG NO. | 23 |
| 项目名称 PROJECT | | ××职业技术学院新校区 | | | 版次 EDITION | |
| 子项名称 SUBITEM | | 教学楼 | | | 阶段 STAGE | 施工图 |
| 图纸名称 DWG TITLE | | 结构设计总说明（续） | | | 比例 SCALE | |
| | 专业 | 负责 | 设计 | 绘制 | 校核 | 审定 | 日期 DATE 2017.11 |

图 8-3 某教学楼结构设计总说明（续）

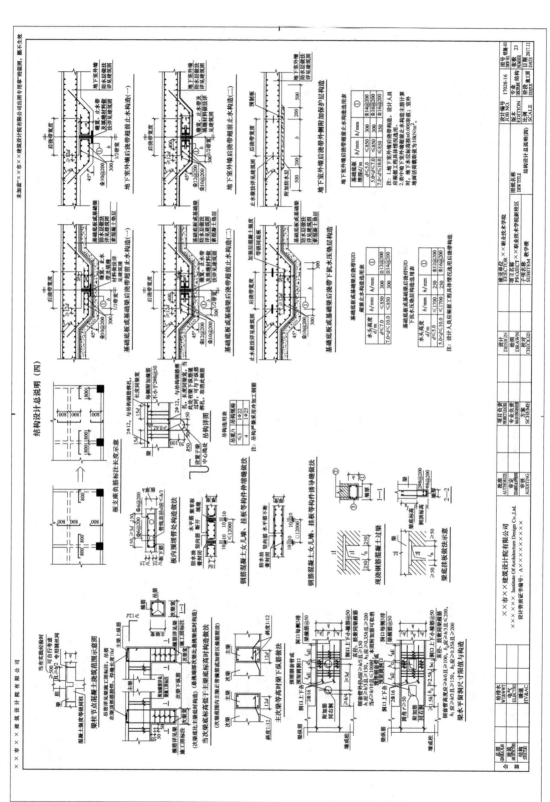

图 8-3　某教学楼结构设计总说明（续）

（二）设计总则

设计总则主要说明绘图方法，计量单位，施工图使用注意事项，施工图绘制参考图集等。

（三）设计依据

设计依据主要包括：

1）结构设计所采用的现行国家规范、标准及规程（包括标准的名称、编号、年号和版本号）。

2）初步设计审批意见。

3）岩土工程勘察报告。

根据工程的具体情况，还可能包括以下各项：如试桩报告、抗浮设防水位分析论证报告、风洞试验报告、场地地震安全性评价报告及批复文件、建筑抗震性能化目标设计可行性论证报告、超限高层建筑工程抗震设防专项审查意见、人防审批意见、建设单位提出的与结构有关的符合国家标准、法规的设计任务书等。

（四）结构设计主要技术指标

结构设计主要技术指标主要包括结构设计标准和抗震设防有关参数：

**1. 结构设计标准**

1）设计基准期及设计使用年限。

2）建筑结构安全等级及相应结构重要性系数。

3）地基基础（或建筑桩基）设计等级。

4）抗浮设防水位绝对高程及相当于本工程相对标高。

5）建筑防火分类与耐火等级。

6）地下工程的防水等级。

7）人防地下室的设计类别。

**2. 抗震设防有关参数**

1）设防烈度、设计基本地震加速度、水平地震影响系数最大值。

2）场地类别、设计地震分组、特征周期值。

3）结构阻尼比。

4）地基土层地震液化程度判断。

5）抗震设防类别，结构抗震计算及抗震措施相应设防烈度取值。

6）结构计算嵌固部位。

7）结构抗震等级。

8）结构抗震性能目标（仅超限工程）。

（五）主要荷载取值

1）活荷载。

2）风荷载，包括风压取值和地面粗糙度类别。

3）雪荷载。

4）温度作用，包括温度作用设计依据及超长钢筋混凝土部分设计采用的温度和温差。

（六）结构设计采用的计算软件

其包括所采用的计算软件名称、代号、版本及编制单位。

（七）主要结构材料

1）混凝土，包括强度等级、耐久性要求、外加剂要求。

2）钢筋，包括钢筋强度等级和抗震构件钢筋性能要求；焊条选用要求；吊钩、吊环、受力预埋件的锚筋要求；型钢、钢板、钢管等级及相应焊条型号；机械连接接头要求。

3）砌体，各个部位的填充墙材料、强度等级、砌筑砂浆及容重等。

（八）地基、基础及地下室

1）场地的工程地质条件与水文条件，包括地形地貌、地层情况、水文地质条件、场地标准冻深及不良地质状况分析与处理措施。

2）地基、基础形式，如天然地基、地基处理、桩基础等形式。

3）抗浮措施。

4）基坑开挖、验槽及回填要求。

5）施工期间降水要求。

（九）混凝土结构构造要求

其主要包括混凝土保护层厚度；钢筋的锚固与连接构造要求；基础、柱、墙、梁、板、楼梯构造要求；外露的现浇钢筋混凝土女儿墙、挂板、栏板、檐口等构件伸缩缝设置与构造要求；后浇带与施工缝构造要求等。

（十）非结构构件的构造要求

其包括后砌填充墙、女儿墙、幕墙、预埋件等非结构构件构造要求。

（十一）混凝土结构施工要求

其主要说明混凝土结构施工注意事项。

（十二）沉降观测要求

其主要说明沉降观测要求。

 **知识拓展**

《施工图结构设计总说明（混凝土结构）》（12SG121—1）。

 **学习检测**

1. 说明结构施工图的组成及图纸目录的编排顺序。
2. 结构设计总说明主要包括哪些内容？

## 子单元二　基础平法施工图

 **学习目标**

1. 掌握基础平法施工图制图规则
2. 熟练识读基础平法施工图

**任务内容**

1. 知识点

现浇混凝土柱平法施工图制图规则，包括独立基础、条形基础、梁板式筏形基础、平板式筏形基础和桩基承台

2. 技能点

识读基础平法施工图

 **知识解读**

## 一、独立基础

独立基础平法施工图，有平面注写与截面注写两种表达方式。常采用平面注写方式，本项目仅介绍该方式。

图 8-4 为独立基础平法施工图平面注写方式示例，标注分为集中标注和原位标注两部分内容。集中标注包括基础编号、截面竖向尺寸和配筋三项必注内容，以及基础底面标高（与基础底面基准标高不同时）和必要的文字注解两项选注内容。独立基础集中标注的内容及制图规则见表 8-1。原位标注系在基础平面布置图上标注独立基础的平面尺寸及与定位轴

表 8-1  独立基础集中标注的内容及制图规则

| 标注内容 | 制图规则 |
|---|---|
| 基础编号 | 代号 + 序号<br>代号：阶形独立基础 – $DJ_J$；坡形独立基础 – $DJ_P$ |
| 截面竖向尺寸 | $h_1/h_2 \cdots\cdots$<br>当为多阶截面时：$h_1/h_2/h_3$；当为单阶截面时：$h_1$；当为坡形截面时：$h_1/h_2$<br><br>阶形基础    单阶基础    坡形基础 |
| 配筋 | 以 B 代表各种独立基础底板的底部配筋；$X$ 向配筋以 $X$ 打头注写，$Y$ 向配筋以 $Y$ 打头注写；两向配筋相同时，则以 $X\&Y$ 打头注写<br><br>B:$X\Phi16@130$ $Y\Phi16@140$    B:$X\&Y\Phi16@160$<br>$Y$向钢筋    $Y$向钢筋<br>$X$向钢筋    $X$向钢筋<br>$X$、$Y$向配筋不同    $X$、$Y$向配筋相同 |

（续）

| 标 注 内 容 | 制 图 规 则 |
|---|---|
| 基础底面标高 | 当独立基础的底面标高与独立基础基准标高不同时，应将独立基础底面标高直接注写在 "（　）" 内 |
| 必要的文字注解 | 当独立基础的设计有特殊要求时，宜增加必要的文字注解 |

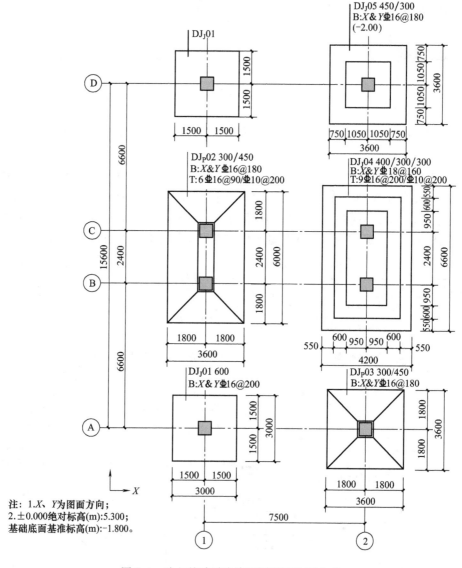

图 8-4　独立基础平法施工图平面注写方式

线的关系。相同编号的独立基础选一个进行集中标注和原位标注，其他只需标注编号，为方便施工，宜标出全部独立基础与定位轴线的位置关系。

　　独立基础通常为单柱独立基础，也可为多柱独立基础。多柱独立基础的编号、几何尺寸和配筋的标注方法与单柱独立基础相同。当为双柱独立基础且柱距较小时，通常仅配基础底部钢筋；当柱距较大时，除基础底部钢筋外，尚需有两柱间配置基础顶部钢筋或设置基础梁。配置顶部钢筋的标注方法如图8-5所示，注写时以T打头，分别标注双柱间纵向受力钢筋/分布钢筋。图中"T：11 Φ18@ 100/Φ10@ 200"表示独立基础顶部配置纵向受力钢筋HRB400级，直径18mm，设置11根，间距100mm；分布钢筋为HRB400级，直径10mm，间距200mm。双柱独立基础的顶部配筋，通常对称分布在双柱中心线两侧，当纵向受力钢筋在基础底板顶面非满布时，应注明其总根数。设置基础梁时，标注方法同柱下钢筋混凝土条形基础。

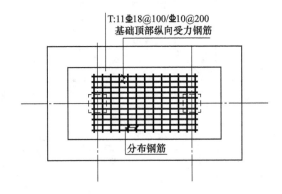

图8-5 双柱独立基础顶部配筋示意图

## 二、条形基础

条形基础平法施工图，有平面注写与截面注写两种表达方式。常采用平面注写方式，本项目仅介绍该方式。

条形基础整体上可分成两类：梁板式条形基础和板式条形基础。梁板式条形基础适用于钢筋混凝土框架结构、框架-剪力墙结构、部分框支剪力墙结构和钢结构，平法施工图将梁板式条形基础分解为基础梁和条形基础底板分别进行表达。板式条形基础适用于钢筋混凝土剪力墙结构和砌体结构，平法施工图仅表达条形基础底板。

图8-6为条形基础平法施工图平面注写方式，包括基础梁的标注和基础底板的标注，结构形式为钢筋混凝土框架结构。

（一）基础梁平面注写方式

条形基础基础梁的平面注写方式，分为集中标注和原位标注两部分内容。集中标注包括基础梁编号、截面尺寸和配筋三项必注内容，以及基础梁底面标高（与基础底面基准标高不同时）和必要的文字注解两项选注内容，集中标注可以从梁的任意一跨引出，基础梁集中标注的内容及制图规则见表8-2。原位标注包括基础梁端或梁在柱下区域的底部全部纵筋；基础梁的附加箍筋或（反扣）吊筋；基础梁外伸部分的变截面高度尺寸；原位注写修正内容。可以理解为集中标注不能说明清楚或与集中标注不同的部分均采用原位标注，基础梁原位标注的内容及制图规则见表8-3。

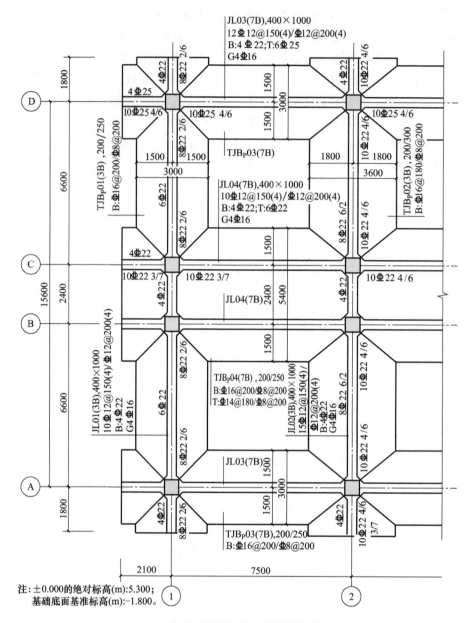

图 8-6 条形基础平法施工图平面注写方式

表 8-2 基础梁集中标注的内容及制图规则

| 标 注 内 容 | 制 图 规 则 |
|---|---|
| 基础梁编号 | 代号 + 序号 + （跨数及是否带有悬挑）<br>代号：JL<br>跨数及是否带有悬挑：（xx）、（xxA）、（xxB）；xx 为跨数，A 为一端有悬挑，B 为两端有悬挑，悬挑不计入跨数 |
| 截面尺寸 | $b \times h$<br>表示梁的截面宽度和高度；竖向加腋梁、水平加腋梁、变截面梁的表达方法见图集 |

（续）

| 标注内容 | | 制图规则 |
|---|---|---|
| 配筋 | 箍筋 | ① 当具体设计仅采用一种箍筋间距时，注写钢筋级别、直径、间距与肢数（箍筋肢数写在括号内）<br>② 当具体设计采用两种箍筋时，用"/"分隔不同箍筋，按照从基础梁两端向跨中的顺序注写。先注写第1段箍筋（在前面加注箍筋道数），在斜线后再注写第2段箍筋（不再加注箍筋道数）<br>施工时应注意：两向基础梁相交的柱下区域，截面较高向基础梁按梁端箍筋贯通设置；当两向基础梁高度相同时，任选一向基础梁箍筋贯通设置 |
| | 梁底部贯通纵筋 | ① 以B打头，注写梁底部贯通纵筋（不应少于梁底部受力钢筋总截面面积的1/3）。当跨中所注根数少于箍筋肢数时，需要在跨中增设梁底部架立筋以固定箍筋，采用"＋"将贯通纵筋与架立筋相连，架立筋注写在加号后面的括号内<br>② 当梁底部或顶部贯通纵筋多于一排时，用"/"将各排纵筋自上而下分开 |
| | 梁顶部贯通纵筋 | ① 以T打头，注写梁顶部贯通纵筋。注写时用分号"；"将底部与顶部贯通纵筋分隔开，如有个别跨与集中标注不同，则在该部位原位标注<br>② 当梁底部或顶部贯通纵筋多于一排时，用"/"将各排纵筋自上而下分开 |
| | 梁侧面纵向钢筋 | 以大写字母G打头注写梁两侧面对称设置的纵向构造钢筋的总配筋值 |
| 基础梁底面标高 | | 当条形基础的底面标高与基础底面基准标高不同时，将条形基础底面标高注写在"（ ）"内 |
| 必要的文字注解 | | 当基础梁的设计有特殊要求时，宜增加必要的文字注解 |

表8-3 基础梁原位标注的内容及制图规则

| 标注内容 | 制图规则 |
|---|---|
| 基础梁端或梁在柱下区域的底部全部纵筋 | 包括底部非贯通纵筋和已集中注写的底部贯通纵筋<br>① 当梁端或梁在柱下区域的底部纵筋多于一排时，用"/"将各排纵筋自上而下分开<br>② 当同排纵筋有两种直径时，用"＋"将两种直径的纵筋相连<br>③ 当梁中间支座或梁在柱下区域两边的底部纵筋配置不同时，需在支座两边分别标注；当梁中间支座两边的底部纵筋相同时，可仅在支座的一边标注<br>④ 梁端（柱下）区域的底部全部纵筋与集中注写过的底部贯通纵筋相同时，可不再重复做原位标注 |
| 基础梁的附加箍筋或（反扣）吊筋 | 当两向基础梁十字交叉，但交叉位置无柱时，应根据抗力需要设置附加箍筋或（反扣）吊筋。将附加箍筋或（反扣）吊筋直接画在平面图十字交叉梁中刚度较大的条形基础主梁上，原位直接引注总配筋值（附加箍筋的肢数注在括号内）。当多数附加箍筋或（反扣）吊筋相同时，可在条形基础平法施工图上统一注明。少数与统一注明值不同时，再原位直接引注 |
| 基础梁外伸部位的变截面高度尺寸 | 当基础梁外伸部位采用变截面高度时，在该部位原位注写 $b \times h_1/h_2$，$h_1$ 为根部截面高度，$h_2$ 为尽端截面高度 |

（续）

| 标注内容 | 制图规则 |
|---|---|
| 修正内容 | 当在基础梁上集中标注的某项内容（如截面尺寸、箍筋、底部与顶部贯通纵筋或架立筋、梁侧面纵向构造钢筋、梁顶面标高等）不适用于某跨或某外伸部位时，将其修正内容原位标注在该跨或该外伸部位，施工时原位标注取值优先 |

### （二）底板平面注写方法

条形基础底板的平面注写方式，分为集中标注和原位标注两部分内容。集中标注包括：条形基础底板编号、截面竖向尺寸、配筋三项必注内容，以及条形基础底板底面标高（与基础底面基准标高不同时）、必要的文字注解两项选注内容。三项必注内容制图规则见表 8-4，选注内容的规定与基础梁相同。原位标注是在基础平面布置图上标注条形基础底板的平面尺寸及与定位轴线的关系，以及修正内容。当在条形基础底板上集中标注的某项内容，如底板截面竖向尺寸、底板配筋、底板底面标高等，不适用于条形基础底板的某跨或某外伸部分时，可将其修正内容原位标注在该跨或该外伸部位，施工时原位标注取值优先。

表 8-4　条形基础底板三项必注内容制图规则

| 标注内容 | 制图规则 |
|---|---|
| 条形基础底板编号 | 条形基础底板向两侧的截面形状通常有两种：代号 + 序号 + （跨数及是否带有悬挑）<br>① 阶形截面，编号加下标"J"，如 TJB$_J$xx（xx）<br>② 坡形截面，编号加下标"P"，如 TJB$_P$xx（xx）<br>跨数及是否带有悬挑：（xx）、（xxA）、（XXB）；xx 为跨数，A 为一端有悬挑，B 为两端有悬挑，悬挑不计入跨数。 |
| 底板截面竖向尺寸 | $h_1/h_2$<br>当条形基础底板为坡形截面时，$h_1/h_2$；当条形基础底板为阶形截面时，$h_1$<br><br>坡形基础　　　　单阶基础 |
| 底板底部及顶部配筋 | 以 B 打头，注写条形基础底板底部的横向受力钢筋；以 T 打头，注写条形基础底板顶部的横向受力钢筋；用"/"分隔条形基础底板的横向受力钢筋与构造配筋 |

## 三、梁板式筏形基础

梁板式筏形基础由基础主梁，基础次梁，基础平板等构成。梁板式筏形基础平法施工图，在基础平面布置图上采用平面注写方式进行表达，基础梁与基础平板一般分开表达。

图 8-7 为梁板式筏形基础基础梁（包括基础主梁和基础次梁）平法施工图示例，标注内容分为集中标注和原位标注两部分。集中标注内容包括：基础梁编号、截面尺寸、配筋三项必注内容，以及基础梁底面标高高差（相对于筏形基础平板底面标高）一项选注内容。

与条形基础基础梁不同的是，梁板式筏形基础基础梁包括基础主梁（柱下）和基础次梁，代码分别为 JL 和 JCL，其他规定均与条形基础基础梁相同。集中标注不能说明清楚或与集中标注不同的部分采用原位标注，原位标注的规定也与条形基础基础梁相同。

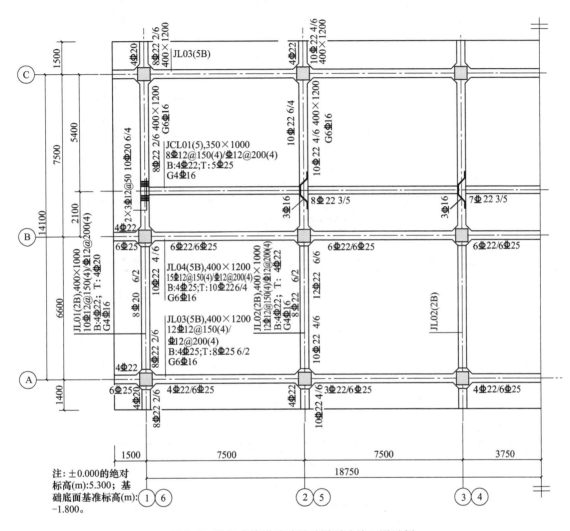

图 8-7　梁板式筏形基础基础梁平法施工图示例

图 8-8 为梁板式筏形基础平板平法施工图示例，分板底部与顶部贯通纵筋的集中标注与板底部附加非贯通纵筋的原位标注两部分内容。当仅设置贯通纵筋而未设置附加非贯通纵筋时，则仅做集中标注。梁板式筏形基础平板 LPB 贯通纵筋的集中标注，应在所表达的板区双向均为第一跨（X 与 Y 双向首跨）的板区引出（图面从左至右为 X 向，从下至上为 Y 向），板厚相同、基础平板底部与顶部贯通纵筋配置相同的区域为同一板区。梁板式筏形基础平板平面注写方式集中标注内容与制图规则见表 8-5。板底部原位标注的附加非贯通纵筋，在配置相同跨的第一跨用虚线表达，并在虚线上注写编号、配筋值、横向布置的跨数及是否布置到外伸部位，在虚线下注写伸出长度（从轴线计），向两侧对称伸出时，只注一侧。相同的钢筋，可只注编号。

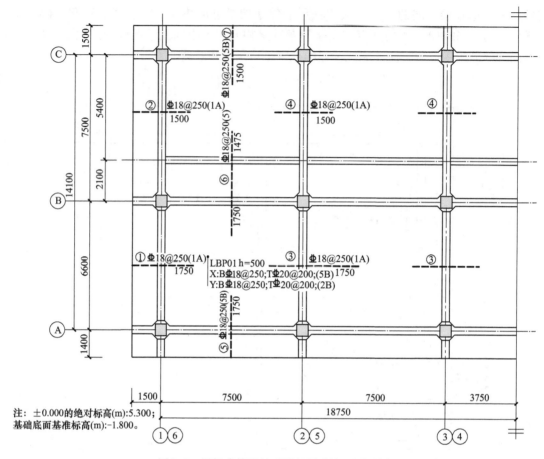

图 8-8　梁板式筏形基础平板平法施工图示例

表 8-5　梁板式筏形基础平板平面注写方式集中标注内容与制图规则

| 标注内容 | 制图规则 |
|---|---|
| 编号 | 代号+序号<br>代号：LPB |
| 截面尺寸 | $h=\text{XXX}$<br>表示板厚 |
| 底部与顶部贯通纵筋及其总长度 | 先注写 $X$ 向底部（B 打头）贯通纵筋与顶部（T 打头）贯通纵筋及纵向长度范围；再注写 $Y$ 向底部（B 打头）贯通纵筋与顶部（T 打头）贯通纵筋及纵向长度范围。贯通纵筋的总长度注写在括号中，注写方式为"跨数及有无外伸"，其表达形式为：（xx）（无外伸）、（xxA）（一端有外伸）或（xxB）（两端有外伸）。基础平板的跨数以构成柱网的主轴线为准。 |

## 四、平板式筏形基础

平板式筏形基础平法施工图，系在基础平面布置图上采用平面注写方式表达。当绘制基础平面布置图时，应将平板式筏形基础与其所支承的柱墙一起绘制。当基础底面柱高不同时，需注明与基础底面基准标高不同之处的范围和标高。平板式筏形基础的平面表达方式有两种，一种划分为柱下板带和跨中板带进行表达；二是按基础平板进行表达。

（一）划分为柱下板带、跨中板带的平板式筏形基础

图 8-9 为划分为柱下板带、跨中板带的平板式筏形基础平法施工图示例。柱下板带 ZXB
（视其为无箍筋的宽扁梁）与跨中板带 KZB 的平面注写，分为板带底部与顶部贯通纵筋的集
中标注与板带底部附加非贯通纵筋的原位标注两部分内容。柱下板带与跨中板带的集中标
注，应在第一跨（X 向为左端跨，Y 向为下端跨）引出，具体规定见表 8-6。柱下板带与跨
中板带原位标注的内容，主要为底部附加非贯通钢筋，以一段与板带同向的中粗虚线代表
附加非贯通纵筋，柱下板带贯穿其柱下区域绘制；跨中板带横贯柱中线绘制。在虚线上
注写底部附加非贯通纵筋的编号（如①、②等）、钢筋级别、直径、间距，以及自柱中线
分别向两侧跨内的伸出长度值。当向两侧对称伸出时，长度值可仅在一侧标注，另一侧不
注。对同一板带中底部附加非贯通筋相同者，可仅在一根钢筋上注写，其他注写编号。当在
柱下板带、跨中板带上集中标注的某些内容（如截面尺寸、底部与顶部贯通纵筋等）不适
用于某跨或某外伸部分时，则将修正的数值原位标注在该跨或该外伸部位，施工时原位标注
取值优先。

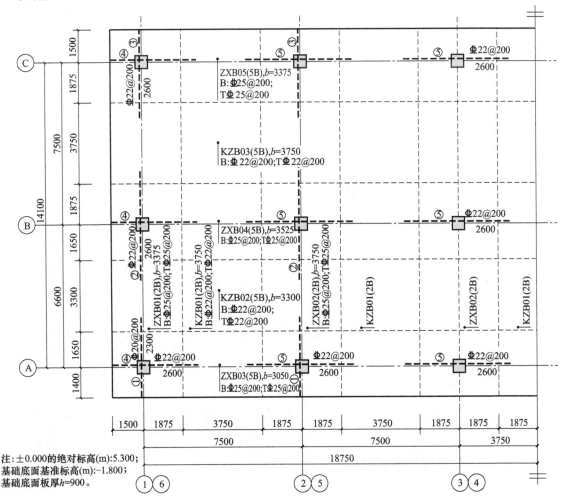

图 8-9　划分为柱下板带、跨中板带的平板式筏形基础平法施工图示例

表8-6　平板式筏形基础柱下板带与跨中板带的集中标注规定

| 标注内容 | 制图规则 |
| --- | --- |
| 编号 | 代号＋序号＋（跨数及是否带有悬挑）<br>代号：柱下板带，ZXB；跨中板带，KZB<br>跨数及是否带有悬挑：（xx）、（xxA）、（xxB）；xx 为跨数，A 为一端有悬挑，B 为两端有悬挑，悬挑不计入跨数 |
| 截面尺寸 | $b = XXXX$<br>表示板带宽度（在图注中注明基础平板厚度）。 |
| 底部与顶部<br>贯通纵筋 | 底部贯通纵筋（B 打头）与顶部贯通纵筋（T 打头）的规格与间距，用分号";"将其分隔开。柱下板带的柱下区域，通常在其底部贯通纵筋的间隔内插空设有（原位注写的）底部附加非贯通纵筋。 |

### （二）按基础平板进行表达的平板式筏形基础

图 8-10 为平板式筏形基础平板平法施工图示例，分板底部与顶部贯通纵筋的集中标注与板底部附加非贯通纵筋的原位标注两部分内容。当仅设置底部与顶部贯通纵筋而未

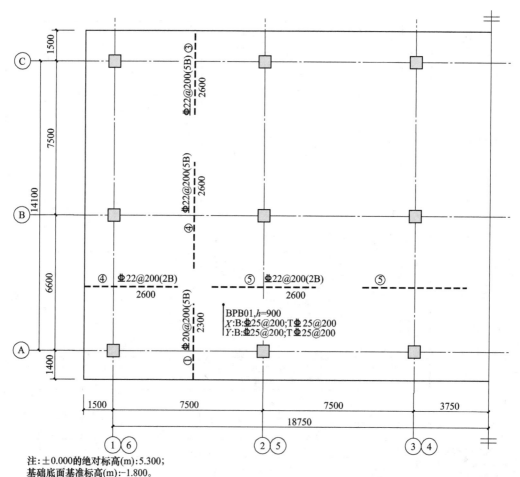

注：±0.000的绝对标高(m):5.300;
基础底面基准标高(m):-1.800。

图 8-10　平板式筏形基础平板平法施工图示例

设置底部附加非贯通纵筋时，则仅做集中标注。除编号外，其他标注内容与柱下板带、跨中板带的平面注写方式相同。编号仅标注代号加序号，代号为 BPB，一般将板原理写在编号后面。

## 五、桩基承台平法施工图制图规则

桩基承台平法施工图，有平面注写与截面注写两种表达方式。施工图常采用平面注写方式，本项目仅介绍该方式。

### （一）桩基承台

图 8-11 为桩基承台平法施工图平面注写方式示例，标注分为集中标注和原位标注两部分内容。集中标注包括独立承台编号、截面竖向尺寸和配筋三项必注内容，以及承台板底面

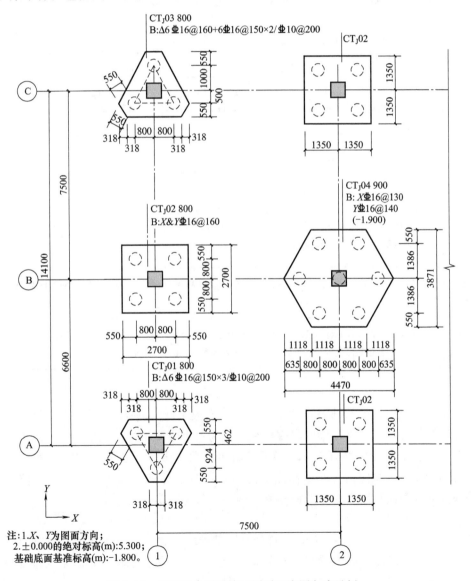

图 8-11　桩基承台平法施工图平面注写方式示例

标高（与承台底面基准标高不同时）和必要的文字注解两项选注内容，独立承台集中标注内容与制图规则见表8-7。原位标注系在基础平面布置图上标注独立基础的平面尺寸，包括宽度尺寸及与定位轴线的关系。

表8-7　独立承台集中标注内容与制图规则

| 标注内容 | 制图规则 |
|---|---|
| 独立承台编号 | 代号＋序号<br>代号：阶形独立承台 – $CT_J$；坡形独立承台 – $CT_P$ |
| 截面竖向尺寸 | $h_1/h_2\cdots\cdots$<br>当为阶形截面时：$h_1/h_2$；当为单阶截面时：$h_1$；当为坡形截面时：$h_1/h_2$<br><br>阶形截面独立承台竖向尺寸　　单阶截面独立承台竖向尺寸　　坡形截面独立承台竖向尺寸 |
| 配筋 | ① 双向配筋时，注写方式同独立基础底板配筋<br>② 当为等边三桩承台时，以"△"打头，注写三角布置的各边受力钢筋（注明根数并在配筋值后注写"×3"，在"/"后注写分布钢筋<br>③ 当为等腰三桩承台时，以"△"打头，注写等腰三角形底边的受力钢筋＋两对称斜边的受力钢筋（注明根数并在配筋值后注写"×2"，在"/"后注写分布钢筋<br>④ 两桩承台可按承台梁进行标注 |
| 基础底面标高 | 当独立承台的底面标高与桩基承台底面基准标高不同时，应将独立承台底面标高直接注写在"（　）"内 |
| 必要的文字注解 | 当独立承台的设计有特殊要求时，宜增加必要的文字注解。例如，当独立承台底部和顶部均配置钢筋时，注明承台板侧面是否采用钢筋封边以及采用何种形式的封边构造等 |

### （二）承台梁

墙下单排桩或双排桩基础需设置承台梁。承台梁 CTL 的平面注写方式，分为集中标注和原位标注两部分内容。承台梁的集中标注内容为：承台梁编号、截面尺寸、配筋三项必注内容，以及承台梁底面标高（与承台底面基准标高不同时）、必要的文字注解两项选注内容。承台梁的原位标注包括：原位标注承台梁的附加箍筋或（反扣）吊筋；原位注写承台梁外伸部位的变截面高度尺；原位注写修正内容。具体规定详见图集。

### （三）基础联系梁

桩基础常在承台顶面或 – 0.060 位置处设置基础联系梁，当设置基础联系梁时，可根据图面的疏密情况，将基础联系梁与基础平面布置图一起绘制，或将基础联系梁布置图单独绘制。基础联系梁的平法表达方法与梁平法施工图一致。

## 延伸阅读

《混凝土结构施工图平面整体表示方法制图规则和构造详图（独立基础、条形基础、筏形基础及桩基承台）》（16G101-3）

## 拓展训练

1. 绘制图 8-4DJ$_J$01，DJ$_P$03 板底钢筋水平投影图。
2. 计算图 8-4DJ$_P$02，DJ$_J$04 钢筋工程量，并讨论板面钢筋施工时如何固定。
3. 绘制图 8-6 柱下条形基础板底钢筋的水平投影图。
4. 绘制图 8-6 轴线①基础梁纵剖面图及断面图。
5. 计算图 8-6 轴线Ⓑ、Ⓒ柱下条形基础（仅图示部分）梁板钢筋工程量计算。
6. 绘制图 8-7 轴线②基础梁纵剖面图及断面图。
7. 绘制图 8-8 板面、板底钢筋的水平投影图，并计算钢筋工程量。
8. 绘制图 8-9 板面、板底钢筋的水平投影图，并计算钢筋工程量。
9. 绘制图 8-10 板面、板底钢筋的水平投影图，并计算钢筋工程量。
10. 绘制图 8-11 CT$_J$01 和 CT$_J$02 的板底钢筋水平投影图。
11. 计算图 8-11 CT$_J$03 和 CT$_J$04 的钢筋工程量。

# 子单元三 柱平法施工图

## 学习目标

1. 掌握柱平法施工图制图规则
2. 熟练识读柱平法施工图

## 任务内容

1. 知识点
柱平法施工图制图规则
2. 技能点
识读柱平法施工图

## 知识解读

柱平法施工图是在柱平面布置图上采用列表注写方式或截面注写方式表达。柱平面布置图，可采用适当比例单独绘制，也可与剪力墙平面布置图合并绘制。柱平法施工图，应注明各结构层的楼面标高、结构层高及相应的结构层号，还应注明上部结构嵌固部位位置。

## 一、列表注写方式

列表注写方式是在柱平面布置图上，分别标注各柱的编号，在同一编号的柱中选择一个或多个截面标注截面尺寸和定位尺寸；在柱表中注写柱编号、柱段起止标高、几何尺寸（含柱截面对轴线的偏心情况）与配筋的具体数值，并配以各种柱截面形状及其箍筋类型图的方式，来表达柱平法施工图，详见国标图集16G101。

## 二、截面注写方式

截面注写方式是在柱平面布置图的柱截面上，分别在同一编号的柱中选择一个截面，以直接注写截面尺寸和配筋具体数值的方式来表达柱平法施工图，如图8-12所示。绘图时，一般首先对柱进行编号，从相同编号的柱中选择一个截面，按另一种比例原位放大绘制柱截

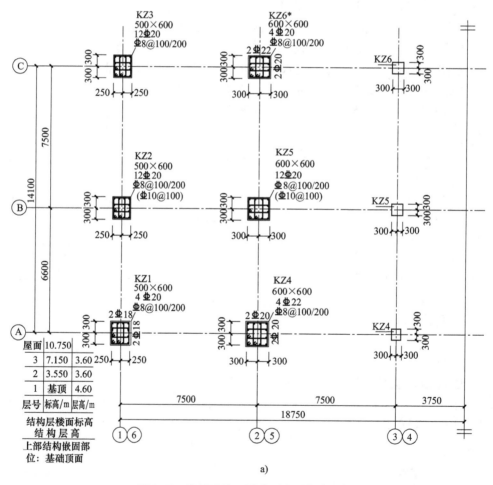

a)

图 8-12 柱平法施工图截面注写方式示例

a）基础顶面~3.550柱平法施工图

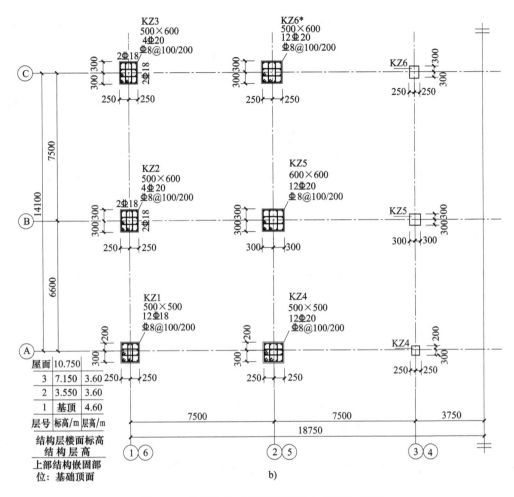

图 8-12　柱平法施工图截面注写方式示例（续）

b) 3.550～10.750 柱平法施工图

面配筋图，并在配筋图上标注相关内容。标注内容有：柱编号、柱截面尺寸、柱纵筋、柱箍筋、柱定位尺寸，标注规则见表 8-8。

表 8-8　柱截面注写方式标注内容与制图规则

| 标注内容 | 制图规则 |
|---|---|
| 柱编号 | 代号 + 序号<br>代号：框架柱—KZ；框支柱—KZZ；芯柱—XZ；梁上柱—LZ；剪力墙上柱—QL |
| 柱截面尺寸 | $b \times h$<br>截面宽度 × 截面高度 |
| 柱纵筋 | ① 当纵筋采用一种直径且能够图示清楚时，标注全部纵筋<br>② 当纵筋采用两种直径时，需注写角筋和截面各边中部筋的具体数值（对于采用对称配筋的矩形截面柱，可仅在一侧注写中部筋，对称边省略不注） |

（续）

| 标 注 内 容 | 制 图 规 则 |
|---|---|
| 柱箍筋 | 包括钢筋级别、直径、加密区与非加密区间距<br>用"/"分隔区分柱端箍筋加密区与柱身非加密区长度范围内箍筋的不同间距<br>当框架节点核心区箍筋与柱端箍筋设置不同时，应在括号中注明核心区箍筋直径及间距 |
| 柱定位尺寸 | 表明柱与定位轴线之间的关系 |

注：在截面注写方式中，如柱的分段截面尺寸和配筋均相同，仅截面与轴线的关系不同时，可将其编为同一柱号。但此时应在未画配筋的柱截面上注写该柱截面与轴线关系的具体尺寸。为便于施工定位，宜将所有柱的定位尺寸在图中标出。

 **知识拓展**

《混凝土结构施工图平面整体表示方法制图规则和构造详图（现浇混凝土框架、剪力墙、梁、板)》（16G101-1）相应部分

 **拓展训练**

1. 绘制图 8-12 中 KZ1（采用机械连接）的纵剖面图，要求标明纵向钢筋的连接构造，以及箍筋加密区范围，并画出纵向钢筋分离图，表达出矩形箍筋复合方式。基础形式为独立基础，基底标高 -1.800，基顶标高 -1.000，室内外高差 600mm。

2. 绘制图 8-12 中 KZ5（采用焊接）的纵剖面图，要求标明纵向钢筋的连接构造，以及箍筋加密区范围，并画出纵向钢筋分离图，表达出矩形箍筋复合方式。基础形式为独立基础，基底标高 -1.800，基顶标高 -1.000，室内外高差 600mm。

## 子单元四　剪力墙平法施工图

 **学习目标**

1. 掌握剪力墙平法施工图制图规则
2. 熟练识读剪力墙平法施工图

 **任务内容**

1. 知识点
剪力墙平法施工图制图规则
2. 技能点
识读剪力墙平法施工图

**知识解读**

剪力墙平法施工图是在剪力墙平面布置图上采用列表注写方式或截面注写方式表达。剪力墙平面布置图可采用适当比例单独绘制，也可与柱式梁平面布置图合并绘制。当剪力墙较复杂或采用截面注写方式时，应按标准层分别绘制剪力墙平面布置图。剪力墙平法施工图中，应注明各结构层的楼面标高、结构层高及相应的结构层号，还应注明上部结构嵌固部位位置。

## 一、列表注写方式

为表达清楚、简便，剪力墙可视为由剪力墙柱、剪力墙身和剪力墙梁三类构件构成。列表注写方式是分别在剪力墙柱表、剪力墙身表和剪力墙梁表中，对应于剪力墙平面布置图上的编号，用绘制截面配筋图并注写几何尺寸与配筋具体数值的方式，来表达剪力墙平法施工图，如图 8-13 所示。

剪力墙柱表中表达的内容包括：①墙柱编号；②各段墙柱的起止标高；③各段墙柱的纵向钢筋和箍筋。剪力墙身表中表达的内容包括：①墙身编号；②各段墙身的起止标高；③水平分布钢筋、竖向分布钢筋和拉筋的具体数值。剪力墙梁表中表达的内容包括：①墙梁编号；

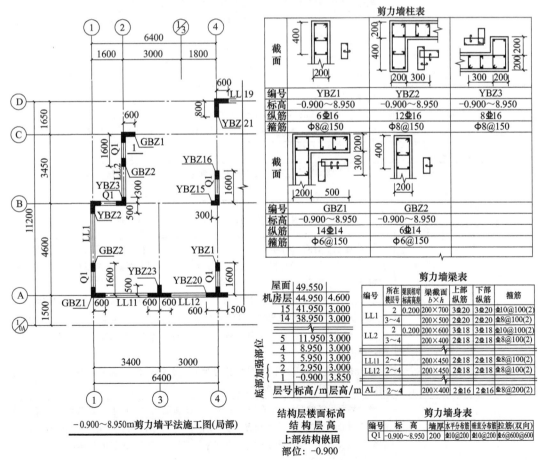

图 8-13 剪力墙平法施工图列表注写方式示例

②墙梁所在楼层号；③墙梁顶面标高高差；④墙梁截面尺寸；⑤连梁对角暗撑、交叉斜筋或对角斜筋；⑥墙梁侧面纵筋的配置。剪力墙列表注写方式标注内容及制图规则见表8-9。

表8-9　剪力墙列表注写方式标注内容及制图规则

| 构　件 | 标注内容 | 制 图 规 则 |
|---|---|---|
| 剪力墙柱 | 编号 | 代号 + 序号<br>代号：约束边缘构件—YBZ；构造边缘构件—GBZ；非边缘暗柱—AZ；扶壁柱—FBZ<br>其中：约束边缘构件包括约束边缘暗柱、约束边缘端柱、约束边缘翼墙和约束边缘转角墙四种；构造边缘构件包括构造边缘暗柱、构造边缘端柱、构造边缘翼墙和构造边缘转角墙四种 |
| | 起止标高 | 自墙柱根部往上以变截面位置或截面未变但配筋改变处为界分段注写，墙柱根部标高一般指基础顶面标高 |
| | 纵向钢筋和箍筋 | 纵向钢筋和箍筋的注写值应与在表中绘制的截面配筋图对应一致。纵向钢筋注总配筋值；墙柱箍筋的注写方式与柱箍筋相同<br>约束边缘构件除注写阴影部位的箍筋外，尚需在剪力墙平面布置图中注写非阴影区内布置的拉筋（或箍筋） |
| 剪力墙身 | 编号 | 代号 + 序号 + 钢筋排数<br>代号：Q<br>当墙身所设置的水平与竖向分布钢筋的排数为2时可不注钢筋排数 |
| 剪力墙身 | 起止标高 | 自墙身根部往上以变截面位置或截面未变但配筋改变处为界分段注写，墙身根部标高一般指基础顶面标高 |
| | 水平分布钢筋、竖向分布钢筋和拉筋 | 一排水平分布钢筋和竖向分布钢筋的规格与间距，具体设置几排已经在墙身编号后面表达 |
| 剪力墙梁 | 编号 | 代号 + 序号<br>代号：连梁—LL；连梁（对角暗撑配筋）—LL（JC）；连梁（交叉斜筋配筋）—LL（JX）；连梁（集中对角斜筋配筋）—LL（DX）；暗梁—AL；边框梁—BKL |
| | 所在楼层号 | 楼层号 |
| | 顶面标高高差 | 指相对于墙梁所在结构层楼面标高的高差值。高于者为正值，低于者为负值，当无高差时不注 |
| | 截面尺寸，上部纵筋，下部纵筋和箍筋 | 墙梁截面尺寸 $b \times h$，上部纵筋，下部纵筋和箍筋的具体数值 |
| | 对角暗撑、交叉斜筋或对角斜筋 | ①当连梁设有对角暗撑时[代号为LL（JC）XX]，注写暗撑的截面尺寸（箍筋外皮尺寸）；注写一根暗撑的全部纵筋，并标注×2表明有两根暗撑相互交叉；注写暗撑箍筋的具体数值<br>②当连梁设有交叉斜筋时[代号为LL（JX）XX]，注写连梁一侧对角斜筋的配筋值，并标注×2表明对称设置；注写对角斜筋在连梁端部设置的拉筋根数、规格及直径，并标注×4表示四个角都设置；注写连梁一侧折线筋配筋值，并标注×2表明对称设置<br>③当连梁设有集中对角斜筋时[代号为LL（DX）XX]，注写一条对角线上的对角斜筋，并标注×2表明对称设置 |
| | 侧面纵筋 | 墙梁侧面纵筋的配置，当墙身水平分布钢筋满足连梁、暗梁及边框梁的梁侧面纵向构造钢筋的要求时，该筋配置同墙身水平分布钢筋，表中不注，施工按标准构造详图的要求即可；当不满足时，应在表中补充注明梁侧面纵筋的具体数值（其在支座内的锚固要求同连梁中受力钢筋） |

## 二、截面注写方式

截面注写方式是在分标准层绘制的剪力墙平面布置图上,以直接在墙柱、墙身和墙梁上注写截面尺寸和配筋具体数值的方式来表达剪力墙平法施工图。分段施工图设计时,设计人员有时墙柱采用列表注写方式;墙梁与框架梁绘制在一起,采用截面注写方式,暗梁或边框梁加注说明;墙身截面、配筋加注说明的表达方法。剪力墙梁截面注写方式平法施工图示例如图8-14所示。

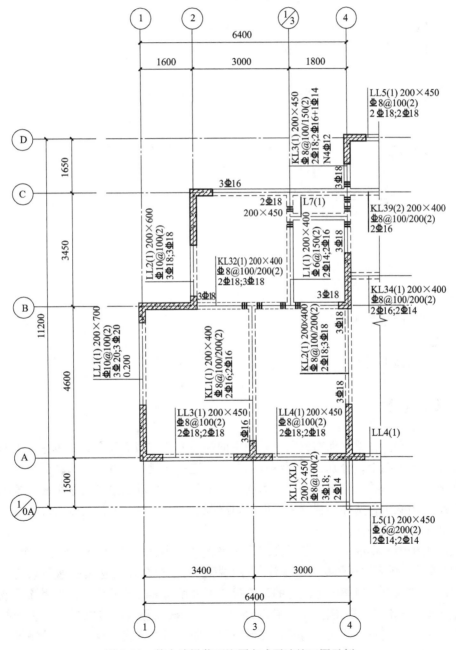

图8-14 剪力墙梁截面注写方式平法施工图示例

**知识拓展**

《混凝土结构施工图平面整体表示方法制图规则和构造详图（现浇混凝土框架、剪力墙、梁、板)》（16G101-1）相应部分

 **拓展训练**

1. 绘制图 8-14 中 1-1 断面图（标高 3.000 ~ 7.500）
2. 绘制图 8-15 中 LL1（1）纵剖面图

# 子单元五　梁平法施工图

 **学习目标**

1. 掌握梁平法施工图制图规则
2. 熟练识读梁平法施工图

 **任务内容**

1. 知识点
梁平法施工图制图规则
2. 技能点
识读梁平法施工图

 **知识解读**

　　梁平法施工图是在梁平面布置图上采用平面注写方式或截面注写方式表达。平面注写方式是在梁平面布置图上，分别在不同编号的梁中各选一根梁，在其上注写截面尺寸和配筋具体数值的方式来表达梁平法施工图。截面注写方式是在分标准层绘制的梁平面布置图上，分别在不同编号的梁中各选择一根梁用剖面号引出配筋图，并在其上注写截面尺寸和配筋具体数值的方式来表达梁平法施工图。

　　在实际工程中，梁的平法施工图大多采用平面注写方式，本项目仅介绍平面注写方式。如图 8-15 所示，平面注写包括集中标注与原位标注，集中标注表达梁的通用数值，原位标注表达梁的特殊数值。当集中标注中的某项数值不适用与梁的某部位时，则将该项数值原位标注，施工时，原位标注取值优先。图 8-15 中三个梁截面是采用传统表示方法绘制，用于对比按平面注写方式表达的同样内容，实际采用平面注写方式表达时，不需绘制梁截面配筋图和相应截面号。图 8-16 为梁平法施工图平面注写方式示例。

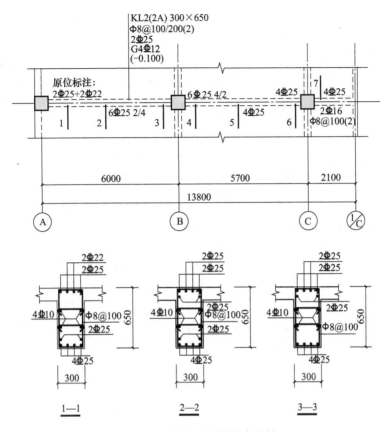

图 8-15 梁平面注写方式示例

## 一、梁集中标注的内容

梁集中标注的内容，有五项必注值及一项选注值，必注值为：梁编号，梁截面尺寸，梁箍筋，梁上部通常筋或架立筋配置，梁侧面纵向构造钢筋或受扭钢筋配置；选注值为：梁顶面标高高差，集中标注可以从梁的任意一跨引出。梁集中标注的内容与制图规则见表 8-10。

表 8-10　梁集中标注内容与制图规则

| 标注内容 | 制图规则 |
|---|---|
| 编号 | 代号＋序号＋（跨数及是否带有悬挑）<br>代号：楼层框架梁—KL；楼层框架扁梁—KBL；屋面框架梁—WKL；框支梁—KZL；托柱转换梁—TZL；非框架梁—L；悬挑梁—XB；井字梁—JZL<br>跨数及是否带有悬挑：（xx）、（xxA）、（xxB）；xx 为跨数，A 为一端有悬挑，B 为两端有悬挑，悬挑不计入跨数 |
| 截面尺寸 | $b \times h$<br>梁宽×梁高；竖向加腋梁、水平加腋梁、变截面梁的表达方法见图集 |
| 箍筋 | 包括钢筋级别、直径、加密区与非加密区间距及肢数<br>箍筋加密区与非加密区的不同间距及肢数需用斜线"／"分隔；当梁箍筋为同一种间距及肢数时，则不需用斜线；当加密区与非加密区的箍筋肢数相同时，则将肢数注写一次；箍筋肢数应写在括号内。加密区范围见相应抗震等级的标准构造详图 |

（续）

| 标注内容 | 制图规则 |
|---|---|
| 梁上部通常筋或架立筋 | 梁上部通常筋或架立筋所注规格与根数应根据结构受力要求及箍筋肢数等构造要求而定。当同排纵筋中既有通长筋又有架立筋时，应用加号"＋"将通长筋和架立筋相连。注写时需将角部纵筋写在加号的前面，架立筋写在加号后面的括号内，以示不同直径及与通长筋的区别。当全部采用架立筋时，则将其写入括号内<br><br>当梁的上部纵筋和下部纵筋为全跨相同，且多数跨配筋相同时，此项可加注下部纵筋的配筋值，用分号"；"将上部与下部纵筋的配筋值分隔开来，少数跨不同者，采用原位标注注明 |
| 梁侧面纵向构造钢筋或受扭钢筋 | 当梁腹板高度 $h_w \geqslant 450mm$ 时，需配置纵向构造钢筋，此项注写值以大写字母 G 打头，接续注写设置在梁两个侧面的总配筋值，且对称配置。当梁侧面需配置受扭纵向钢筋时，此项注写值以大写字母 N 打头，接续注写配置在梁两个侧面的总配筋值，且对称配置。受扭纵向钢筋应满足梁侧面纵向构造钢筋的间距要求且不再重复配置纵向构造钢筋 |
| 梁顶面标高高差（选注项） | （ － X. XXX）<br><br>梁顶面标高高差，系指相对于结构层楼面标高的高差值，对于位于结构夹层的梁，则指相对于结构夹层楼面标高的高差。有高差时，需将其写入括号内，无高差时不注 |

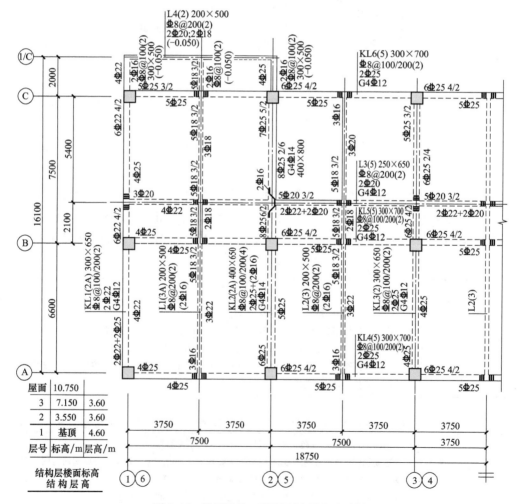

图 8-16　梁平法施工图平面注写方式示例

## 二、梁原位标注的内容

梁原位标注的内容，主要包括以下四项：①梁支座上部纵筋；②梁下部纵筋；③与集中标注不同时的原位标注；④附加箍筋或吊筋。具体规定见表 8-11。

表 8-11　梁原位标注的内容及制图规则

| 标 注 内 容 | 制 图 规 则 |
|---|---|
| 梁支座上部纵筋 | 该部位含通长筋在内的所有纵筋<br>① 当上部纵筋多于一排时，用斜线"／"将各排纵筋自上而下分开<br>如：6Φ25 4/2 表示上一排纵筋为 4Φ25，下一排纵筋为 2Φ25<br>② 当同排纵筋有两种直径时，用加号"＋"将两种直径的纵筋相连，注写时将角部纵筋写在前面<br>如：2Φ25＋2Φ22 表示梁支座上部有四根纵筋：2Φ25 放在角部，2Φ22 放在中部<br>③ 当梁中间支座两边的上部纵筋不同时，须在支座两边分别标注；当梁中间支座两边的上部纵筋相同时，可仅在支座的一边标注配筋值，另一边省去不注 |
| 梁下部纵筋 | ① 当下部纵筋多于一排时，用斜线"／"将各排纵筋自上而下分开<br>如梁下部纵筋注写为 6Φ25 2/4，则表示上一排纵筋为 2Φ25，下一排纵筋为 4Φ25，全部伸入支座<br>② 当同排纵筋有两种直径时，用加号"十"将两种直径纵筋相连，注写时角筋写在前面<br>③ 当梁下部纵筋不全部伸入支座时，将梁支座下部纵筋减少的数量写在括号内<br>④ 当梁的集中标注中已分别注写了梁上部和下部均为通长的纵筋值时，则不需在梁下部重复做原位标注 |
| 与集中标注不同时的原位标注 | 当在梁上集中标注的内容(即梁截面尺寸、箍筋、上部通常筋或架立筋，梁侧面纵向构造钢筋或受扭纵向钢筋，以及梁顶面标高高差中的某一项或几项数值)不适用于某跨或某悬挑部分时，则将其不同数值原位标注在该跨或该悬挑部位，施工时应按原位标注数值取用 |
| 附加箍筋或吊筋 | 将其直接画在平面图中的主梁上，用线引注总配筋值（附加箍筋的肢数注在括号内）。当多数附加箍筋或吊筋相同时，可在梁平法施工图上统一注明，少数与统一注明值不同时，再原位引注 |

### 知识拓展

《混凝土结构施工图平面整体表示方法制图规则和构造详图（现浇混凝土框架、剪力墙、梁、板)》（16G101-1）相应部分

### 拓展训练

1. 绘制图 8-15 中的 4-4、5-5、6-6、7-7 断面。
2. 绘制图 8-16 中 KL1(2A)、KL2(2A)、L1(3A)、L3(5)、L4(2) 的纵剖面图，要求标明纵向钢筋的连接构造，以及箍筋加密区范围，并画出纵向钢筋分离图，四肢箍需表达出

箍筋复合方式。

# 子单元六　有梁楼盖平法施工图

## 学习目标

1. 掌握有梁楼盖平法施工图制图规则
2. 熟练识读有梁楼盖平法施工图

## 项目内容

1. 知识点
有梁楼盖平法施工图制图规则
2. 技能点
识读有梁楼盖平法施工图

## 知识解读

有梁楼盖板平法施工图，系在楼面板和屋面板布置图上，采用平面注写的表达方式。板平面注写主要包括板块集中标注和板支座原位标注。图 8-17 为有梁楼盖平法施工图示例。

为方便设计表达和施工图识图，制图规则对结构平面图的方向做了明确规定，当两向轴网正交布置时，图面从左至右为 $X$ 向，从下至上为 $Y$ 向。

### 一、板块集中标注

板块集中标注的内容为：板块编号，板厚，上部贯通纵筋，下部纵筋，以及当板面标高不同时的标高高差。板集中标注的内容及制图规则见表 8-12。

表 8-12　板集中标注的内容及制图规则

| 标注内容 | 制图规则 |
| --- | --- |
| 板块编号 | 代号 + 序号<br>代号：楼面板—LB；屋面板—WB；悬挑板—XB |
| 板厚 | $h = \text{xxx}$ 或 $h = \text{xxx/xxx}$<br>等厚板，xxx 为板厚；板厚变化的悬挑板，xxx/xxx 分别为悬挑板根部和端部的厚度<br>当设计已在图中统一注明板厚时，此项可不注 |
| 纵筋 | B：$X\,\Phi\,\text{xx@ xxx}$；$Y\,\Phi\,\text{xx@ xxx}$ 或 $X\&Y\,\Phi\,\text{xx@ xxx}$<br>T：$X\,\Phi\,\text{xx@ xxx}$；$Y\,\Phi\,\text{xx@ xxx}$ 或 $X\&Y\,\Phi\,\text{xx@ xxx}$<br>纵筋按板块下部纵筋和上部贯通纵筋分别注写，当板块上部不设贯通纵筋时则不注 |

（续）

| 标 注 内 容 | 制 图 规 则 |
|---|---|
| 纵筋 | （B 代表上部，T 代表上部；X、Y 代表方向；Φ指钢筋符号，也可能为 A 或 B；xx@ xxx 表示纵筋的直径和间距） |
| 标高高差<br>（选注项） | （ – X. XXX）<br>板面标高不同时的标高高差，有高差时注写，无高差时不注写，写在括号内 |

注：分布钢筋不必注写，图中统一说明

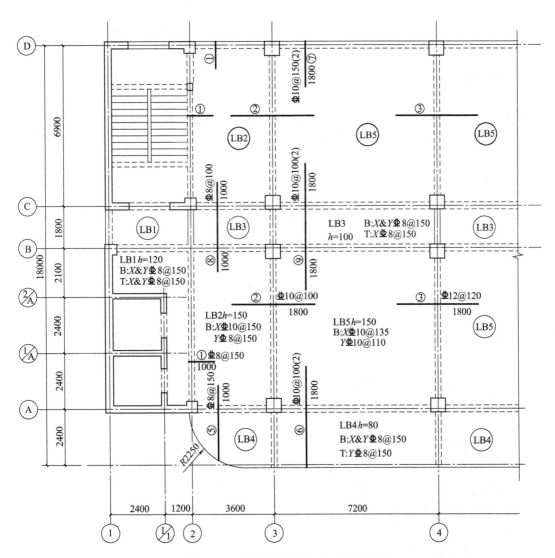

图 8-17　有梁楼盖板平法施工图示例

## 二、板支座原位标注

板支座原位标注的内容为：板支座上部非贯通纵筋和悬挑板上部受力钢筋。板集中标注的内容及制图规则见表 8-13。

表 8-13　板集中标注的内容及制图规则

| 标 注 内 容 | 制 图 规 则 |
| --- | --- |
| 板支座上部<br>非贯通纵筋<br>（支座负筋） | 钢筋绘制：绘出一根垂直于板支座（梁或墙）的钢筋的水平投影线，线宽采用中粗实线<br>标注要求：一般应在配置相同跨的第一跨上进行钢筋标注，标注包括钢筋编号、配筋值、横向连续布置的跨数，跨数注写在括号内，当为一跨时可不注<br>板支座上部非贯通筋自支座中线向跨内的伸出长度，注写在线段的下方位置，当向支座两侧非对称伸出时，应分别在支座两侧线段下方注写伸出长度；其他跨钢筋只标注钢筋编号 |
| 悬挑板上部<br>受力钢筋 | 钢筋绘制要求及标注要求同板支座上部非贯通纵筋 |

**知识拓展**

《混凝土结构施工图平面整体表示方法制图规则和构造详图（现浇混凝土框架、剪力墙、梁、板)》（16G101-1）相应部分

**拓展训练**

1. 绘制图 8-18 所示有梁楼盖板板底钢筋平面投影图。
2. 绘制图 8-18 所示有梁楼盖板板面钢筋平面投影图。

# 子单元七　板式楼梯平法施工图

**学习目标**

1. 掌握板式楼梯平法施工图制图规则
2. 熟练识读板式楼梯平法施工图

**任务内容**

1. 知识点
板式楼梯平法施工图制图规则
2. 技能点
识读板式楼梯平法施工图

**知识解读**

现浇混凝土板式楼梯平法施工图有平面注写、剖面注写和列表注写三种表达方式。在实际施工图中，平面注写方式及剖面注写方式应用较多，本项目主要介绍平面注写方式及剖面

注写方式。板式楼梯的其他构件，如平台板、梯梁及梯柱的平法注写方式参见有梁楼盖、梁、柱平法施工图。

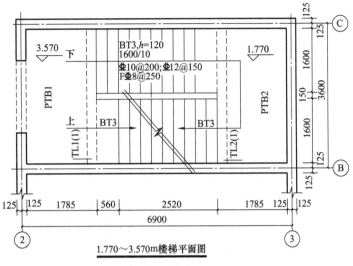

图 8-18  现浇混凝土板式楼梯平法施工图示例

## 一、板式楼梯的平面注写方式

平面注写方式是在楼梯平面布置图上注写截面尺寸和配筋具体数值的方式来表达楼梯施工图。其包括集中标注和外围标注。图 8-18 为现浇混凝土板式楼梯平法施工图示例。

**1. 集中标注**

楼梯集中标注的内容有五项，具体规定如下：楼板类型代号与序号，梯板厚度，踏步段总高度和踏步级数，梯板支座上部纵筋、下部纵筋，梯板分布筋。楼梯板集中标注的内容及制图规则见表 8-14。

表 8-14  楼梯板集中标注的内容及制图规则

| 标注内容 | 制图规则 |
|---|---|
| 楼板类型 | 代号 + 序号<br>代号：如 AT（代号编制规则详见学习单元七项目六板式楼梯） |
| 楼板板厚 | $h = \text{xxx}$ 或 $h = \text{xxx}$（Pxxx）<br>注写为 $h = \text{xxx}$；当为带平板的梯板且梯段板厚度和平板厚度不同时，可在梯段板厚度后面括号内以字母 P 打头注写平板厚度 |
| 踏步段总高度和踏步级数 | xxxx/xx<br>xxxx，踏步段总高度；xx，踏步级数；之间用"/"分隔 |
| 楼板支座上部纵筋、下部纵筋 | Cxx@ xxx；Cxx@ xxx<br>分别表示楼板支座上部纵筋、下部纵筋；之间用";"分隔 |
| 楼板分布筋 | Fxx@ xxx<br>以 F 打头注写分布钢筋具体值，该项也可在图中统一说明 |

**2. 外围标注**

楼梯外围标注的内容，包括楼梯间的平面尺寸、楼层结构标高、层间结构标高、楼梯的上下方向、梯板的平面几何尺寸、平台板配筋、梯梁及梯柱配筋等。

## 二、剖面注写方式

楼梯的剖面注写方式需在楼梯平法施工图中绘制楼梯平面布置图和楼梯剖面图，注写方式分为平面注写和剖面注写两部分。图 8-19、图 8-20 为现浇混凝土板式楼梯平法施工图剖面注写示例，包括平面图和剖面图。

楼梯平面布置图注写内容，包括楼梯间的平面尺寸、楼层结构标高、层间结构标高、楼梯的上下方向、梯板的平面几何尺寸、梯板类型及编号、平台板配筋、梯梁及梯柱配筋等。

建筑结构与识图（混凝土结构与砌体结构）

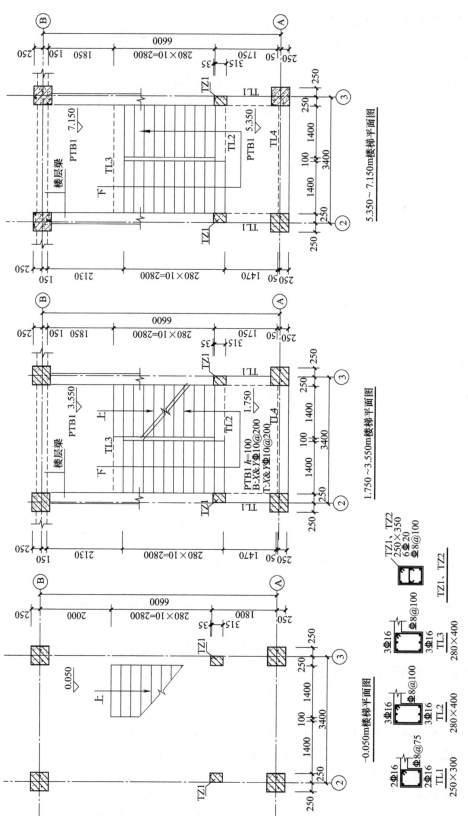

图 8-19 楼梯剖面注写示例（平面图）

302

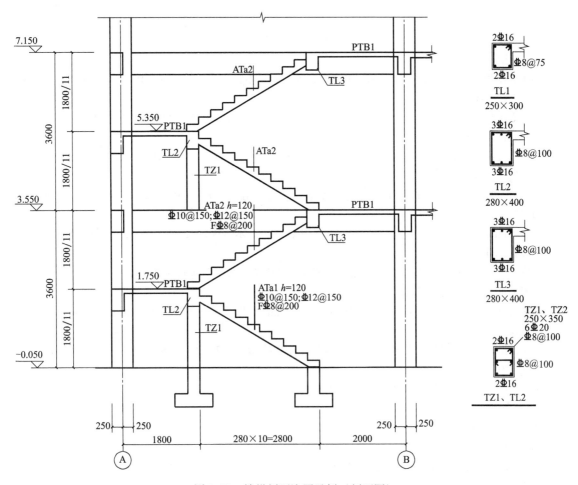

图 8-20　楼梯剖面注写示例（剖面图）

楼梯剖面图注写内容，包括梯板集中标注、梯梁梯柱编号、梯板水平及竖向尺寸、楼层结构标高、层间结构标高等。梯板集中标注的内容包括：楼板类型代号与序号，梯板厚度，梯板支座上部纵筋、下部纵筋，梯板分布筋；此外，对于 ATc 型楼梯尚应注明梯板两侧边缘构件纵向钢筋及箍筋。

### 📝 知识拓展

《混凝土结构施工图平面整体表示方法制图规则和构造详图（现浇混凝土板式楼梯)》（16G101-2）

###  拓展训练

1. 绘制图 8-18 中标高 1.770～3.570 之间 BT3 的纵剖面图，并计算梯板钢筋工程量。

2. 绘制图 8-19、图 8-20 中标高 1.770～3.570 之间 Ata2 的纵剖面图，并计算梯板钢筋工程量。

# 参 考 文 献

[1] 中华人民共和国住房和城乡建设部. 房屋建筑制图统一标准：GB/T 50001—2017 [S]. 北京：中国建筑工业出版社，2017.

[2] 中华人民共和国住房和城乡建设部. 建筑结构制图标准：GB/T 50105—2010 [S]. 北京：中国建筑工业出版社，2010.

[3] 中华人民共和国住房和城乡建设部. 工程结构可靠性设计统一标准：GB 50153—2008 [S]. 北京：中国建筑工业出版社，2010.

[4] 中华人民共和国住房和城乡建设部. 建筑结构可靠度设计统一标准：GB 50068—2018 [S]. 北京：中国建筑工业出版社，2018.

[5] 中华人民共和国住房和城乡建设部. 建筑结构荷载规范：GB 50009—2012 [S]. 北京：中国建筑工业出版社，2012.

[6] 中华人民共和国住房和城乡建设部. 混凝土结构设计规范（2015 年版）：GB 50010—2010 [S]. 北京：中国建筑工业出版社，2015.

[7] 中华人民共和国住房和城乡建设部. 砌体结构设计规范：GB 50003—2011 [S]. 北京：中国建筑工业出版社，2011.

[8] 中华人民共和国住房和城乡建设部. 钢结构设计标准：GB 50017—2017 [S]. 北京：中国建筑工业出版社，2017.

[9] 中华人民共和国住房和城乡建设部. 木结构设计规范：GB 50005—2003 [S]. 北京：中国建筑工业出版社，2003.

[10] 中华人民共和国住房和城乡建设部. 工程结构设计基本术语标准：GB/T 50083—2014 [S]. 北京：中国建筑工业出版社，1997.

[11] 中华人民共和国住房和城乡建设部. 建筑工程抗震设防分类标准：GB 50223—2008 [S]. 北京：中国建筑工业出版社，2008.

[12] 中华人民共和国住房和城乡建设部. 建筑抗震设计规范（2016 年版）：GB 50011—2010 [S]. 北京：中国建筑工业出版社，2016.

[13] 中华人民共和国住房和城乡建设部. 高层建筑混凝土结构技术规程：JGJ 3—2010 [S]. 北京：中国建筑工业出版社，2011.

[14] 中华人民共和国住房和城乡建设部. 建筑地基基础设计规范：GB 50007—2011 [S]. 北京：中国建筑工业出版社，2011.

[15] 中华人民共和国住房和城乡建设部. 高层建筑筏形与箱形基础技术规范：JGJ 6—2011 [S]. 北京：中国建筑工业出版社，2011.

[16] 中华人民共和国住房和城乡建设部. 建筑桩基技术规范：JGJ 94—2008 [S]. 北京：中国建筑工业出版社，2008.

[17] 中华人民共和国住房和城乡建设部. 建筑地基处理技术规范：JGJ 79—2012 [S]. 北京：中国建筑工业出版社，2012.

[18] 中华人民共和国住房和城乡建设部. 地下工程防水技术规范：GB 50108—2008 [S]. 北京：中国建筑工业出版社，2011.

[19] 中华人民共和国住房和城乡建设部. 混凝土外加剂应用技术规范：GB 50119—2013 [S]. 北京：中国建筑工业出版社，2013.

[20] 中华人民共和国住房和城乡建设部. 混凝土结构耐久性设计规范：GB/T 50476—2008 [S]. 北京：

中国建筑工业出版社，2008.

[21] 中华人民共和国住房和城乡建设部. 混凝土结构工程施工规范：GB 50666—2011 [S]. 北京：中国建筑工业出版社，2011.

[22] 中华人民共和国住房和城乡建设部. 建筑工程施工质量验收统一标准：GB 50300—2013 [S]. 北京：中国建筑工业出版社，2013.

[23] 中华人民共和国住房和城乡建设部. 混凝土结构工程施工质量验收规范：GB 50204—2015 [S]. 北京：中国建筑工业出版社，2015.

[24] 中华人民共和国住房和城乡建设部. 砌体结构工程施工质量验收规范：GB 50203—2011 [S]. 北京：中国建筑工业出版社，2011.

[25] 中华人民共和国住房和城乡建设部. 钢结构工程施工质量验收规范：GB 50205—2001 [S]. 北京：中国建筑工业出版社，2001.

[26] 中华人民共和国住房和城乡建设部. 建筑地基基础工程质量验收规范：GB 50202—2002 [S]. 北京：中国建筑工业出版社，2002.

[27] 中华人民共和国住房和城乡建设部. 钢筋焊接及验收规程：JGJ 18—2012 [S]. 北京：中国建筑工业出版社，2012.

[28] 中华人民共和国住房和城乡建设部. 钢筋机械连接技术规程：JGJ 107—2016 [S]. 北京：中国建筑工业出版社，2016.

[29] 中华人民共和国住房和城乡建设部. 混凝土结构施工图平面整体表示方法制图规则和构造详图（现浇混凝土框架、剪力墙、梁、板）：16G101—1 [S]. 北京：中国计划出版社，2016.

[30] 中华人民共和国住房和城乡建设部. 混凝土结构施工图平面整体表示方法制图规则和构造详图（现浇混凝土板式楼梯）：16G101—2 [S]. 北京：中国计划出版社，2016.

[31] 中华人民共和国住房和城乡建设部. 混凝土结构施工图平面整体表示方法制图规则和构造详图（独立基础、条形基础、筏形基础、桩基础）：16G101—3 [S]. 北京：中国计划出版社，2016.

[32] 中华人民共和国住房和城乡建设部. 混凝土结构施工钢筋排布规则与构造详图（现浇混凝土框架、剪力墙、梁、板）：12G901—1 [S]. 北京：中国计划出版社，2012.

[33] 中华人民共和国住房和城乡建设部. 混凝土结构施工钢筋排布规则与构造详图（现浇混凝土板式楼梯）：12G901—2 [S]. 北京：中国计划出版社，2012.

[34] 中华人民共和国住房和城乡建设部. 混凝土结构施工钢筋排布规则与构造详图（独立基础、条形基础、筏形基础、桩基础）：12G901—3 [S]. 北京：中国计划出版社，2012.

[35] 中华人民共和国住房和城乡建设部. 施工图结构设计总说明（混凝土结构）：12SG121—1 [S]. 北京：中国计划出版社，2012.

[36] 中华人民共和国住房和城乡建设部. 施工图结构设计总说明（多层砌体房屋和底部框架砌体房屋）：13SG121—2 [S]. 北京：中国计划出版社，2013.

[37] 中华人民共和国住房和城乡建设部. 砌体结构设计与构造：12SG620 [S]. 北京：中国计划出版社，2012.

[38] 中华人民共和国住房和城乡建设部. 砌体填充墙结构构造：12G614—1 [S]. 北京：中国计划出版社，2012.

[39] 中华人民共和国住房和城乡建设部. 砌体填充墙构造详图（二）：10SG614—2 [S]. 北京：中国计划出版社，2010.

[40] 蓝宗建. 混凝土结构设计原理 [M]. 南京：东南大学出版社，2002.

[41] 张银会，黎洪光. 建筑结构 [M]. 重庆：重庆大学出版社，2015.

[42] 王新武，金恩平. 建筑结构 [M]. 大连：大连理工大学出版社，2009.

[43] 朱进军，刘小丽，李晟文. 建筑结构 [M]. 南京：南京大学出版社，2016.

［44］徐锡权. 建筑结构：上册 ［M］. 北京：北京大学出版社，2013.

［45］徐锡权. 建筑结构：下册 ［M］. 北京：北京大学出版社，2013.

［46］张训忠 朱彧. 建筑结构与识图 ［M］. 西安：西安交通大学出版社，2014.

［47］傅华夏. 建筑三维平法结构识图教程 ［M］. 北京：北京大学出版社，2016.

［48］张英. 钢筋计量 ［M］. 北京：机械工业出版社，2016.